21 世纪高等职业教育计算机技术规划教材

21 ShiJi GaoDeng ZhiYe JiaoYu JiSuanJi JiShu GuiHua JiaoCai

计算机应用基础教程

JISUANJI YINGYONG JICHU JIAOCHENG

刘晓 吕定辉 主编
王黎 穆华平 焦长义 陈昊 副主编
李苗在 李玉清 李希字 金爱华 参编

人 民 邮 电 出 版 社
北 京

图书在版编目（CIP）数据

计算机应用基础教程 / 刘晓，吕定辉主编. -- 北京：人民邮电出版社，2016.9
21世纪高等职业教育计算机技术规划教材
ISBN 978-7-115-27122-8

Ⅰ. ①计… Ⅱ. ①刘… ②吕… Ⅲ. ①电子计算机－高等职业教育－教材 Ⅳ. ①TP3

中国版本图书馆CIP数据核字(2015)第185404号

内 容 提 要

本书是基于 Windows 7 操作系统和 Office 2010 版办公软件编写的，结合了“全国计算机等级考试一级：计算机基础及 MS Office 应用”最新大纲的要求，由多年从事“大学计算机应用基础”一线教学、具有丰富教学和实践经验的教师编写。全书从计算机的基础知识出发，利用情境案例教学方式，系统地讲述了有关计算机的基本操作和一些常用办公软件操作的知识，目的是让读者对计算机基础有更为深入的了解，对各种操作细节掌握得更加牢固。本书主要内容包括计算机基础知识、Windows 7 操作系统、Word 2010 文字处理软件、Excel 2010 电子表格、PowerPoint 2010 演示文稿和计算机网络基础知识。

本书取材新颖，图文并茂，实用性强，内容涵盖了全国计算机等级考试（一级）新大纲所要求的知识点，既可作为高等本科院校、高职高专院校“计算机应用基础”课程的教材，也可作为计算机初学者的入门参考书或自学教材。

◆ 主　　编　刘　晓　吕定辉
副 主 编　王　黎　穆华平　焦长义　陈　昊
责任编辑　刘　琦
责任印制　焦志炜

◆ 人民邮电出版社出版发行　　北京市丰台区成寿寺路 11 号
邮编　100164　　电子邮件　315@ptpress.com.cn
网址　http://www.ptpress.com.cn
大厂聚鑫印刷有限责任公司印刷

◆ 开本：787×1092　1/16
印张：15.75　　2016 年 9 月第 1 版
字数：347 千字　　2016 年 9 月河北第 1 次印刷

定价：39.80 元

读者服务热线：(010)81055256　印装质量热线：(010)81055316
反盗版热线：(010)81055315

前　言

本书是根据高职高专教育计算机公共基础课程教学的基本要求，结合计算机技术的最新发展及高职高专类院校计算机基础课程改革的最新动向编写而成的。全书以学生今后的就业岗位和该岗位要求员工的职业能力为培养目标，结合专业需求模拟工作情境，并提出工作任务、给出解决任务的方法与过程。本书贯彻“合理确定教学内容、精彩展现教学内容”的编写理念，力争做到实用、够用、能学、会用，重点培养学生的职业岗位能力；同时充分考虑全国计算机等级一级（初级）考试的考试大纲要求，将计算机一级（初级）考试的知识点和技能点做到完全覆盖，并提供模拟考试试题，以期让学生通过学习本课程从而顺利获得计算机等级考试的相关技能证书。

本书以情境案例和任务驱动模式引领教学内容，突出技能操作能力的培养，充分满足不同专业和就业岗位的用人要求。全书共分为6章，其特色如下。

（1）内容富有趣味性。书中每章都设有“情境案例”小栏目，同时还穿插了一些与计算机技术发展相关的小故事，增加了教材内容的趣味性。

（2）教学适用性强。本书根据不同的专业设置了不同的情境案例进行教学，适合不同学科的需要。书中设计的案例有：如何选购和组装学生计算机、如何按照要求进行文字的排版、如何制作常用的各类表格、如何制作企业工资表、如何计算和统计学生成绩、如何管理和分析企业工资表数据、以及利用Excel计算解决实际问题、初步和深入剖析PowerPoint 2010的基本操作、为企业产品做宣传演示文稿、如何充分利用PowerPoint 2010制作适合自己专业特色的演示文稿、如何才能连接Internet、IE浏览器安全设置、如何利用网络查询信息、如何注册和收发电子邮件等。

本书由鹤壁职业技术学院刘晓和濮阳职业技术学院吕定辉任主编，王黎、穆华平、焦长义、陈昊任副主编。参加编写的还有李苗在、李玉清、李希字、金爱华，其中本书第1章由焦长义编写，第2章由李苗在、李玉清编写，第3章和附录由穆华平编写，第4章由李希字编写，第5章由金爱华编写，第6章由陈昊、王黎编写，全书由刘晓和吕定辉修改统稿。

本书在编写过程中得到中兴通讯的大力支持和帮助，中兴通讯教学部高级工程师赵阳全程参与审稿；同时还得到濮阳职业技术学院肖瑜老师和安阳职业技术学院张露老师的大力帮助，在此一并感谢！同时还要感谢鹤壁职业技术学院公共基础部林海教授、李红教授和计算机基础教研室全体同仁的支持和给予的建议。

由于编者水平有限，书中难免存在错漏和不足之处，敬请广大读者批评指正。

编　者

2015年4月

目 录 CONTENTS

第 1 章 认识计算机 1

第 2 章 Windows 7 基本操作 38

第 3 章 Word 2010 文字处理软件 81

第 4 章 Excel 2010 电子表格 128

PART 1

第1章 认识计算机

【本章内容】

1. 计算机的发展。
2. 计算机的组成及编码。
3. 微型计算机的硬件组成。
4. 情境案例：如何选购和组装学生计算机。
5. 计算机小故事：ENIAC的由来。

【本章学习目的和要求】

1. 掌握计算机的发展过程、特点、应用领域。
2. 理解计算机的系统结构组成、计算机软硬件的基本概念及相互关系。
3. 掌握数制及转换方法、数值编码、指令等概念。
4. 了解微机的基本结构及组成部分的基本功能、性能指标。
5. 了解微机的选购和组装过程、ENIAC的由来。

1.1 计算机的发展史

世界上第一台计算机：1946年2月16日，美国宾夕法尼亚大学莫尔电工学校的物理学家穆奇里和工程师爱开尔特等一批研究人员，经过四年的艰苦努力终于研制出世界上第一台大型数字电子计算机——ENIAC（埃尼阿克）。它用了18 000多个电子管，1 500多个继电器，每小时消耗电150度，每秒运算5 000多次，占地约170m²，重量达30多吨，真是个令人望而生畏的庞然大物。

计算机从20世纪40年代诞生至今，已近70年了。随着数字科技的革新，计算机差不多每10年就更新换代一次。

第一代：电子管计算机。

1946年，世界上第一台电子数字积分式计算机——埃尼克（ENIAC）在美国宾夕法尼亚大学莫尔学院诞生。1949年，第一台存储程序计算机——EDSAC在剑桥大学投入运行，ENIAC和EDSAC均属于第一代电子管计算机。

电子管计算机采用磁鼓作存储器。磁鼓是一种高速运转的鼓形圆筒，表面涂有磁性材料，根据每一点的磁化方向来确定该点的信息。第一代计算机由于采用了电子管，因而体积大、耗电多、运算速度较低、故障率较高而且价格极贵。本阶段，计算机软件尚处于初始发展期，符号语言已经出现并被使用，主要用于科学计算方面。

第二代：晶体管计算机。

1947 年，肖克利、巴丁、布拉顿三人发明的晶体管，比电子管功耗少、体积小、质量轻、工作电压低、工作可靠性好。1954 年，贝尔实验室制成了第一台晶体管计算机——TRADIC，使计算机体积大大缩小。

1957 年，美国研制成功了全部使用晶体管的计算机，第二代计算机诞生了。第二代计算机的运算速度比第一代计算机提高了近百倍。

第二代计算机的主要逻辑部件采用晶体管，内存储器主要采用磁芯，外存储器主要采用磁盘，输入和输出方面有了很大的改进，价格大幅度下降。在程序设计方面，研制出了一些通用的算法和语言，操作系统的雏形开始形成。

第三代：集成电路计算机。

20 世纪 60 年代初期，美国的基尔比和诺伊斯发明了集成电路，引发了电路设计革命。随后，集成电路的集成度以每 3～4 年提高一个数量级的速度增长。

1962 年 1 月，IBM 公司采用双极型集成电路，生产了 IBM360 系列计算机。

第三代计算机用集成电路作为逻辑元件，使用范围更广，尤其是一些小型计算机在程序设计技术方面形成了 3 个独立的系统，即操作系统、编译系统和应用程序，总称为软件。

第四代：大规模集成电路计算机。

1971 年发布的 INTEL4004，是微处理器（CPU）的开端，也是大规模集成电路发展的一大成果。INTEL4004 用大规模集成电路把运算器和控制器做在一块芯片上，虽然字长只有 4 位，且功能很弱，但它是第四代计算机在微型机方面的先锋。

1972～1973 年，8 位微处理器相继问世，最先出现的是 INTEL8008。尽管它的性能还不完善，仍展示了无限的生命力，驱使众多厂家竞争，微处理器得到了蓬勃的发展。后来出现了 INTEL8080、MOTOROLA6800。

1978 年以后，16 位微处理器相继出现，微型计算机达到一个新的高峰。INTEL 公司不断推进着微处理器的革新。紧随 8086 之后，又研制成功了 80286、80386、80486、奔腾（PEN-TIUM）、奔腾二代（PENTIUM Ⅱ）、奔腾三代（PENIUM Ⅲ）、奔腾四代（PENIUM IV）。

第四代计算机以大规模集成电路作为逻辑元件和存储器，使计算机向着微型化和巨型化两个方向发展。从第一代到第四代，计算机的体系结构都是相同的，即都由控制器、存储器、运算器和输入/输出设备组成，被称为冯·诺依曼体系结构。

第五代：智能计算机。

1981 年，日本东京召开了一次第五代计算机——智能计算机研讨会，随后制定出研制第五代计算机的长期计划。第五代计算机的系统设计中考虑了编制知识库管理软件和推理机，机器本身能根据存储的知识进行判断和推理。同时，多媒体技术得到广泛应用，使人们能用语音、图像、视频等更自然的方式与计算机进行信息交互。

智能计算机的主要特征是具备人工智能，能像人一样思维，并且运算速度极快，其硬件系统支持高度并行和快速推理，其软件系统能够处理知识信息。神经网络计算机（也称神经计算机）是智能计算机的重要代表。

第六代：生物计算机。

半导体硅晶片的电路密集，散热问题难以彻底解决，大大影响了计算机性能的进一步发挥与突破。研究人员发现，遗传基因——脱氧核糖核酸（DNA）的双螺旋结构能容纳巨量信息，其存储量相当于半导体芯片的数百万倍。一个蛋白质分子就是一个存储体，而且阻抗低、能耗少、发热量极小。

基于此，利用蛋白质分子制造出基因芯片，研制生物计算机（也称分子计算机、基因计算机），已成为当今计算机技术的最前沿。生物计算机比硅晶片计算机在速度、性能上有质的飞跃，被视为极具发展潜力的“第六代计算机”。

1.2 计算机的组成及编码

一台完整的计算机包括硬件部分和软件部分。只有硬件和软件结合在一起，才能使计算机正常运行，并发挥作用。计算机硬件是指那些由电子元器件和机械装置组成的设备，它们是计算机能够工作的物质基础。计算机软件是指那些能在硬件设备上运行的各种程序、数据和有关的技术。软件和硬件关系是密切相关、互相依存的。

计算机系统是由硬件系统和软件系统两个部分组成的，如图 1-1 所示。

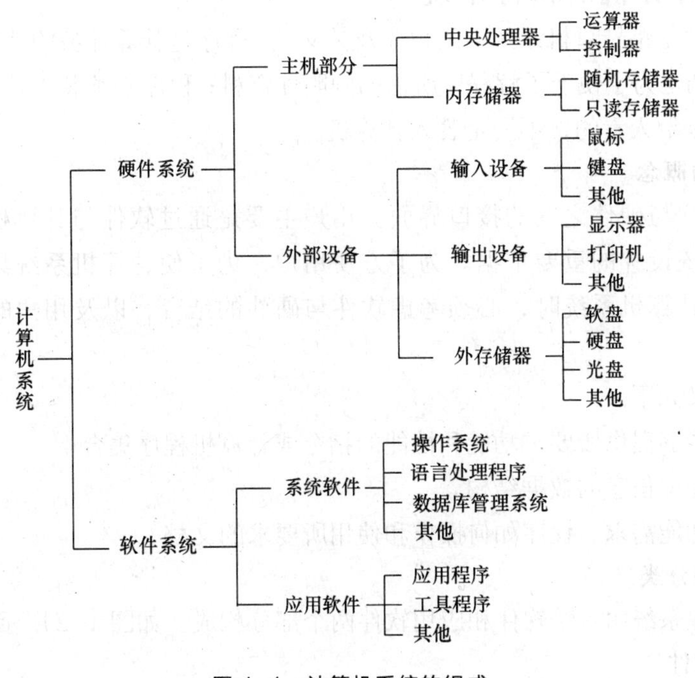

图 1-1 计算机系统的组成

1.2.1 计算机硬件系统

硬件是指有形的物理设备。按照冯·诺依曼原理的基本思想，计算机硬件系统分为5个基本部分，即运算器、控制器、存储器、输入设备和输出设备。

1．运算器

运算器是计算机的核心部件，主要负责对信息的加工处理。运算器不断地从存储器中得到要加工的数据，对其进行加、减、乘、除及各种逻辑运算，并将最后的结果送回存储器中，整个过程在控制器的指挥下有条不紊地进行。

2．控制器

控制器是计算机的控制中心，指挥计算机各部件协调工作，保证数据、信息的运算能按预先规定的步骤进行操作，实现计算机本身运算过程的自动化。

3．存储器

存储器是计算机的记忆部件，用来存放数据、程序和计算结果，存储器分为内存储器和外存储器两类。内存储器简称内存，内存容量小、速度快。内存包括只读存储器ROM和随机存储器RAM。外存储器也叫外存，外存容量大，存取速度慢。

4．输入设备

输入设备用于向计算机输入程序和数据，它将数据从人类习惯的形式，通过输入设备的输入，转换成计算机内部的二进制代码放在内存中。

5．输出设备

输出设备是将计算机处理结果从内存中输出，将计算机内的二进制形式的数据转换成人类习惯的文字、图片和声音等形式，再通过输出设备显示给用户。

1.2.2 计算机的软件系统

计算机软件是指计算机系统中的程序及其文档。程序是计算任务的处理对象和处理规则的描述，文档是为了便于了解程序所需的阐明性资料；程序必须装入计算机内部才能工作，文档一般是给人看的，不一定装入计算机。

1．软件的概念

软件是用户与硬件之间的接口界面。用户主要是通过软件与计算机进行交流。软件是计算机系统设计的重要依据。为了方便用户，为了使计算机系统具有较高的总体效用，在设计计算机系统时，必须考虑软件与硬件的结合，以及用户的要求和软件的要求。

软件的含义如下。

运行时，能够提供所要求功能和性能的指令或计算机程序集合。

程序能够处理信息的数据结构。

描述程序功能需求、程序如何操作和使用所要求的文档。

2．软件的分类

计算机软件系统由系统软件和应用软件两个部分构成。如图1-2所示。

3．系统软件

系统软件是计算机生产厂商提供的，为高效使用和管理计算机而编制的软件。其作用

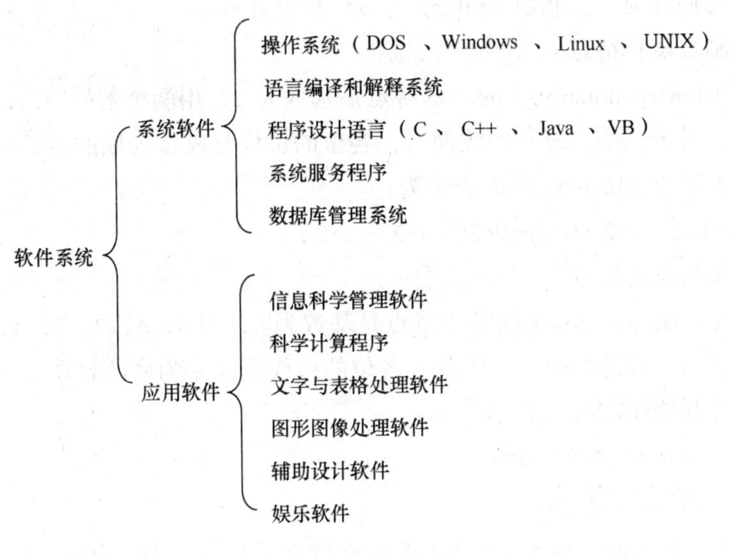

图 1-2 软件分类

是控制和管理各种硬件装置，对运行在计算机上的其他软件及数据资料进行调度管理，为用户提供良好的界面和各种服务，为用户提供计算机交换信息的手段和方式。

4．应用软件

应用软件是指为了解决计算机用户的特定问题而编制的软件，运行在系统软件之上，运行系统软件提供的手段和方法，完成要完成的工作。

这里列举一些软件。

系统软件：PC DOS、UNIX、XENIX、Windows、OS/2、Net Ware、C、C++、VB、Java。

应用软件：Word、Excel、PowerPoint、CAD、Photoshop、QQ、MSN、Outlook Express、Midea Player。

1.2.3 计算机科学中的数制和编码

1．计算机科学中的常用数制

在计算机科学中，常用的数制是十进制、二进制、八进制、十六进制 4 种。人们习惯于采用十进位计数制，简称十进制。但是由于技术上的原因，计算机内部一律采用二进制表示数据，而在编程中又经常使用十进制，有时为了表述上的方便还会使用八进制或十六进制。因此，了解不同计数制及其相互转换是十分重要的。

（1）十进制数及其特点

十进制数（decimal notation）的基本特点是基数为 10，用 10 个数码 0，1，2，3，4，5，6，7，8，9 来表示，且逢十进一，因此对于一个十进制数，各位的位权是以 10 为底的幂。

例如，我们可以将十进制数$(2836.52)_{10}$表示为：

$(2836.52)_{10}=2\times10^3+8\times10^2+3\times10^1+6\times10^0+5\times10^{-1}+2\times10^{-2}$

这个式子我们称为十进制数 2836.52 的按位权展开式。

（2）二进制数及其特点

二进制数（binary notation）的基本特点是基数为 2，用两个数码 0，1 来表示，且逢二进一，因此，对于一个二进制的数而言，各位的位权是以 2 为底的幂。

例如，二进制数$(110.101)_2$可以表示为：

$(110.101)_2=1\times2^2+1\times2^1+0\times2^0+1\times2^{-1}+0\times2^{-2}+1\times2^{-3}$

（3）八进制数及其特点

八进制数（octal notation）的基本特点是基数为 8，用 0，1，2，3，4，5，6，7 共 8 个数字符号来表示，且逢八进一，因此，各位的位权是以 8 为底的幂。

例如：八进制数$(16.24)_8$可以表示为：

$(16.24)_8=1\times8^1+6\times8^0+2\times8^{-1}+4\times8^{-2}$

（4）十六进制数及其特点

十六进制数（hexadecimal notation）的基本特点是基数为 16，用 0，1，2，3，4，5，6，7，8，9，A，B，C，D，E，F 共 16 个数字符号来表示，且逢十六进一，因此，各位的位权是以 16 为底的幂。

例如，十六进制数$(5E.A7)_{16}$可以表示为：

$(5E.A7)_{16}=5\times16^1+E\times16^0+A\times16^{-1}+7\times16^{-2}$

（5）*R* 进制数及其特点

扩展到一般形式，一个 *R* 进制数，基数为 R，用 0，1，…，*R*−1 共 *R* 个数字符号来表示，且逢 *R* 进一，因此，各位的位权是以 *R* 为底的幂。

一个 *R* 进制数的按位权展开式为：

$(N)_R=k_n\times R^n+k_{n-1}\times R^{n-1}+\cdots+k_0\times R^0+k_{-1}\times R^{-1}+k_{-2}\times R^{-2}+\cdots+k_{-m}\times R^{-m}$

本书中，当各种计数制同时出现的时候，我们用下标加以区别。在其他的教材或参考书中，也有人根据其英文的缩写，将$(2836.52)_{10}$表示为 2836.52D，将$(110.101)_2$、$(16.24)_8$、$(5E.7)_{16}$分别表示为 110.101B、16.24O、5E.A7H。

（6）计算机中为什么要用二进制

在日常生活中人们并不经常使用二进制，因为它不符合人们的固有习惯。但在计算机内部的数是用二进制来表示的，这主要因为二进制有电路简单、易于表示、可靠性高、运算简单、逻辑性强等优点。

2．进制之间的相互转换

虽然计算机内部使用二进制来表示各种信息，但计算机与外部的交流仍采用人们熟悉和便于阅读的形式。接下来我们将讨论几种进位计数制之间的转换问题。

（1）*R* 进制数转换为十进制数

根据*R*进制数的按位权展开式，我们可以很方便地将*R*进制数转化为十进制数。

【例 1】将$(110.101)_2$、$(16.24)_8$、$(5E.A7)_{16}$转化为十进制数。

$(110.101)_2=1\times2^2+1\times2^1+0\times2^0+1\times2^{-1}+0\times2^{-2}+1\times2^{-3}$

$=6.625$

$(16.24)_8=1\times8^1+6\times8^0+2\times8^{-1}+4\times8^{-2}$

$=14.3125$

$(5E.A7)_{16}=5\times16^1+14\times16^0+10\times16^{-1}+7\times16^{-2}$

$=94.6523$（近似数）

（2）十进制数转化为 R 进制数

将十进制数转化为 R 进制数，只要对其整数部分，采用除以 R 取余法，而对其小数部分，则采用乘以 R 取整法即可。

【例 2】将$(179.48)_{10}$化为二进制数。

整数部分179除2取余		低位↑高位	小数部分0.48乘2取整		高位↓低位
2 | 179			0.48×2=0.96	…… 0	
2 | 89	…… 1		0.96×2=1.92	…… 1	
2 | 44	…… 1		0.92×2=1.84	…… 1	
2 | 22	…… 0		0.84×2=1.68	…… 1	
2 | 11	…… 0		0.68×2=1.36	…… 1	
2 | 5	…… 1		0.36×2=0.72	…… 1	
2 | 2	…… 1		0.72×2=1.44	…… 1	
2 | 1	…… 0		0.44×2=0.88		
0	…… 1				

其中，$(179)_{10}=(10110011)_2$，$(0.48)_{10}=(0.0111101)_2$(近似取 7 位)

因此，$(179.48)_{10}=(10110011.0111101)_2$

从此例我们可以看出，一个十进制的整数可以精确转化为一个二进制整数，但是一个十进制的小数并不一定能够精确地转化为一个二进制小数。

【例 3】将$(179.48)_{10}$化为八进制数。

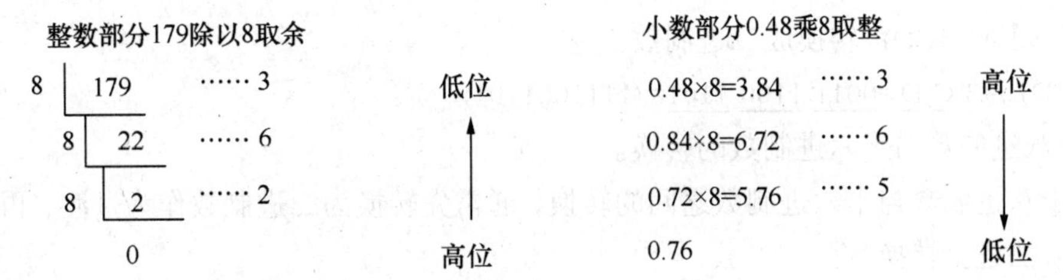

其中，$(179)_{10}=(263)_8$，$(0.48)_{10}=(0.365)_8$(近似取 3 位)

因此，$(179.48)_{10}=(263.365)_8$

【例 4】将$(179.48)_{10}$化为十六进制数。

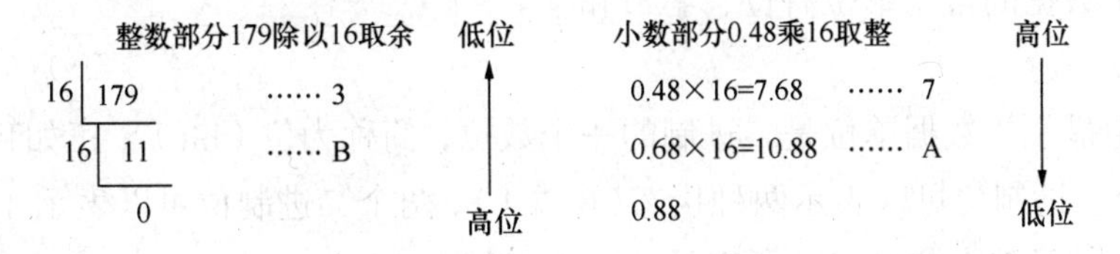

其中，$(179)_{10}=(B3)_{16}$，$(0.48)_{10}=(0.7A)_{16}$(近似取 2 位)

所以，$(179.48)_{10}=(B3.7A)_{16}$

（3）二进制数、八进制数、十六进制数之间的转换

因为 $8=2_3$，所以需要 3 位二进制数表示 1 位八进制数；而 $16=2_4$，所以需要 4 位二进制数表示 1 位十六进制数。由此我们可以看出，二进制数、八进制数、十六进制数之间的转换是比较容易的。

① 二进制数和八进制数之间的转换。

二进制数转换成八进制数时，以小数点为中心向左右两边延伸，每三位一组。小数点前不足三位时，前面添 0 补足三位；小数后不足三位时，后面添 0 补足三位，然后将各组二进制数转换成八进制数。

【例 5】将 $(10110011.011110101)_2$ 化为八进制数。

$(10110011.011110101)_2$ = 010 110 011.011 110 101= $(263.365)_8$

八进制数转换成二进制数则可概括为“一位拆三位”，即把一位八进制数写成对应的三位二进制，然后按顺序连接起来即可。

【例 6】将 $(1234)_8$ 化为二进制数。

$(1234)_8$=1 2 3 4=001 010 011 100=$(1010011100)_2$

② 二进制数和十六进制数之间的转换。

类似于二进制数转换成八进制数，二进制数转换成十六进制数时也是以小数点为中心向左右两边延伸，每四位一组，小数点前不足四位时，前面添 0 补足四位；小数点后不足四位时，后面添 0 补足四位。然后，将各组的四位二进制数转换成十六进制数。

【例 7】将 $(10110101011.011101)_2$ 转换成十六进制数。

$(10110101011.011101)_2$=0101 1010 1011.0111 0100 =$(5AB.74)_{16}$

十六进制数转换成二进制数时，将十六进制数中的每一位拆成四位二进制数，然后按顺序连接起来。

【例 8】将 $(3CD)_{16}$ 转换成二进制数。

$(3CD)_{16}$=3 C D=0011 1100 1101=$(1111001101)_2$

③ 八进制数与十六进制数的转换。

关于八进制数与十六进制数之间的转换，通常先转换为二进制数作为过渡，再用上面所讲的方法进行转换。

【例 9】将 $(3CD)_{16}$ 转换成八进制数。

$(3CD)_{16}$=3 C D=0011 1100 1101=$(1111001101)_2$ =001 111 001 101=$(1715)_8$

3．数据的表示

计算机中数据的常用单位有位、字节和字。

（1）位

计算机中最小的数据单位是二进制的一个数位，简称为位（bit）。正如我们前面所讲的那样，一个二进制位可以表示两种状态（0 或 1），两个二进制位可以表示 4 种状态（00、01、10、11）。显然，位越多，所表示的状态就越多。

（2）字节

字节（Byte）是计算机中用来表示存储空间大小的最基本单位。一个字节由 8 个二进制位组成。例如，计算机内存的存储容量、磁盘的存储容量等都是以字节为单位进行表示的。

除了用字节为单位表示存储容量外，还可以用千字节（KB）、兆字节（MB）及十亿字节（GB）等表示存储容量。它们之间存在下列换算关系：

1B=8bit

1KB=2_{10}B=1 024B

1MB=2_{10}KB=2_{20}B=1 048 576B

1GB=2_{10}MB=2_{30}B=1 073 741 824B

（3）字

字（Word）和计算机中字长的概念有关。字长是指计算机在进行处理时一次作为一个整体进行处理的二进制数的位数，具有这一长度的二进制数则被称为该计算机中的一个字。字通常取字节的整数倍，是计算机进行数据存储和处理的运算单位。

计算机按照字长进行分类，可以分为 8 位机、16 位机、32 位机和 64 位机等。字长越长，那么计算机所表示数的范围就越大，处理能力也越强，运算精度也就越高。在不同字长的计算机中，字的长度也不相同。例如，在 8 位机中，一个字含有 8 个二进制位，而在 64 位机中，一个字则含有 64 个二进制位。

4．计算机中字符的编码

在计算机中，对非数值的文字和其他符号进行处理时，要对文字和符号进行数字化，即用二进制编码来表示文字和符号。其中西文字符最常用到的编码方案有 ASCII 编码和 EBCDIC 编码。对于汉字，我国也制订了相应的编码方案。

（1）ASCII 编码

微机和小型计算机中普遍采用美国信息交换标准代码（American Standard Code for Information Interchange，ASCII 码）表示字符数据，该编码被 ISO（国际化标准组织）采纳，作为国际上通用的信息交换代码。

ASCII 码由 7 位二进制数组成，由于 2_7=128，所以能够表示 128 个字符数据。ASCII 码是 7 位编码，为了便于处理，我们在 ASCII 码的最高位前增加 1 位 0，凑成 8 位的一个字节，所以，一个字节可存储一个 ASCII 码，也就是说一个字节可以存储一个字符。ASCII 码是使用最广的字符编码，数据使用 ASCII 码的文件称为 ASCII 文件。

（2）ANSI 编码和其他扩展的 ASCII 码

ANSI（美国国家标准协会）编码是一种扩展的 ASCII 码，使用 8 个比特来表示每个符号。8 个比特能表示出 256 个信息单元，因此它可以对 256 个字符进行编码。ANSI 码开始的 128 个字符的编码和 ASCII 码定义的一样，只是在最左边加了一个 0。例如，在 ASCII 编码中，字符“a”用 1100001 表示，而在 ANSI 编码中，则用 01100001 表示。除了 ASCII 码表示的 128 个字符外，ANSI 码还可以表示另外的 128 个符号，如版权符号、英镑符号、希腊字符等。

除了 ANSI 编码外，世界上还存在着另外一些对 ASCII 码进行扩展的编码方案，ASCII 码通过扩展甚至可以编码中文、日文和韩文字符。不过令人遗憾的是，正是由于这些编码方案的存在导致了编码的混淆和不兼容性。

（3）国家标准汉字编码（GB2312-1980）

国家标准汉字编码简称国标码。该编码集的全称是“信息交换用汉字编码字符—基本集”，国家标准号是“GB2312-1980”。该编码的主要用途是作为汉字信息交换码使用。

GB2312-1980 标准含有 6 763 个汉字，其中一级汉字（最常用）3 755 个，按汉语拼音顺序排列；二级汉字 3 008 个，按部首和笔画排列；另外还包括 682 个西文字符、图符。GB2312-1980 标准将汉字分成 94 个区，每个区又包含 94 个位，每位存放一个汉字，这样一来，每个汉字就有一个区号和一个位号，所以我们也经常将国标码称为区位码。例如，汉字“青”在 39 区 64 位，其区位码是 3964；汉字“岛”在 21 区 26 位，其区位码是 2126。

国标码规定：一个汉字用两个字节来表示，每个字节只用前七位，最高位均未做定义。但我们要注意，国标码不同于 ASCII 码，并非汉字在计算机内的真正表示代码，它仅仅是一种编码方案，计算机内部汉字的代码叫做汉字机内码，简称汉字内码。

在微机中，汉字内码一般都是采用两字节表示，前一字节由区号与十六进制数 A0 相加，后一字节由位号与十六进制数 A0 相加。因此，汉字编码两字节的最高位都是 1，这种形式避免了国标码与标准 ASCII 码的二义性（用最高位来区别）。在计算机系统中，由于机内码的存在，输入汉字时就允许用户根据自己的习惯使用不同的输入码，进入计算机系统后再统一转换成机内码存储。

（4）其他汉字编码

除了我们前面谈到的国标码之外，还有另外的一些汉字编码方案。例如，在我国的台湾地区，就使用 Big5 汉字编码方案。这种编码就不同于国标码，因此在双方的交流中就会涉及汉字内码的转换，特别是 Internet 的发展使人们更加关注这个问题。现在虽然已经推出了许多支持多内码的汉字操作系统平台，但是全球汉字信息编码的标准化已成为社会发展的必然趋势。

1.3 微型计算机的硬件组成

微型计算机一般指个人计算机（PC）。PC 一般由主板、CPU、内存条、显卡、硬盘、软驱、光驱、机箱电源、显示器、鼠标、键盘、音箱等设备组成。

1．主板

主板：又称为系统板或母板（见图 1-3），是计算机中最重要的部件之一，几乎所有的部件都是直接或间接连到主板上的。主板性能的好坏，对整机的速度和稳定性有极大的影响。

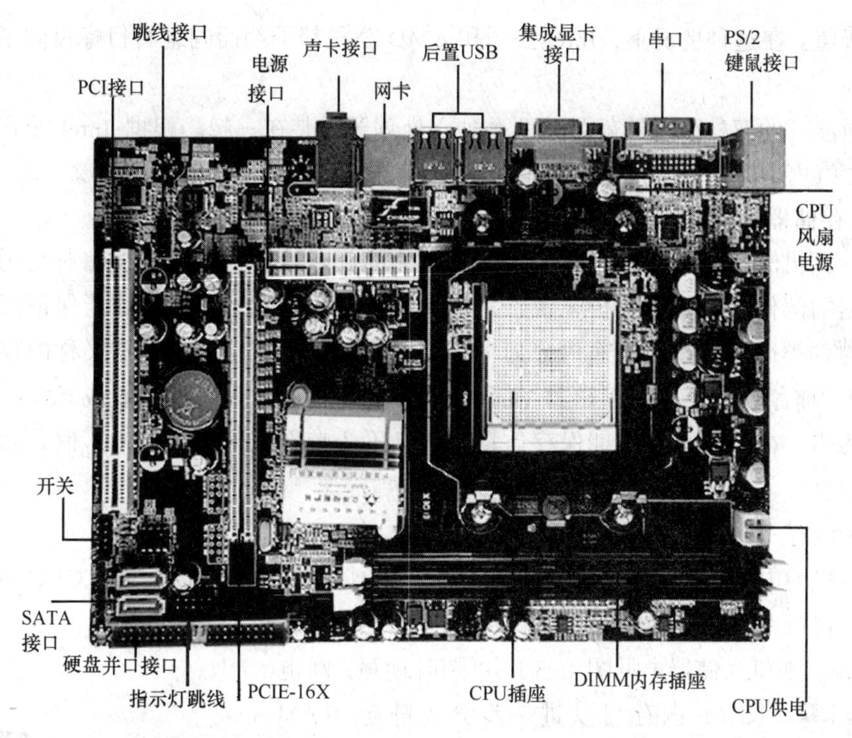

图 1-3 主板

图 1-4 CPU

2. CPU

中央处理器（Central Processing Unit，CPU），一般由逻辑运算单元、控制单元和存储单元组成。它是计算机的大脑，计算机的运算、控制都是由它来处理的（见图 1-4）。

CPU 主要的性能指标如下。

主频：CPU 的时钟频率（CPU Clock Speed）。这是用户最关心的。通常所说 P4 2.4G 就是指主频为 2.4GHz 的 P4 CPU。一般说来，主频越高，CPU 的速度就越快，整机的性能就越高。

内部缓存（L1 Cache）：封闭在 CPU 芯片内部的高速缓存，用于暂时存储 CPU 运算时的部分指令和数据，存取速度与 CPU 主频一致，L1 缓存的容量单位一般为 KB。L1 缓存越大，CPU 工作时与存取速度较慢的 L2 缓存和内存间交换数据的次数越少，相对计算机的运算速度可以提高。

外部缓存（L2 Cache）：CPU 外部的高速缓存，可以高速存取数据。

制造工艺：Pentium CPU 的制造工艺是 0.35μm，PII 和赛扬可以达到 0.25μm，最新的 CPU 制造工艺可以达到 60μm。

核心数量：在 2005 年以前，主频一直是 CPU 性能的主要指标。处理器主频也在 Intel 公司和 AMD 公司的推动下达到了一个又一个的高峰，但在目前技术框架内，主频的提升已接近极值。在这种情况下，Intel 公司和 AMD 公司都不约而同地将目标投向了多核心的发展方向。

目前流行的双核处理器就是将两个独立处理器封装在一起。根据 Intel 公司提供的资料，在 CPU 使用率达到 80%的情况下，使用双核 CPU 可使性能提高 33%。

3．存储器

在计算机的组成结构中，有一个很重要的部分，就是存储器。存储器是用来存储程序和数据的部件，对于计算机来说，有了存储器，才有记忆功能，才能保证正常工作。存储器的种类很多，按其用途可分为主存储器和辅存储器，主存储器又称内存储器（简称内存），辅存储器又称外存储器（简称外存）。外存通常是磁性介质或光盘，像硬盘、软盘、磁带、CD 等，能长期保存信息，并且不依赖于电来保存信息，但是由机械部件带动，速度与 CPU 相比就显得慢得多。

（1）内存

计算机的内存一般由 RAM 和 ROM 组成，通过电路与 CPU 相连，CPU 可向其中存入数据，也可以从中取得数据，存取数据速度与 CPU 速度相匹配。

RAM：随机存储器（见图 1-5），可随时读写，断电后信息归零。RAM 内存可以进一步分为静态 RAM（SRAM）和动态内存（DRAM）两大类。DRAM 由于具有较低的单位容量价格，所以被大量采用。正运行的用户程序存放在 RAM 中。

ROM：只读存储器，只能读出内容而不能写入信息，断电后信息仍被保存。

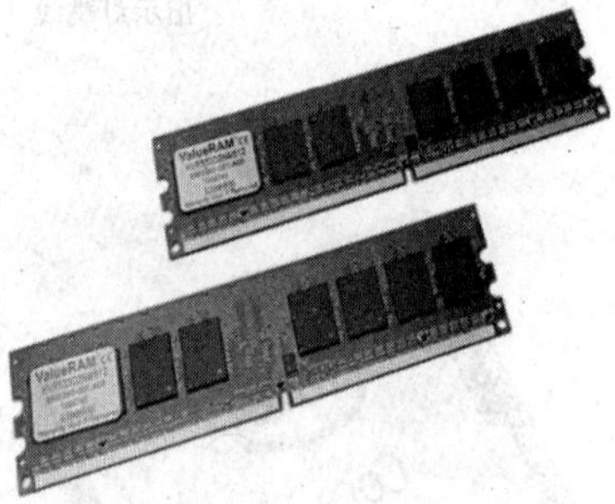

图 1-5　内存条

（2）外存

硬盘：硬盘（见图 1-6）是 PC 中一种主要的存储器，用于存放系统文件、用户的应用程序及数据。硬盘的存储容量一般为 500GB～2TB。

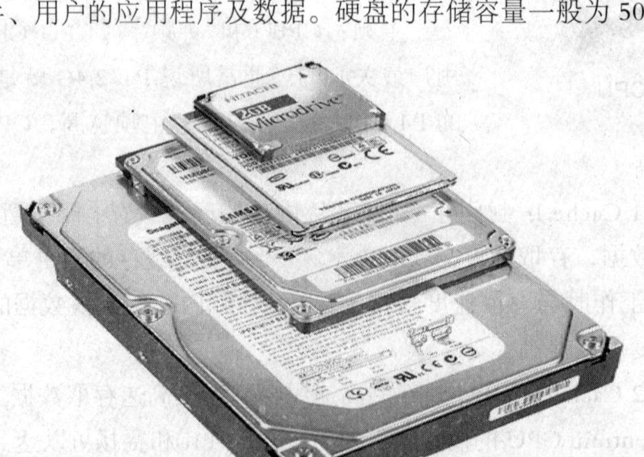

图 1-6　硬盘

U 盘：U 盘（也称优盘、闪盘，见图 1-7）是一种可移动的数据存储工具，具有容量大、读写速度快、体积小、携带方便等特点。只要插入任何计算机的 USB 接口都可以实现即插即用。U 盘的存储容量最高可达几十吉字节。

它还具备了防磁、防震、防潮的诸多特性，明显增强了数据的安全性。U 盘的性能稳定，数据传输高速高效；较强的抗震性能可使数据传输不受干扰。

光盘：光盘凭借大容量得以广泛使用。光盘（见图 1-8）的最大容量大约是 700MB（DVD 盘片单面 4.7GB）。光盘有可擦和非可擦型两种。前者可以用刻录机反复写入擦除光盘的内容，而后者一旦写入之后就不能擦除光盘内容。可擦型光盘价格是非可擦型光盘的十几倍。

图 1-7 U 盘

图 1-8 光盘和光盘驱动器

4．显卡

显卡（Video card，Graphics card），如图 1-9 所示，也可以说是显示卡、图形适配器等，是 PC 的一个重要部分。现在的显卡都是 3D 图形加速卡。它是连接主机与显示器的接口卡。其作用是将主机的输出信息转换成字符、图形和颜色等信息，传送到显示器上显示。显示卡插在主板的 PCI、AGP、PCI-E 扩展插槽中。目前，也有一些主板是集成显卡。

图 1-9　显卡

5．输入设备

输入设备（Input Device，见图 1-10）是人或外部与计算机进行交互的一种装置，用于把原始数据和处理这些数据的程序输入到计算机中。

下面介绍目前最常用的几种输入设备。

（1）键盘

键盘（Keyboard，见图 1-10）是常用的输入设备，它是由一组开关矩阵组成，包括数字键、字母键、符号键、功能键及控制键等。每一个按键在计算机中都有它的唯一代码。当按下某个键时，键盘接口将该键的二进制代码送入计算机主机中，并将按键字符显示在显示器上。当快速大量输入字符，主机来不及处理时，先将这些字符的代码送往内存的键盘缓冲区，然后再从该缓冲区中取出进行分析处理。键盘接口电路多采用单片微处理器，由它控制整个键盘的工作，如上电时对键盘的自检、键盘扫描、按键代码的产生、发送及与主机的通信等。

（2）鼠标

鼠标（Mouse，见图 1-10）是一种手持式屏幕坐标定位设备，它是适应菜单操作的软件和图形处理环境而出现的一种输入设备，特别是在现今的 Windows 图形操作系统环境下应用鼠标方便快捷。常用的鼠标有两种，一种是机械式的，另一种是光电式的。现在市场上基本都是光电鼠标。鼠标要注意两个参数：分辨率和响应速度。鼠标的分辨率 DPI（每英寸点数）值越大，则鼠标越灵敏，定位也越精确。鼠标响应速度越快，意味着用户在快速移动鼠标时，屏幕上的光标能做出及时的反应。

图 1-10　键盘和鼠标

（3）扫描仪

扫描仪（Scanner，见图 1-11）是一种高精度的光电一体化的高科技产品，它是将各种形式的图像信息输入计算机的重要工具，是继键盘和鼠标之后的第三代计算机输入设备。它是功能极强的一种输入设备。人们通常将扫描仪用于计算机图像的输入，而图像这种信息形式是一种信息量最大的形式。从最直接的图片、照片、胶片到各类图纸图形及各类文稿资料都可以用扫描仪输入计算机中进而实现对这些图像形式的信息的处理、管理、使用、存储、输出等。扫描仪的种类繁多，根据扫描仪扫描介质和用途的不同，目前市面上的扫描仪大体上分为：平板式扫描仪、名片扫描仪、底片扫描仪、馈纸式扫描仪、文件扫描仪。除此之外还有手持式扫描仪、鼓式扫描仪、笔式扫描仪、实物扫描仪和 3D 扫描仪。

图 1-11　扫描仪

6．输出设备

输出设备将计算机处理的结果转换成人们能理解、识别的数字、字符、图像、声音等形式显现出来。本节主要介绍显示器、打印机和音箱。

（1）显示器

显示器（见图 1-12）是微型机不可缺少的输出设备，用户通过它可以很方便地查看输入计算机的程序、数据、图形等信息及经过计算机处理后的中间结果、最后结果。台式微机大多使用阴极射线显示器件（CRT）的显示器；便携式微机和笔记本电脑则使用 LCD 液晶显示器。显示器上的字符和图形是由一个个像素组成的。

显示器的分辨率一般用整个屏幕上光栅的列数与行数的乘积来表示。这个乘积越大，分辨率就越高。现在常用的分辨率是：800×600、1 024×768、1 280×1 024 等。

显示器必须配置正确的适配器（俗称显示卡）才能构成完整的显示系统。显示卡较早的标准有：CGA（Color Graphics Adapter）标准（320×200，彩色）和 EGA（Enhanced Graphics Adapter）标准（640×350，彩色）。目前常用的是 VGA（Video Graphics Array）标准。VGA 适用于高分辨率的彩色显示器，其图形分辨率在 640×480 以上，能显示 256 种颜色。其显示图形的效果相当理想。在 VGA 之后，又不断出现 SVGA、TVGA 卡等，分辨率提高到 800×600、1024×768，而且有些具有 13.7 兆种彩色，称为“真彩色”。

图 1-12　显示器

（2）打印机

打印机（Printer）是计算机的输出设备，用于把文字或图形在纸上输出，供人阅读和保存。尤其是近年来，打印机技术取得了较大的进展，各种新型实用的打印机应运而生，一改以往针式打印机一统天下的局面。目前，在打印机领域形成了针式打印机、喷墨打印机、激光打印机三足鼎立的主流产品，各有其优点，满足各界用户不同的需求。下面介绍几种打印机。

① 针式打印机（DotMatrix Printer）。针式打印机（见图 1-13）也称撞击式打印机，其基本工作原理类似于我们用复写纸复写资料。针式打印机中的打印头是由多支金属撞针组成，撞针排列成一直行。当指定的撞针到达某个位置时，便会弹射出来，在色带上打击一下，让色素印在纸上做成其中一个色点，配合多个撞针的排列样式，便能在纸上打印出文字或图形。针式打印机的打印成本最低，但是它的打印分辨率也是最低的。

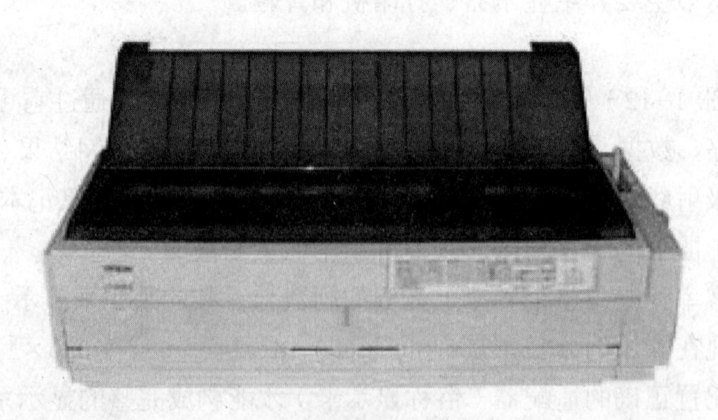

图 1-13　针式打印机

② 喷墨打印机（InkJet Printer）。喷墨打印机（见图 1-14）使用大量的喷嘴，将墨点喷射到纸张上。由于喷嘴的数量较多，且墨点细小，因此能够打印出比针式打印机更细致、更多种的色彩效果。喷墨打印机的价格居中，打印品质也较好，所以被广大用户所接受。

图 1-14 喷墨打印机

③ 激光打印机（LASER Printer）。激光打印机（见图 1-15）是利用碳粉附着在纸上而成像的一种打印机，其工作原理主要是利用激光打印机内的一个控制激光束的磁鼓，凭借控制激光束的开启和关闭，当纸张在磁鼓间卷动时，上下起伏的激光束会在磁鼓产生带电核的图像区，此时打印机内部的碳粉会受到电荷的吸引而附着在纸上，形成文字或图形。由于碳粉属于固体，而激光束有不受环境影响的特性，所以激光打印机可以长年保持印刷效果清晰细致，打印在任何纸张上都可得到好的效果。激光打印机一直以黑色打印为主，但是价位和打印成本太高。

图 1-15 激光打印机

（3）音箱

音箱指将音频信号变换为声音的一种设备，通俗地讲就是指音箱主机箱体或低音炮箱体内自带功率放大器，对音频信号进行放大处理后由音箱本身回放出声音。

1.4 情境案例——选购和组装学生计算机

【情境描述】

进入大学校门后，大家一定使用过计算机，看到大家用计算机学习、上网、玩游戏、看电影、听歌等，你是否也想拥有一台计算机呢？是的，时代发展到今天，计算机已非常普及，其实计算机使用起来并不比目前的高档智能手机复杂，想拥有它也并不是一件难事。在拥有它之前，大家最好先了解它。

【案例分析】

想拥有一台计算机，最起码要知道自己想拥有它的原因，不要盲目追随高配置，能满足自己需要的配置和价格才是最好的。计算机早已成为了家庭娱乐的主要方式，“计算机+互联网”的组合模式也早已成为个人学习和工作的好工具。尤其是目前已经较全面进入了“互联网+”时代了，计算机已经必不可少。那么究竟是购买品牌计算机还是要组装计算机呢？这个是要根据自己的实际情况来决定的。如果自己对计算机的构造了解甚少，那么建议直接购买功能上能满足自己的需求，价格上也较合适的品牌和型号即可；如果对计算机构造有点了解，建议 DIY 一台适合自己的计算机。总之，适合自己的就是最好的，以“少花钱，多办事”的原则挑选并购买适合自己的计算机为目的即可。

【相关知识】

1. 全球个人计算机知名品牌的了解
2. 计算机内部组成，各部件的技术参数
3. 了解计算机常用的软件
4. 了解计算机整机和各部件的维修和保修情况

【案例实施】

任务 1　品牌计算机选购的注意事项

步骤 1　选定品牌

（1）主流品牌：联想（包括 IBM PC）、戴尔、惠普、华硕、宏碁等。

特点：价格、配置、质量、做工这些因素比较均衡。

（2）二线品牌：方正、清华紫光、神舟等。

特点：同样的配置，价格很低，但质量和做工偏差。

（3）高端品牌：苹果、索尼等。

特点：工业设计非常出色，做工非常精细，质量也很好，但配置偏差。

步骤 2　选定配置

影响速度的配置有：CPU、内存、显卡。

影响视觉感受的有：屏幕、外观设计。

容易忽略但非常重要的因素：机器发热和散热状况、购机发票等。

（1）CPU

计算机大量的计算工作都是由 CPU 完成的，图形计算是由显卡或集成在主板上的图像处理器（Graphic Processing Unit，GPU）完成的。

CPU 是衡量一款计算机配置高低的重要标准。

CPU 主要有 Intel 和 AMD 这 2 个品牌。笔记本电脑中，主要用 Intel 的 CPU，部分中低端的笔记本会用 AMD 的 CPU。

高端 CPU：

Intel 酷睿 2 i 系列（i7）；

Intel 酷睿 2 P 系列（P8800、P8700、P8400 等）。

中端 CPU：

Intel 酷睿 2 i 系列（i5、i3）；

Intel 酷睿 2 双核 T 系列（T6600、T6570、T6500 等）。

Intel 酷睿 2 i 系列是 Intel 最新发布的 CPU，采用了更多的新技术，比如：CPU 中整合了 GPU，一定程度上提高了计算机的图像运算能力；i3 系列的 CPU 部分采用双核心设计，通过超线程技术可支持四个线程。

中低端 CPU：

Intel 奔腾双核 T 系列（T4400、T4300、T4200 等）；

Intel 赛扬系列；

AMD 系列。

（2）内存

内存主要看容量，现在市面上的内存主要有 2GB 以上的，2GB 也足以满足我们的应用。

除了看容量外，还可以参考 DDR 这个指标。DDR 是评估内存带宽的指标，DDR 参数越高，内存单位时间内传输的数据量就越大。具体的型号有：DDR3 1333、DDR3 1066、DDR2 800、DDR2 667。现在主流的笔记本都是选用 DDR3 1066 这个型号的内存。

（3）显卡

计算机中与图像相关的运算都是由图像处理器（Graphic Processing Unit，GPU）完成的，GPU 集成在主板上，这就是我们通常说的集成。GPU 在显卡上，就是我们通常所说的独显。

集成显卡运行时需要操作系统动态分配内存给显卡存储数据，相对于独立显卡来说，给系统带来了额外的负担，并且消耗的部分内存。而独立显卡配备了速度更快的显存，所以，其他配置相同的计算机，独立显卡的性能要优于集成显卡。

但现在的集成显卡的计算机也足以满足我们日常应用的要求，除非要经常玩 3D 游戏和看高清电影。现在的独立显卡一般都带有硬件解码高清的能力。部分集成显卡没有这种能力，这些就需要通过 CPU 进行软件解码，这时计算机运行起来就比较费劲了。

（4）显示器

显示器主要分为宽屏和普通屏，宽屏为长宽比为 16：10 的屏幕，普通屏为长宽比为 16：9 的显示器。宽屏显示器在全屏看电影时效果要优于普通屏。

显示器的大小一般都在 19 英寸（1 英寸=2.54cm）以上。

（5）外观

虽然不同配置的笔记本电脑，计算速度不同，但实际速度还会受到很多因素的影响，比如：操作系统优化程度的优劣。除了速度外，外观也是影响我们使用感受一个重要的因素。

(6) 散热

散热是非常容易被忽略但很重要的因素，因为笔记本集成度高，散热程度的好坏直接影响到计算机的稳定性，因为如果 CPU 散热不好，导致温度过高，计算机容易死机，并会缩短 CPU 的使用寿命。

评测笔记本电脑散热好坏的有效方法：让笔记本电脑同时多运行一些程序，提高 CPU 的使用率，一段时间后能够听到 CPU 风扇的嗡嗡声。如果嗡嗡声特别大，说明这款笔记本散热效果不太好。

(7) 发票

虽然笔记本电脑不容易出问题，但保修服务还是非常必要的。但很多笔记本厂家是需要提供发票才提供保修服务的。

在购买之前如何搜集电脑的信息呢？

① 配置类信息。

配置类信息可以查询资讯类网站，如 http://product.pconline.com.cn/notebook/等，当然这些网站也有具体某款电脑的价格，而这些价格一般只能作为参考。

② 价格类信息。

价格类信息可以去 www.jd.com、www.newegg.com.cn 等网站去查，但前提是这些网站有要购买的型号。

任务 2　组装计算机

步骤 1　计算机装机的准备工作

① 装机前要先放掉身体上的静电，以防由于静电放电击穿电路部件里的各种半导体元器件，具体方法是摸一摸金属物件，如自来水管、暖气管等，或者简单地摸一下机箱外壳的金属部分也可。

② 装机前还要仔细阅读各种部件的说明书，特别是主板说明书，根据 CPU 的类型正确设置好跳线。

③ 在装机过程中移动电脑部件时要轻拿轻放，在开机测试时禁止移动计算机，切勿失手将计算机部件掉落在地板上，特别是对于 CPU、硬盘等质地较脆且价格昂贵的部件，以防止损坏。

④ 插接数据线时，要认清 1 号线标识（红边），对准插入。如果需要拔取时，要注意用力方向，切勿生拉硬扯，以免将接口插针弄弯，造成再次安装时的困难。

准备配件：机箱、电源、CPU、内存条、光驱、显卡、硬盘、显卡。

准备工具；梅花螺丝刀。

注　意

该教程所选机箱为蝙蝠侠的 V5-1 免工具游戏机箱。

组装计算机的流程为：装 CPU→装内存→光驱入箱→主板入箱→电源入箱→独立

显卡→硬盘→接线。

步骤 2 安装 CPU

① 打开 CPU 插槽的顶盖，如图 1-16 所示，将 CPU 的缺口处和主板 CPU 位缺口处对齐，然后轻轻放下，注意一定要对齐并且不能用力过度，以免出现断针的情况。

图 1-16 CPU 缺口处

② 放置好 CPU 之后，盖上顶盖，如图 1-17 所示，再按安全栓，步骤是先稍稍往外推然后再按，按下去后再往里推使其复位，这样 CPU 的安装就完成了，如图 1-18 所示 CPU 安全栓闭合。

图 1-17 CPU 安全栓打开

图 1-18　CPU 安全栓闭合

③ 接下来就是 CPU 风扇的安装，如图 1-19 所示，将风扇的螺丝对准主板的螺丝位，然后平稳地放下。

图 1-19　CPU 风扇螺丝定位

④ 对准后用十字改锥将螺丝逐个拧紧即可，如图 1-20 所示。

⑤ 风扇主体安装好后就要接上电源，如图 1-21 所示，将风扇的电源头对准主板的风扇电源接口，小心插好。此时，CPU 部位的安装就全部完成了。

图 1-20 拧紧螺丝

图 1-21 CPU 风扇电源接口

步骤 3 安装内存条

① 先扳开内存条的安全栓，如图 1-22 所示。

② 对齐内存条底部的缺口处于主板上的缺口处，如图 1-23 所示，然后找到内存条底部的缺口，对齐内存条底托。

图 1-22　打开内存安全栓

图 1-23　内存条底部缺口

③ 找准位置后将内存条按下去，合上安全栓，如图 1-24 所示，使其与主板牢牢固定，这样就完成了内存条的安装步骤。

步骤 4　光驱入箱

在上一步 CPU 和内存条的安装之后，主板上的部件已经安装齐全，接下来我们要做的工作就是将主板和光驱装入机箱。注意，这个教程所用的机箱是蝙蝠侠 V5-1 免工具机箱，如果使用的不是免工具机箱的话，步骤就会稍有不同，在接下来的讲解中会提到这一点。

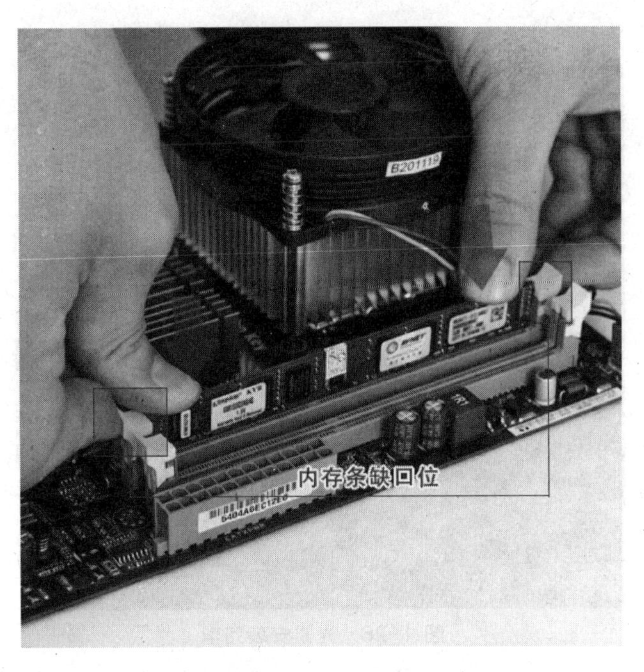

图 1-24 卡紧内存条

① 把机箱前面板的光驱挡板拆卸下来。光驱挡板的拆卸十分简单，这里就省去了这一步。如图 1-25 所示，将光驱正面向前推入光驱位。

图 1-25 光驱放入面板

② 将光驱一推到底，听到“咔”地一声之后就意味着与机箱完全吻合，这个时候光驱基本上已经安装好了，再将光驱挡板装回即可，如图 1-26 所示。

图 1-26 光驱安装完毕

图 1-27 为蝙蝠侠 V5-1 机箱的光驱免工具卡扣，所以只需要将光驱推到底即可，如果不是免工具机箱则需要用改锥才能完成安装。

图 1-27 光驱免工具卡扣

步骤 5 主板入箱

① 安装主板需要将侧板打开，不同机箱的侧板打开方式也不尽相同，如图 1-28 所示，蝙蝠侠 V5-1 机箱采用手拧螺丝固定，另外侧板还设有拉手，拆装起来十分的方便，用手拧下固定侧板的螺丝。

图 1-28 免工具螺丝

② 另外一个螺丝也同样拆下，注意拆下的螺丝要用小容器收起来，以免丢失造成不必要的麻烦。

图 1-29 为蝙蝠侠 V5-1 机箱的侧板拉手，有了侧板拉手的设计，就可以避免侧板太光滑而无从着力的情况。

图 1-29 侧板拉手

③ 拉住侧板拉手，平着往外拉即可，拆下侧板后，将机箱放倒，侧板面朝上。在主板入箱前，先装好主板位的铜柱，如图 1-30 所示。

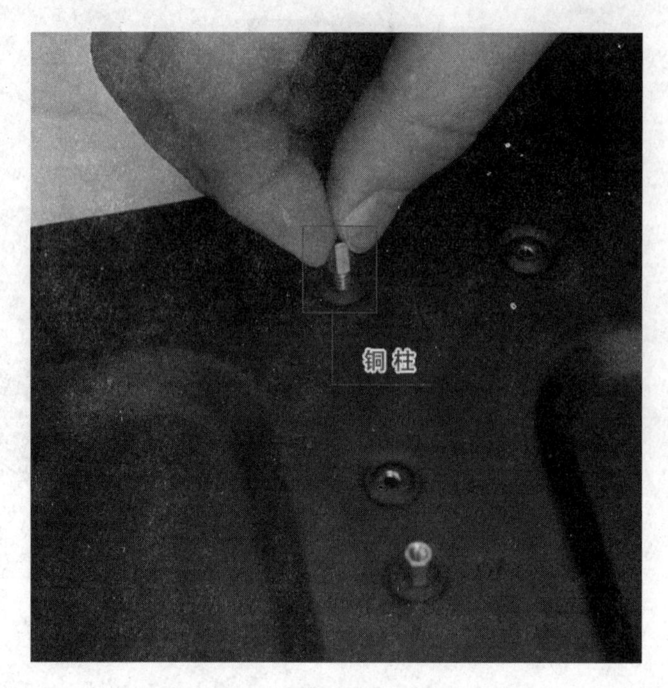

图 1-30　安装主板铜柱

④ 将主板轻轻放进机箱中，注意螺丝孔要对准之前安装好的铜柱，如图 1-31 所示。

图 1-31　安装主板

⑤ 确保对齐之后，如图 1-32 所示，用梅花起子拧紧主板上的螺丝。注意一定要拧紧，否则在使用时如产生震荡就会对主板造成损伤。

图 1-32 固定主板螺丝

步骤 6 电源入箱

① 先找到机箱的电源位。机箱分为上置电源和下置电源两种，其中下置电源机箱比较多，图中所用的蝙蝠侠 V5 机箱就是下置电源机箱。另外关于风扇的朝向，下置电源机箱的风扇朝向可以朝内也可以朝外，图 1-33 所示的是朝内的装法。

图 1-33 放置电源

② 将电源摆好之后就需要拿螺丝钉将其固定，如图 1-34 所示，电源的螺丝位一共有 4 个，同样注意要拧紧。

图 1-34　固定电源

图 1-35 所示为电源的四个螺丝位，上好螺丝之后就完成了电源主体的安装，接下来让我们进行下一步独立显卡的安装。

图 1-35　四角固定电源

步骤 7　独立显卡的安装

显卡分为独立显卡和集成显卡，集成显卡集成在 CPU 中，而独立显卡则需要安装在机箱的 PCI 插槽上。机箱上的 PCI 插槽一般有 4～7 个，PCI 插槽越多，就意味着机箱的扩展性越好，蝙蝠侠 V5 机箱有 7 个 PCI 插槽。图 1-36 所示机箱 PCI 挡片是螺丝固定的，可以重复拆装。

图 1-36 机箱 PCI 插槽挡片

先找到与主板插槽对应的 PCI 卡槽，然后卸下螺丝，拆开挡板。将显卡对齐主板插槽和 PCI 卡槽，然后插进去，如图 1-37 所示。

图 1-37 主板显卡插槽

插好后将显卡螺丝拧紧，如图 1-38 所示，机箱 PCI 挡片显卡的安装就完成了。

图 1-38　固定显卡螺丝

步骤 8　硬盘入箱

按照之前的步骤，安装好了 CPU、主板、显卡、光驱之后，装机的流程就已经完成了大半，剩下的就是硬盘的安装和最关键的机箱接线工作了。机箱接线的步骤十分重要，一旦接错或接反，就会出现硬件烧毁的情况。因此，一般都是在所有硬件装进机箱之后才进行接线的工作，所以让我们先来学习怎样安装硬盘。

① 在安装硬盘之前，首先要将硬盘架取下，如图 1-39 所示，我们示范所用的蝙蝠侠 V5 机箱采用的是免工具硬盘笼，拆卸时用一只手按下安全栓，另一只手将硬盘架往外拉就能顺利取下来。非免工具机箱多用螺丝钉固定，拆卸时需要用到梅花改锥。

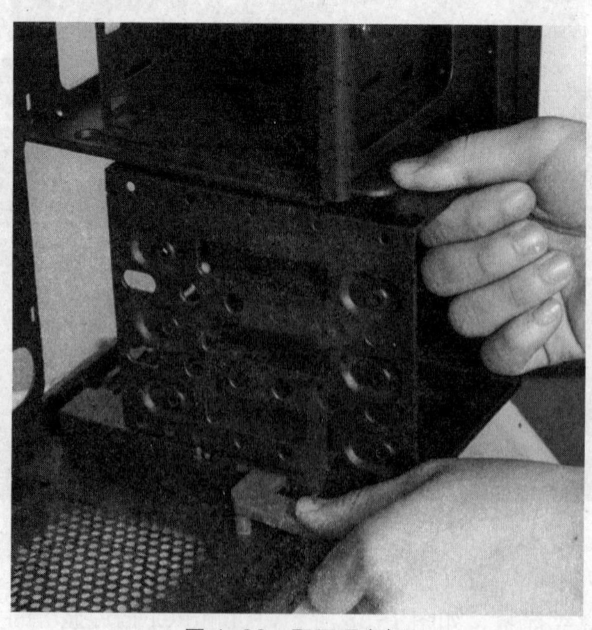

图 1-39　取下硬盘架

② 硬盘的安装，要把硬盘的接口朝后，按照图 1-40 所示方向插入硬盘架，插的时候要注意对准硬盘和硬盘架的螺丝孔位。

图 1-40 安装硬盘

如图 1-41 所示，硬盘架与硬盘螺丝孔位对齐的状况。

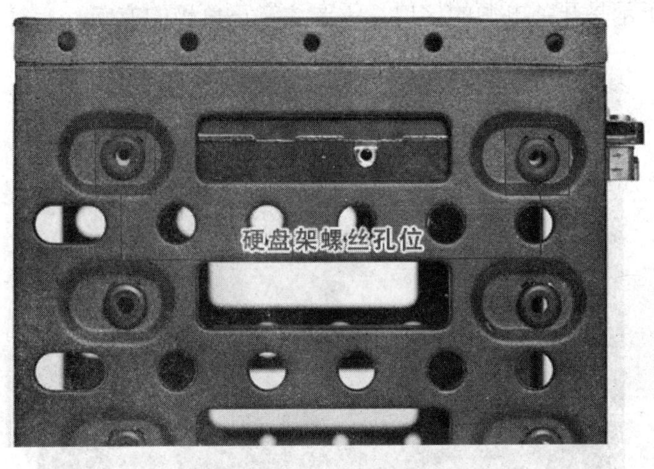

图 1-41 硬盘定位

③ 蝙蝠侠 V5-1 机箱随机附送了免工具螺丝，在这个时候就能派上用场，扶好硬盘，用手将这两侧的 4 个螺丝拧紧即可。装好硬盘就需要将硬盘架装回机箱，如图 1-42 所示，用手扶住硬盘架将其对准推回机箱，直到安全栓上跳，将硬盘架固定住之后，硬盘的安装就全部完成了。

至此，我们就完成了所有硬件主体的安装，接下来我们就要完成最后也是最难的一步——机箱接线。

图 1-42 放回硬盘架

步骤 9 机箱接线

机箱接线说难也难，说易也易，关键在于要找准每个部件的接口和正负极的分辨，但是只要细心观察，我们就会发现主板上有相应的标注，认准了标注的信息就不会出现接错线、接反线的情况。

① 图 1-43 所示是开关电源的接口，需要注意正负极的方向。

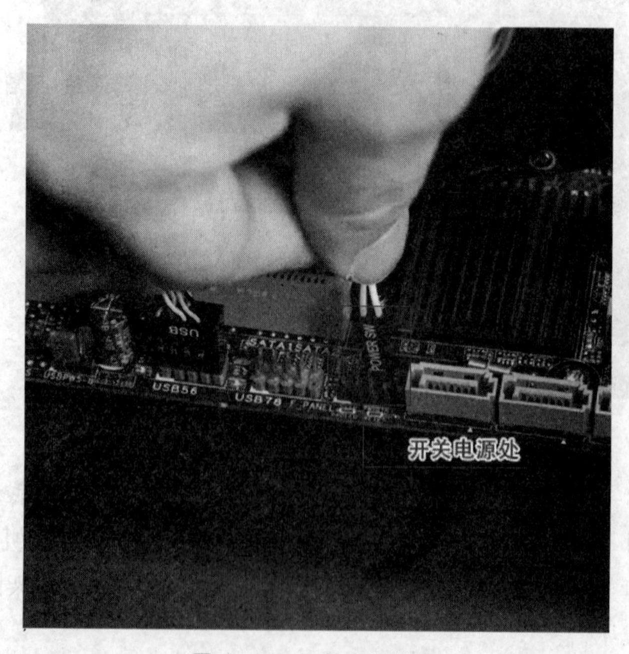

图 1-43 开关电源接口

图 1-44 所示为 USB 接口、HDDLED 接口和电源重启接口。

图 1-44 USB 等其他接口

② 主板的 20 + 4PIN 的主板电源接口连接，如图 1-45 所示。将接头插进主板接口处，注意力道适中，不要用力过度。

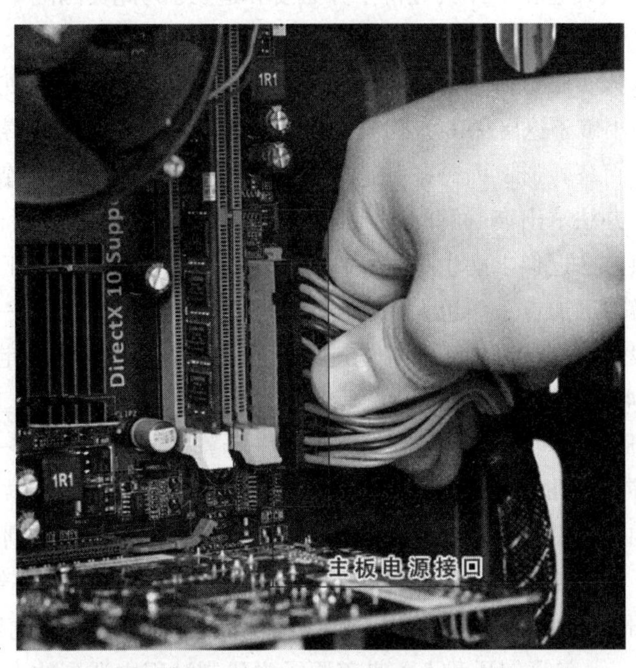

图 1-45 主板电源接口

③ 最后在连接上侧板的风扇结合，便完成了装机。蝙蝠侠 V5-1 机箱在侧透板上装有两个水晶风扇，将风扇的接口与电源连接，安装完毕后合上侧板，就完成了装机的最后一步，至此整个装机流程全部完毕。

1.5 计算机小故事：ENIAC 的由来

第一台电子计算机叫埃尼阿克（电子数字积分计算机，Electronic Numerical Integrator And Computer，ENIAC），它于 1946 年 2 月 15 日在美国宣告诞生。承担开发任务的“莫尔小组”由四位科学家和工程师埃克特、莫克利、戈尔斯坦、博克斯组成，总工程师埃克特当时年仅 24 岁。

在美国宾夕法尼亚大学的莫尔电机学院揭幕典礼上，推出的就是世界上第一台现代电子计算机“埃尼阿克”（ENIAC）。这个庞然大物占地面积达 $170m^2$，重达 30t。在揭幕仪式上，“埃尼阿克”为来宾表演了它的“绝招”——分别在 1 秒钟内进行了 5 000 次加法运算和 500 次乘法运算，这比当时最快的继电器计算机的运算速度要快 1 000 多倍。这次完美的亮相，使得来宾们喝彩不已。

ENIAC：长 30.48m，宽 1m，占地面积 $170m^2$，30 个操作台，约相当于 10 间普通房间的大小，重达 30t，耗电量 150kW · h，造价 48 万美元。它包含了 17 468 根真空管，7 200 根水晶二极管，1 500 个中转，70 000 个电阻器，10 000 个电容器，1 500 个继电器，6 000 多个开关，每秒执行 5 000 次加法或 400 次乘法，是继电器计算机的 1 000 倍、手工计算的 20 万倍。

研制电子计算机的想法产生于第二次世界大战进行期间。当时占主要地位的战略武器就是飞机和大炮，根本没有“飞毛腿”导弹、“爱国者”防空导弹、“战斧式”巡航导弹，因此研制和开发新型大炮和导弹就显得十分必要和迫切。为此美国陆军军械部在马里兰州的阿伯丁设立了“弹道研究实验室”。

美国军方要求该实验室每天为陆军炮弹部队提供 6 张火力表，以便对导弹的研制进行技术鉴定。千万别小瞧了这区区 6 张的火力表，它们所需的工作量大得惊人。事实上每张火力表都要计算几百条弹道，而每条弹道的数学模型都是一组非常复杂的非线性方程组。这些方程组是没有办法求出准确解的，因此只能用数值方法近似地进行计算。

但即使用数值方法近似求解也不是一件容易的事。按当时的计算工具，实验室即使雇用 200 多名计算员加班加点工作也大约需要二个多月的时间才能算完一张火力表。在“时间就是胜利”的战争年代，恐怕还没等先进的武器研制出来，败局已定。

为了改变这种不利的状况，当时任职宾夕法尼亚大学莫尔电机工程学院的莫希利（John Mauchly）于 1942 年提出了试制第一台电子计算机的初始设想——“高速电子管计算装置的使用”，期望用电子管代替继电器以提高机器的计算速度。

美国军方得知这一设想，马上拨款大力支持，成立了一个以莫希利、埃克特（Eckert）为首的研制小组开始研制工作，预算经费为 15 万美元，这在当时是一笔巨款。

当时任弹道研究所顾问、正在参加美国第一颗原子弹研制工作的数学家冯 · 诺依曼（John von Neumann，美籍匈牙利人）带着原子弹研制过程中遇到的大量计算问题，在研制过程中期加入了研制小组。他在计算机的许多关键性问题的解决上做出了重要贡献，从而保证了计算机的顺利问世。

虽然 ENIAC 体积庞大，耗电惊人，运算速度不过几千次（现在的超级计算机的速度最快每秒运算达万亿次），但它比当时已有的计算装置要快 1 000 倍，而且还有按事先编好的程序自动执行算术运算、逻辑运算和存储数据的功能。ENIAC 宣告了一个新时代的开始，开启了科学计算的大门。

自第一台计算机问世以后，越来越多的高性能计算机被研制出来。计算机已从第一代发展到了第四代，目前正在向第五代、第六代智能化计算机发展。像最初制造出来的ENIAC一样，许多高性能的计算机总是在为尖端和常规武器，特别是核武器的研制服务。

和人类发明的所有工具一样，计算机的产生也是由于实际需要方得以问世的。从18世纪以来，科学技术水平有了长足的进步。制造电子计算机所必需的逻辑电路知识和电子管技术已经在19世纪末和20世纪初出现并得以完善。因此可以说制造计算机的基础科学知识已经完备。

但为什么世界上第一台电子计算机要退至20世纪40年代中期才得以问世呢？这里面主要是实际需要是否迫切和资金是否到位的问题。实际需要当然一直都存在，谁不想拥有一种最先进的计算工具呢？但光是需求并不能决定一切。凡研制一种新工具，总是需要先期投入大量资金（研制ENIAC时，一开始就投资15万美元，但最后的总投资高达48万美元，这在40年代可是一笔巨款）。

最后还是战争使计算机的诞生成为现实。事实上各种各样的社会需求中，战争期间的需求始终是最迫切的，因为事关生死存亡。政府和军方总是出手大方，将最新的科技成果应用到诸如战略和常规武器的研制工作上，以确保己方在军事上处于领先地位。

电子计算机正是在二次世界大战弥漫的硝烟中开始研制的。如前面所述，当时为了给美国军械试验提供准确而及时的弹道火力表，迫切需要有一种高速的计算工具。因此在美国军方的大力支持下，世界上第一台电子计算机ENIAC于1943年开始研制。参加研制工作的是以宾夕法尼亚大学莫尔电机工程学院的莫西利和埃克特为首的研制小组。在研制中期，著名数学家冯•诺依曼加入行列。

历时两年多，ENIAC 研制成功。1945 年春天，ENIAC 首次试运行成功。1946 年 2月10日，美国陆军军械部和宾夕法尼亚大学莫尔学院联合向世界宣布ENIAC的诞生，从此揭开了电子计算机发展和应用的序幕。

现在人们常打交道的绝大多数都是个人计算机，它体积小，重量轻，性能高。虽然现在也有不少的巨型和大型计算机，但它们都“藏在深闺人未识”，安置在专门为它建造的建筑物里，一般人是不太容易一睹其“芳容”的。

但即使在当时看来，ENIAC也是有不少缺点的：除了体积大、耗电多以外，由于机器运行产生的高热量使电子管很容易损坏。一旦有一个电子管损坏，整台机器就不能正常运转，于是就得先从这1.8万多个电子管中找出那个损坏的，再换上新的，方法极为麻烦。

本章小结

本章介绍了计算机的发展过程、计算机系统的基本组成、数制编码及各种进制的相互转换、信息在计算机中的表示方法等内容，同时也给初学者介绍了如何选购和组装计算机，了解微型计算机的系统组成，要求掌握计算机的发展、进制间的相互转换、计算机各部件的系统组成等。

PART 2 第 2 章 Windows 7 基本操作

【本章内容】

1. 操作系统概述。
2. 认识 Windows 7 系统。
3. 情境案例 1：文件及文件夹的组织与管理。
4. 情境案例 2：Windows 7 系统管理。
5. 情境案例 3：Windows 7 系统附件的使用方法。
6. 情境案例 4：计算机系统资源的高效管理。
7. 计算机小故事：比尔·盖茨和他的微软帝国。

【本章学习目的和要求】

1. 了解计算机操作系统的基本知识。
2. 掌握 Windows 7 系统的文件和文件夹的组织和管理。
3. 掌握 Windows 7 系统管理方法。
4. 了解 Windows 7 系统附件的使用方法。
5. 了解计算机系统资源的高效管理。
6. 了解比尔盖茨和微软诞生和发展情况。

操作系统是计算机用户和计算机硬件之间的接口，用户只有通过操作系统才能使用计算机，所有应用程序必须在操作系统的支持下才能运行。因此，掌握操作系统的操作方法，是学会使用计算机的前提。本章通过案例方式重点介绍了 Windows 7 的使用基础。

2.1 操作系统概述

操作系统（Operating System，OS）是用于管理、操纵和维护计算机并使其正常高效运行的软件，它是计算机软、硬件资源的管理者和软件系统的核心，以下将介绍 Windows 操作系统的发展史及 Windows 7 的功能特点。

2.1.1 Windows 的发展历史

Microsoft 公司于 1983 年 12 月推出了基于图形用户界面的 Windows 操作系统，从 Windows

1.0、Windows 3.x 到 Windows 95/98、Windows NT、Windows Me、Windows 2000 再到今天的 Windows XP 和 Windows Vista，Windows 操作系统从一个很不成熟的产品，逐步发展成为今天使用最为广泛的操作系统。

1990 年，Microsoft 公司推出了 Windows 3.0，它的功能较 1.0 版本有进一步加强，具有强大的内存管理，且提供了数量相当多的 Windows 应用软件，因此成为 386、486 微机新的操作系统标准。

1995 年，Microsoft 公司推出了 Windows 95。在此之前的 Windows 都是由 DOS 引导的，也就是说它们还不是一个完全独立的系统，而 Windows 95 是一个完全独立的系统，并在很多方面做了进一步的改进，还集成了网络功能和即插即用（Plug and Play）功能，是一个全新的 32 位操作系统。

1998 年，Microsoft 公司推出了 Windows 95 的改进版 Windows 98，Windows 98 一个最大的特点就是把微软的 Internet 浏览器技术整合到了 Windows 95 里面，使得访问 Internet 资源就像访问本地硬盘一样方便。

2001 年，Microsoft 公司推出最新的操作系统 Windows XP，此次之所以不按惯例以年份数字为产品命名，是因为 XP 是 Experience（体验）的缩写，象征着将给用户在应用上带来更多的新体验。Windows XP 的内核代码是基于 Windows 2000 架构的，所以是很稳定的纯 32 位系统，根据不同的用户对象，Windows XP 可以分为针对个人用户的 Windows XP Home Edition 和针对商业用户的 Windows XP Professional。

Microsoft 公司于 2009 年下半年发布 Winodws 7，取代了 2007 年年初发布的饱受争议的 Windows Vista，且于北京时间 2012 年 10 月 25 日 23 点 15 分推出了最新 Windows 系列 Windows 8 系统。

2.1.2 中文版 Windows 7 的功能和特点

Windows 7 相对于之前的版本的有了质的飞跃，其中增加了许多激动人心的新功能。它基于 Windows Vista 核心，改进了触控的方便性、语音识别和手写输入，支持虚拟硬盘、更多的文件格式并且提高了多核心中央处理器的性能，加快了启动速度，以及核心上改进。相较于 Windows XP 和 Windows Vista，其后台技术也使计算机运行更安全、更有效、更可靠。

Windows 7 涵盖 32 位和 64 位 2 个版本，顾及从 32 位系统过渡到 64 位系统的趋势。而 16 位窗口系统和 MS-DOS 应用程序，则提供有限度支持，情况如同 Windows Vista x64 版本。Windows 7 新增加了一个称为“Windows XP 模式”的功能。此功能可以让 Windows 7 通过虚拟化技术调用虚拟机中的 Windows XP，实现近乎完全的兼容。这个功能只在 Windows 7 专业版、企业版及旗舰版版本中以免费授权的方式开放。

Windows 7 增加的功能大致上包括：支持多个显卡、新版本的 Windows Media Center、一个供 Windows Media Center 使用的桌面小工具、增强的音频功能、自带的 XPS 和 Windows PowerShell，以及一个包含了新模式且支持单位转换的新版计算器。另外，其控制面板也增加了不少新项目：ClearType 文字调整工具、显示屏色彩校正向导、桌面小工具、系统还原、疑难解答、工作空间中心（Workspaces Center）、认证管理员、系统图标和显示。旧有的

Windows 安全中心被更名为“Windows 操作中心”，它有保护电脑信息安全的功能。

Windows 7 仍保留了在 Windows Vista 中首次引入的 Windows Aero 透明玻璃感的用户界面及视觉样式，但是有许多地方都得到改进。“Aero”为 Authentic（真实）、Energetic（动感）、Reflective（反射）、Open（开阔）4 个英文单词的首字母，意为 Aero 界面是具有立体感和透视感，并令人震撼和开阔的用户界面。除了透明的接口外，Windows Aero 也包含了实时缩略图、实时动画等窗口特效，显得清晰美观。

Windows 7 带来了全新的个性化的界面，增进了对主题的支持。除了可以设置窗口的颜色、屏幕保护程序、桌面背景、桌面图标、音效设置、鼠标指针以外，Windows 7 的主题还包括了桌面幻灯片设置。所有的设置可以从新的“个性化”控制界面进行控制，同时也可以从微软网站上下载并安装更多的布景主题。任务栏在外观上有较大的改变。原有的“快速启动”功能已被任务栏上的缩小程序图标取代。这个功能不仅具有快速启动原有的功能，也同时具有显示目前正在运行的程序图标的功能。

Windows 7 的安全性已经得到了改进，在 Windows 7 中，Windows 的安全维护变得简单，操作更加人性化。旧版中的安全中心已经移除，且新增了一个名为操作中心的功能（在早些的组建里称为 Windows Health Center 及 Windows Solution Center），能显示并处理电脑系统安全及维护相关信息。它是所有计算机重大问题解决和维护的行动中心，是一个查看警报和执行操作的中心位置，帮助保持系统稳定地运行。它包括“安全性”“维护”两大版块。用户可以通过点击位于通知区域的图标或者在开始菜单、控制面板搜索进入操作中心。在操作中心里，重要的紧急事件将会用红色、黄色列出。用户可以非常方便地解决包括安全和计算机维护的问题，如恶意软件清除、安全软件安装和更新等信息。当计算机出现问题，所有的提醒事件会在通知区域的图标上显示。这样在网上购物和浏览 Internet 时就更加安全。用户还可以与网络上的其他人进行通信联络，而不用担心危及个人隐私或个人数据文件。系统性能已经得到空前提高，因而能够使用更多程序，并且运行速度比以前更快。Windows 7 系统可靠并且稳定，因此可以始终依靠计算机的性能和效力来完成工作。最重要的一点是，它与其他程序的兼容性比以前更好。

Windows 7 中集成了许多功能和工具，使计算机的使用更容易、有效和愉快。经过了彻底改造的媒体播放器自带 Windows Media Player 12 软件，已经与操作系统完全融为一体，用户能方便地进行各种视频、音频文件的播放和管理，可以十分方便地在任何图像处理软件中直接获取数码相机中的图片资源，就像是在本地硬盘上一样进行方便的预览、删除、调入等操作。这个版本的 Windows Media Player 提供了更多媒体格式的支持，包含 AAC 格式的音乐、MP4 格式的多媒体文件及 MOV 格式的视频等，手机的 3GP 格式也可以在 Media Player 播放。除了增加了格式的支持，Windows Media Player 的现在播放模式已达到节省存储空间的目的：播放音乐时，只会显示音乐的专辑封面、视觉效果、乐曲名称及演出者信息；视频也只是显示视频属性、片名等信息。另外一个功能则是“播放到”，这个功能允许用户在一台电脑上将音乐播放到各个不同的扬声器中。使用 Windows Media Player 可以聆听 CD 或收听来自世界各地的电台广播、观看 DVD 及进行光盘刻录；使用 Windows Messenger 随时与朋友和家人保持联系。

通过这些功能改进，Windows 7 必将对未来生活产生深远影响。在数字媒体方面，音乐、视频的应用和制作非常简单；在通信方面，由于能够及时传递信息，再加上音频、视频功能的整合，人与人之间的沟通和交流变得更加方便和人性化；在移动办公方面，由于 Windows 7 对无线设备的支持和无线应用功能的提升，移动办公不仅将更加普及，而且会给商务运作带来很大的促进作用。

2.1.3 Windows 7 的运行环境和安装

1．运行环境

由于 Windows 7 的操作系统比较庞大，所以在安装之前，必须检查一下计算机是否满足安装的条件。

Windows 7 系统的安装需求如下。

架构	32 位	64 位
中央处理器	1GHz	
内存	1 GB	2GB
显卡	支持 DirectX 6.0	
显存	128MB（打开 Windows Aero）	
硬盘最小容量	16 GB	20 GB
光盘驱动器	DVD-ROM 或 DVD 刻录机	
激活要求	网络或电话，用以激活 Windows	

2．利用系统光盘进行安装

Windows 7 利用系统光盘进行安装。以 Windows 7 旗舰版系统安装为例，其安装步骤大致如下。

（1）启动计算机后，将中文 Windows 7 系统的安装光盘放入到光盘驱动器中，系统将自动运行安装程序。Windows 7 安装界面下选择中文选项，单击“下一步”按钮，如图 2-1 所示。随后界面勾选“我接受许可”，然后单击“下一步”按钮，表示同意当前厂商的法律协议。

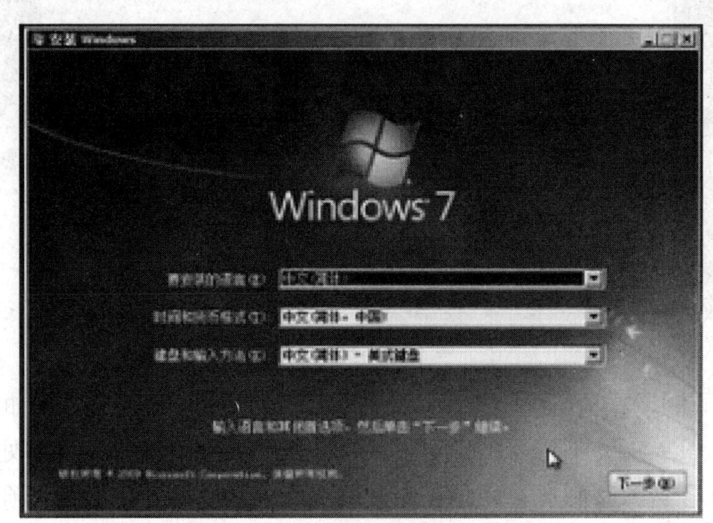

图 2-1　Windows 7 安装界面

（2）选择将系统安装在硬盘的哪个分区，如图 2-2 所示，并将新硬盘格式化好。

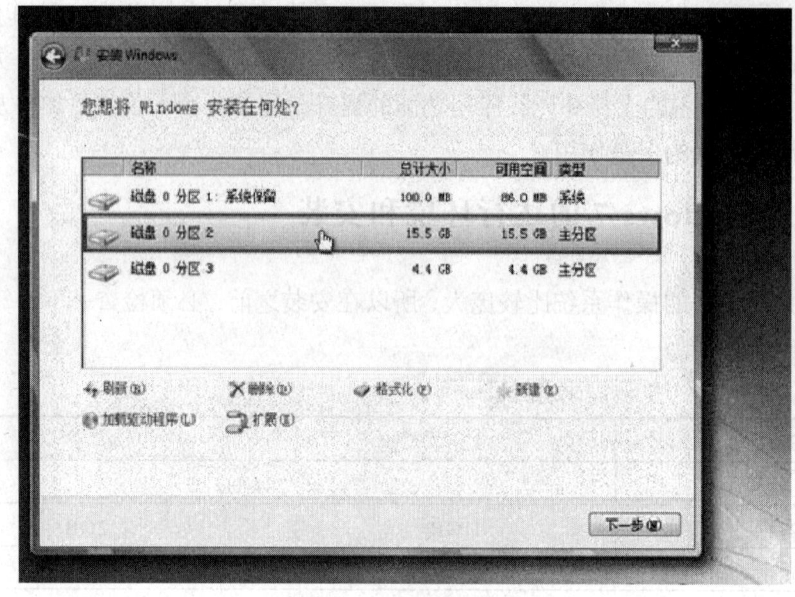

图 2-2　系统安装位置

（3）根据向导提示步骤进行安装，系统将自动搜索计算机的相关信息，并复制安装文件到计算机中。Windows 7 的安装和 Windows XP 及以前的系统不同，是类似 Ghost 的整盘还原技术，所以速度比较快。中间无需干预，如图 2-3 所示。

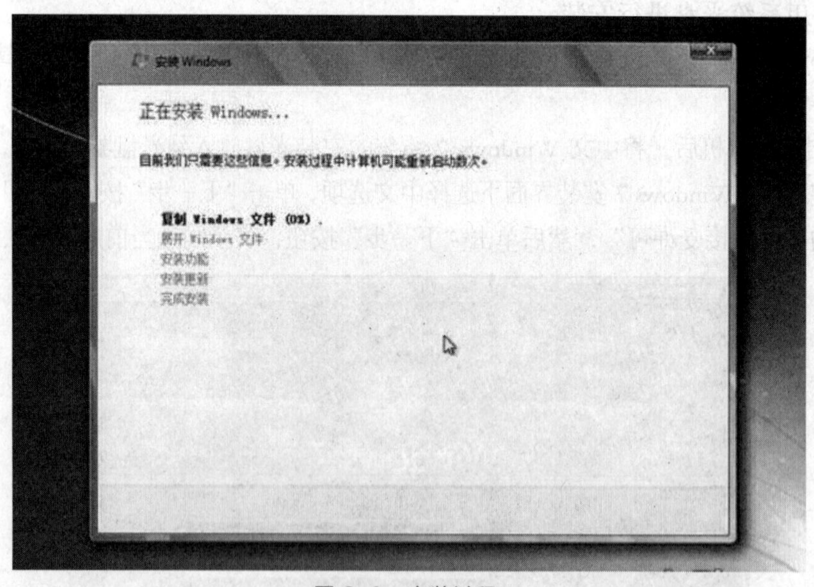

图 2-3　安装过程

（4）重新启动计算机，系统自动检测安装硬件并完成最后的设置。如图 2-4 所示，输入用户名称、输入正版序列号（即系统安装密钥）、时间区域、确认所处网络类型（家庭或工作网络）、升级选项（选择推荐即可），在确认了这几个推荐选项后，系统安装完成，准备进入桌面。

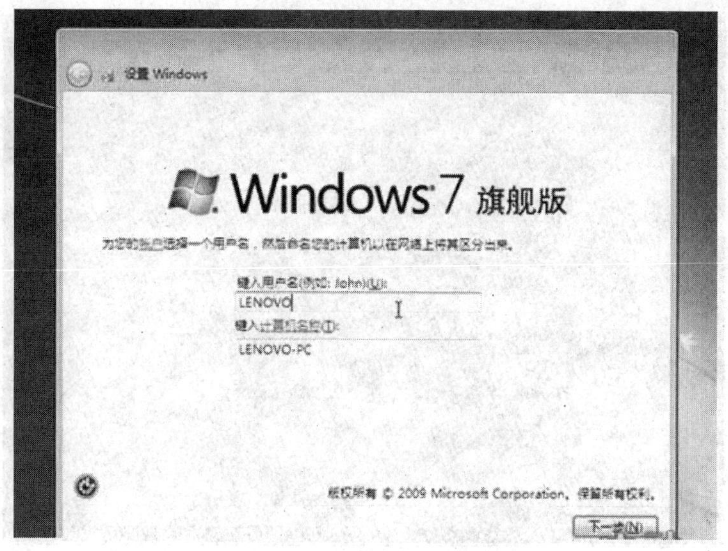

图 2-4 产品信息输入

（5）Windows 7 初始界面，如图 2-5 所示。

图 2-5 Windows 7 初始界面

3. 利用 Ghost 进行安装

利用系统光盘进行安装耗时较长，目前，较普遍的方法是利用 Ghost 进行安装，安装步骤如下。

（1）开机后按 Delete 键进入 BIOS 设置，选择并进入第二项 Advanced Bios Features，将 First Boot Device（第一启动项）设为 CD-ROM，即从光盘启动系统，再按“F10”键存盘退出。

（2）确保光驱里放入了 Windows 7 Ghost 装机光盘，在光盘引导界面，按中文提示进行操作，选择“自动将系统装入第一分区”，就会出现图 2-6 所示 Ghost 的界面，10～15 分钟后 Ghost 完成文件恢复。

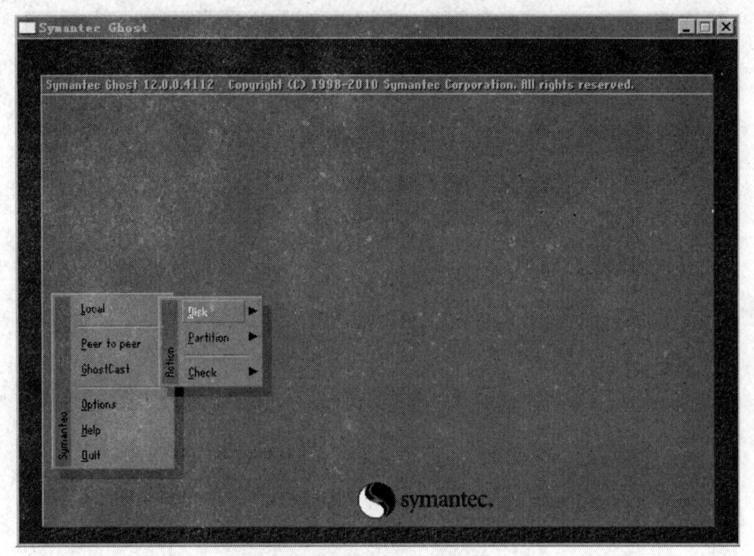

图 2-6 Ghost 安装

自动重启，进入 Windows 7 界面，系统会自动配置环境、安装所需驱动，重启几次后，系统即安装完毕，整个过程无需人为干预。新系统通常还自带了许多常用软件，可以立即使用了。

2.2 认识 Windows 7 系统

比尔·盖茨在和新闻周刊的一个会谈中，说到："Windows 7'以用户为中心'。"在这一节里，将讲述 Windows 7 的基本知识与操作，体验 Windows 7 的新特性给用户带来的高效率及乐趣。

任务 1 Windows 7 的启动和退出

Windows 7 是一个支持多用户的操作系统，登录系统时，可选用不同的启动方式和实现多用户登录。

1. 启动

按下机箱电源开关"POWER"，屏幕上将显示电脑自检信息，如果电脑中只安装了一个 Windows 7 操作系统，则自动启动 Windows 7 操作系统。如果安装了多个系统，可选择 Windows 7 选项，再按键盘上的回车键"Enter"进入 Windows 7。在接下来的用户登录界面选择某用户，输入正确登录密码，系统进入 Windows 7 操作系统界面。

如果开机时，长按"F8"键，可进入高级启动选项，当计算机无法完整使用 Windows 7 的功能时，通常可进入该选项选择"安全模式"，以一种最"干净"的方式启动系统，以便进行修复。

2. 注销与关闭

注销使用户不必重新启动计算机就可实现多用户登录，既快捷又减少硬件损耗。方法是单击"开始" | "关机"命令，在随后的注销窗口中选择"切换用户"或"注销"。"注

销”将保存设置并关闭当前登录的用户。

操作任务完成后，应养成正常关机的良好习惯，切忌直接切断电源关机，正确的关机步骤如下。

步骤 1 关闭所有已经打开的应用程序。

步骤 2 单击“开始” | “关机”命令，弹出图 2-7 所示对话框。

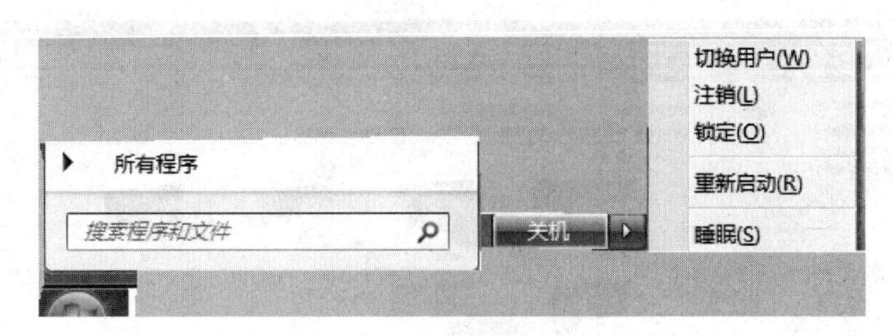

图 2-7 “关闭计算机”窗口

步骤 3 在该对话框中单击“关闭”按钮，系统将自动保存有关信息，并关闭计算机。

步骤 4 最后关闭显示器及总电源。

“重新启动”选项即“热启动”，当系统出现故障或安装了新的软硬件时需重新启动而不关闭计算机则选此项。同时按下“Ctrl+Alt+Delete”组合键可进行热启动，按下主机箱正面的复位按钮“Reset”可进行冷启动。

任务 2 鼠标的使用

鼠标是对 Windows 7 进行操作的主要工具之一，通常采用两键模式的鼠标，鼠标的两键分为左键和右键，基本操作方式有如下几种。

（1）指向：将鼠标指针移动到某个对象上。当指针停留在某对象上时，会出现提示信息。

（2）单击：将鼠标指针指向某个对象，单击鼠标左键，此动作通常用来选取所指向的对象。

（3）双击：将鼠标指针指向某个对象，连续快速按鼠标左键两下，一般表示打开窗口或执行应用程序。

（4）右击：将鼠标指针指向某个对象，单击鼠标右键。右击通常会弹出一个菜单，以此来快速执行菜单中的命令，称为“快捷菜单”。

（5）拖曳：将鼠标指针指向某个对象，按住鼠标左键不放并拖动鼠标，到指定位置后再释放，通常用来完成对象的移动或复制等操作。

任务 3 熟悉桌面

进入 Windows 7 系统后，看到的是 Windows 7 的桌面，相比较老版本，桌面有了一些变化。计算机上所有的操作都在这里完成，屏幕上可以看到桌面、图标、任务栏，对于普通用户来说，学会使用和管理桌面极为重要。

1．桌面背景

桌面背景的作用是美化屏幕，用户既可以保持系统简洁的风格，也可以将自己喜欢的图片设置为桌面背景。

Windows 7 增进了对主题的支持。除了可以设置窗口的颜色、屏幕保护程序、桌面背景、桌面图标、音效设置、鼠标指针以外，Windows 7 的主题还包括了桌面幻灯片设置。所有的设置可以从新的“个性化”控制界面（见图 2-8）进行控制，同时也可以从微软网站上下载并安装更多的背景主题。

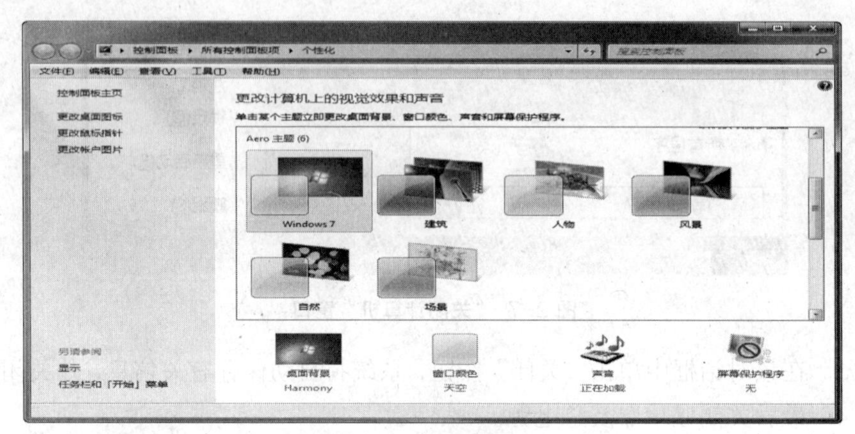

图 2-8　个性化主题定制

Windows Aero 是 Windows Vista 开始使用的新元素，包含重新设计 Windows Explorer 样式、Windows Aero 玻璃样式、Windows Flip 3D 窗口切换、实时缩略图还有新的字体。Windows 7 目前所使用的 Windows Aero 有许多功能上的调整、新的触控接口和新的视觉效果及特效中设计最佳的用户界面，如图 2-9 所示，透明的玻璃特效让用户获得较好的应用体验。

图 2-9　Windows Aero 玻璃特效

2．桌面图标

图标指桌面上排列的小图像，包括图形和文字两个部分。图标用来代表要运行的程序，也可以代表要打开的文件夹，或是代表要编辑的一个数据文件。要打开图标所代表的内容，只需双击图标即可。Windows 7 桌面变得非常清洁，在图 2-8 所示的“个性化”中选择“更改桌面图标”选择常用系统图标。

“计算机”图标：通过该图标，用户可以管理磁盘、文件、文件夹等内容。另外，利用其中的“控制面板”，用户可以对系统进行各种控制和管理。“计算机”是用户使用和管理计算机的最重要工具。

“网络”图标：通过其属性对话框，用户可以配置本地网络连接、设置网络标识、进行访问控制设置和映射网络驱动器。双击该图标，可以打开“网络和共享中心”窗口来查看和使用网络资源。

“回收站”图标：Windows 7 在删除文件和文件夹时并不将它们从磁盘上删除，而是暂时保存在“回收站”中，只要用户没有清空回收站，便可在需要时还原在“计算机”和“资源管理器”中删除的文件和文件夹。

3．任务栏

任务栏提供程序运行和程序管理。任务栏在 Windows 7 中有长足的改进。尽管任务栏仍然是负责控管窗口的作业，但 Windows 7 加入了许多功能。任务栏上的窗口管理可以排序、锁定、快速预览，而通知区域与实时缩略图也有大量改进。

为了配合触控屏幕，Windows 7 中的任务栏比起以往高度增加了 10px，能容纳全新的大图标和增加触控的可操作性，且只显示图标，不再显示标题，所有相同的应用程序会自动合并，打开的应用程序图标的排序也能更改。

在任务栏中运行中的应用程序，图标周围会有边框，使图标有上浮的感觉，而常用的应用程序能够被锁定在任务栏上。运行中的应用程序图标边框，当指针移至上方时会依照图示的 RGB 值显示色彩及光芒。

任务栏可分为“开始”菜单、窗口缩略图和通知区域及 Aero 桌面透视，如图 2-10 所示。

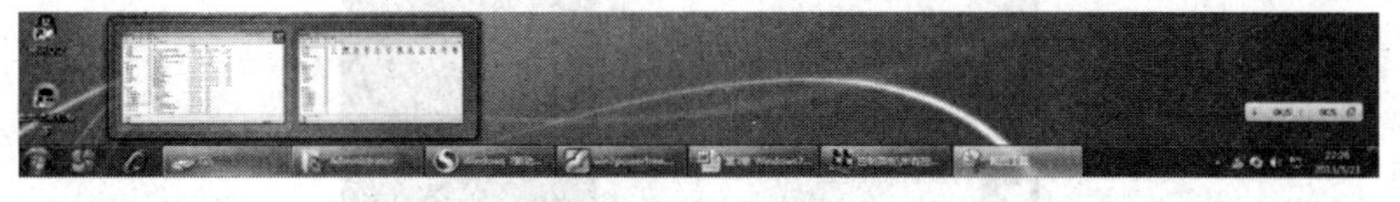

图 2-10 任务栏

“缩略图”：在 Windows Vista 时加入的功能，缩小的窗口用以查看窗口相关的实时动态，确认窗口的动态。Windows 7 中的缩略图面板有更多的功能。用户可以通过预览窗口轻松地关闭应用程序，单击右上方的叉子或是鼠标中键。

“Internet Explorer”：自带 Internet Explorer 8。快速启动工具栏已经从任务栏上移除。这不是代表无法继续在任务栏上使用快速启动功能，在这个版本中，快速启动被设计与窗口管理结合，单击浏览器图标，用户可以快速地启动 Internet Explorer 浏览器，访问互联网上的资源。

“Aero 桌面透视”：Aero 桌面透视是一个新设计的快速查看功能，用以搭配查看桌面或锁定窗口属性。当用户将鼠标移上任务栏最右方的显示桌面上，Aero 桌面透视会将所有的窗口属性以淡出的方式消除，剩下窗口的玻璃边框。

“通知区域”：通知区域是能传达电脑上某些项目（如杀毒软件或网络）的状态。新的设计能让用户更改系统图标排列的顺序，以及使用拖拉的方式将杂乱无章的图标整理进隐藏面板中，只要按一下在通知区域上的一个朝上的小三角形，即可打开隐藏的图标面板。

默认的系统图标包含了操作中心、网络、音量、时钟、电源。

"开始"菜单：如图 2-11 所示，在 Windows 7 中，基本的操作都可以从"开始"菜单中开始进行。开始菜单仍是在 Windows 7 访问程序、文件夹及其设置的主要管道。在鼠标移至开始按钮时，开始按钮的 Windows 旗帜会发出对应的四色光芒。Windows 7 的开始菜单仍以两栏的方式来访问，但是有某些改变。"设备及打印机"增加了一个新的"Device Stage"功能。"关机"按钮从 Windows Vista 的图标被改为文字显示，并从能设置两个常用按键被改为一个，默认也从休眠被改成关机。

与跳转列表类似的功能也被加入开始菜单。当鼠标移至常用的程序上，能显示其近期打开的文件或常用的功能。

开始菜单的搜索框用于查找程序和文件，现在也能搜索控制面板项目了。举个例子来说，当在搜索方块内搜索"桌面背景"，则会出现变更桌面背景、变更屏幕保护程序、联机取得其他主题的项目。除了程序、文件、文件夹及通信之外，搜索方块可以搜索互联网的历史记录和收藏夹。

一些开始菜单项目有一个小的向右的箭头，单击它将弹出一个列表选项或最近的操作的文件/磁盘位置。

图 2-11　开始菜单

任务 4　认识窗口

在 Windows 7 操作系统中，窗口扮演了一个很重要的角色，所打开的每一个程序或者文件夹都显示在一个窗口中，用于管理和使用相应的内容。

1．窗口组成

如图 2-12 所示，典型的窗口由标题栏、菜单栏、工具栏、地址栏、搜索栏、状态栏、工作区域等几部分组成。

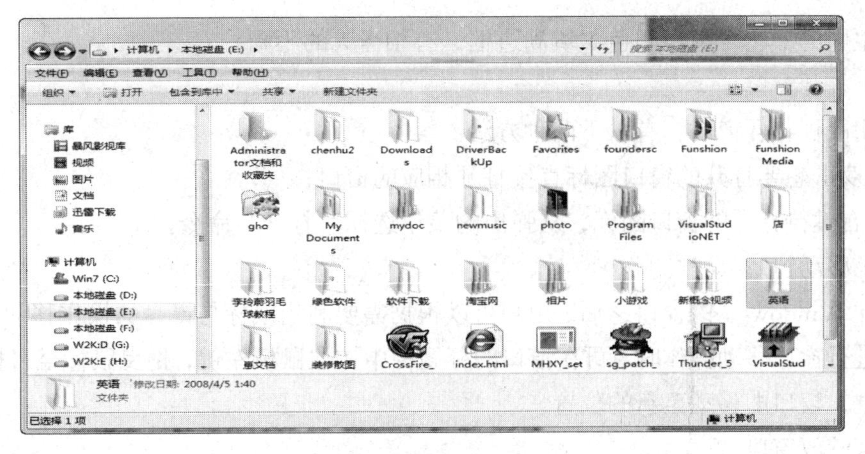

图 2-12　典型窗口示例

标题栏：通常位于窗口的最上部，从左至右依次为控制菜单按钮、当前窗口名称、最小化按钮、最大化或还原按钮、关闭按钮。

菜单栏：标题栏下方，提供用户在操作过程中用到的各种访问途径。

工具栏：工具栏中包括了一些常用功能按钮，用户使用时可以直接从上面选择工具而不必去菜单中搜寻。

链接区域：这一区域以超链接的方式为用户提供各种操作，单击选项显现隐藏具体内容。

工作区域：显示应用程序界面或文件夹中的全部内容。

滚动条：当工作区域的内容太多而不能全部显示时，窗口自动出现滚动条，可用鼠标拖曳水平或垂直滚动条来查看所有内容。

2．窗口的操作

窗口操作在 Windows7 系统中很重要，通过鼠标或键盘可以对窗口轻松地进行各种操作。下面主要介绍如何通过鼠标和键盘来打开窗口、移动窗口、切换窗口、最大化和最小化窗口及关闭窗口。

Windows 7 目前所使用的 Windows Aero 有许多功能上的调整，新的触控接口和新的视觉效果、特效。

Aero 桌面透视：鼠标指针指向任务栏上图标，便会跳出该程序的缩略图预览，指向缩略图时还可看到该程序的全屏预览。此外，鼠标指向任务栏最右端的小按钮可看到桌面的预览。

Aero 晃动：单击某一窗口后，摇一下鼠标，可让其他打开中的窗口缩到最小，再晃动一次便可恢复。

Aero Snap 窗口调校：单击窗口后并拖曳至桌面的左右边框，窗口便会填满该侧桌面的半部。拖曳至桌面上缘，窗口便会放到最大。此外，单击窗口的边框并拖曳至桌面上缘或下缘会使得窗口垂直放到最大，但宽度不变，逆向操作后窗口则会恢复。

触控接口：为了方便利用触控技术操作，稍微放大了标题栏及任务栏的按钮。

放到最大的窗口仍旧保持透明的边框，而以往 Windows Vista 中，窗口放到最大后，会以该主题的颜色（窗口颜色）填满边框，有相当大的不同。

（1）打开窗口

使用鼠标打开窗口，有以下两种方法：

① 双击想要打开的窗口图标直接打开相应的窗口；

② 右键待打开的窗口图标，从弹出的菜单选择“打开”命令。

（2）移动窗口

打开 Windows 7 的窗口之后，用户可以根据需要利用鼠标与键盘的操作移动窗口。使用鼠标进行窗口移动操作时，可在窗口的标题栏中按住鼠标左键，拖曳鼠标至目标处释放鼠标左键，窗口即移动至新的位置。

（3）缩放窗口

把鼠标放到窗口的边框和任意角上拖曳，可以手工调整窗口的大小。

“最小化”按钮：当用户暂时不需要对窗口操作时，单击此按钮，窗口会以按钮的形式缩小到任务栏以节省桌面空间。

“最大化”按钮：为了查看到更多的信息，用户往往需要最大化窗口。单击此按钮或是在标题栏上双击即可使窗口最大化。

“还原”按钮：当窗口最大化后想恢复原来打开时的初始状态，单击此按钮或是在标题栏上双击即可使窗口按钮还原。

（4）切换窗口

使用任务栏。当窗口处于最小化状态时，在任务栏处单击代表窗口的图标按钮，即可以将相应的窗口切换为当前窗口。

使用“Alt+Tab”组合键。如图 2-13 所示当用户在桌面上打开多个窗口之后，可以按“Shift+Alt+Tab”组合键或“Alt+Tab”组合键直到目标窗口的图标被启用，释放组合键之后，被启用的窗口自动成为当前窗口。

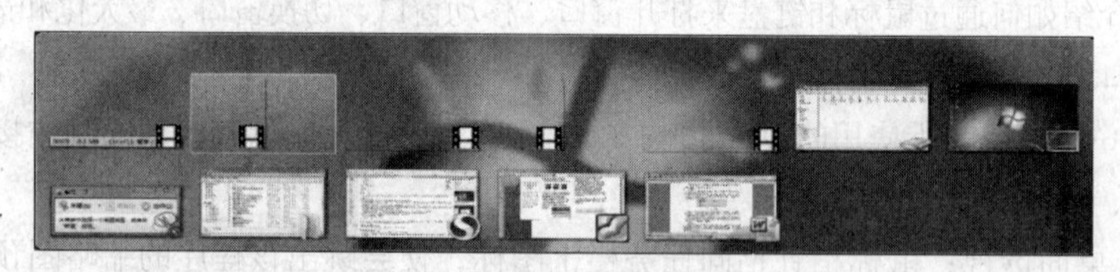

图 2-13　切换窗口

使用任务管理器。按“Ctrl+Alt+Delete”组合键，在打开的“Windows 任务管理器”窗口中单击“应用程序”标签，打开“应用程序”选项卡，在该选项卡的“任务”列表中启用所需要的程序，并单击“切换至”按钮。

使用“Alt+Esc”组合键。先按下 Alt 键，再按 Esc 键，系统就会按照窗口图标在任务栏上的排列顺序切换窗口。

（5）关闭窗口

如果用户不再使用某个已经打开的程序窗口，则可关闭它。窗口被关闭之后，与其相关的应用程序也就会停止运行，从而可以释放它所占用的系统资源。另外，用户及时关闭应用程序窗口，还可以防止不正确的操作或者死机给程序带来的负面影响。关闭窗口，可选择下列操作中的任何一种。

① 单击程序窗口标题栏右方的关闭按钮☒。

② 使用“Alt+F4”组合键。

③ 在任务栏上，右击窗口图标按钮，选择“关闭”命令也可以关闭任务栏上的窗口。

（6）窗口排列

在计算机的使用过程中，用户经常需要打开多个窗口，并通过前面介绍的切换方法来激活一个窗口进行管理和使用。但是，有时用户会需要在同一时刻打开多个窗口并使它们全部处于显示状态。这就涉及了窗口行排列问题。排列的方式包括 3 种，即层叠窗口、堆叠显示窗口和并排显示窗口。在任务栏非按钮区右击，在弹出的快捷菜单中进行选择。

层叠窗口：如图 2-14 所示，当用户在桌面上打开了多个窗口并需要在窗口之间来回切换时，可对窗口进行层叠排列。如果用户希望把其中一个掩盖住的窗口设定为当前窗口时，单击这个窗口的标题栏，这个窗口将会被提升到这串层叠起来的窗口的最上面。

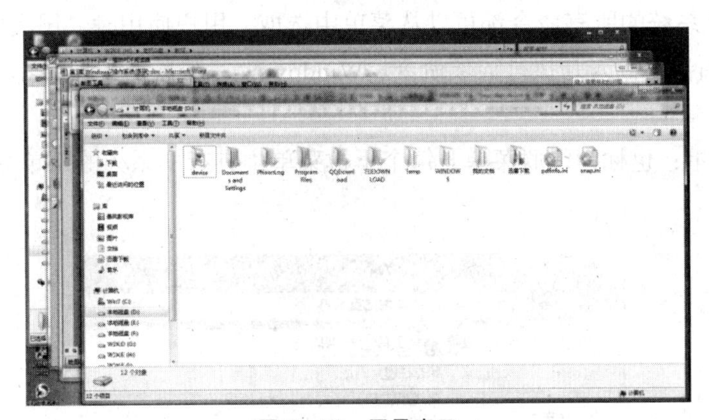

图 2-14　层叠窗口

堆叠显示窗口和并排显示窗口：如图 2-15、图 2-16 所示，可将所有打开窗口（最小化的窗口除外）设为堆叠显示窗口和并排显示窗口。例如，从一个窗口复制数据到另一个窗口或是考试时一个窗口显示题目，另一窗口中比对着进行操作，可以极大地提高考试效率。

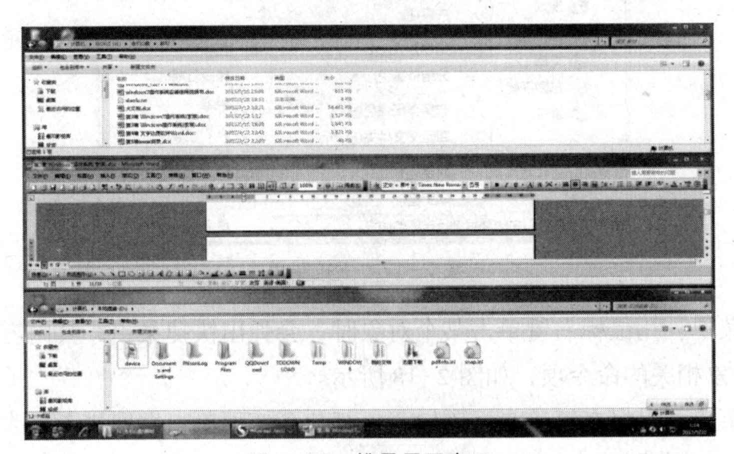

图 2-15　堆叠显示窗口

图 2-16　并排显示窗口

任务 5　认识菜单

Windows 7 系统的所有命令都可以从菜单中选取，用户使用时，用鼠标或键盘选中某个菜单项，即相当于输入并执行该项命令。Windows 7 系统所有的菜单都具有统一的符号约定。

① 下拉菜单：也称为级联菜单，每个下拉菜单中具有一系列的菜单命令，如图 2-17 所示。

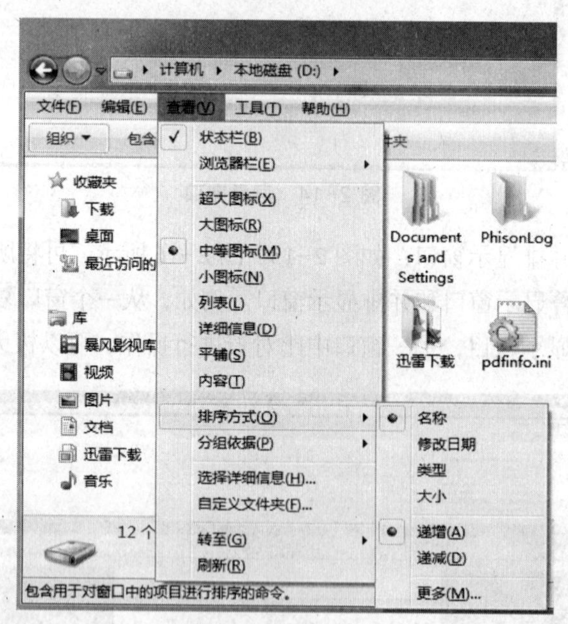

图 2-17　下拉菜单

② 快捷菜单：用鼠标右键单击某个对象时，会弹出快捷菜单，其内容通常是与当前操作或选中对象相关的命令项，如图 2-18 所示。

③ 系统菜单：鼠标右键单击标题栏，可打开系统菜单，主要用于更改窗口的大小、位置或关闭窗口，如图 2-19 所示。

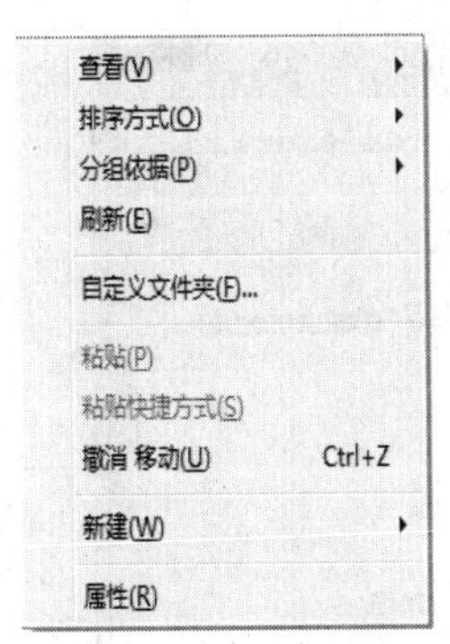

图 2-18 快捷菜单

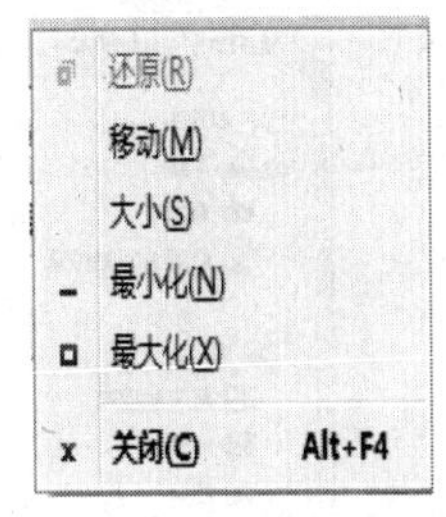

图 2-19 系统菜单

2.3 情境案例 1——文件及文件夹的组织与管理

【情境描述】

Windows 7 是一个面向对象的文件管理系统，在 Windows 7 中，几乎所有的任务都要涉及文件及文件夹的操作。在计算机中，用户可以创建新的文件夹来分门别类地存放和管理文件人。新建和重命名文件及文件夹主要是通过“资源管理器”窗口来实现。在实际的应用中，有时用户需要将某个文件和文件夹复制或移动到其他地方以便使用，在不需要的时候还要将文件和文件夹删除以释放内存。有时用户需要查看某个文件或文件夹的内容，却忘记了该文件或文件夹存放的具体位置或具体名称，这时就需要用到 Windows 7 提供的文件搜索功能。

【案例分析】

我们在计算机中，主要是操作文件和文件夹，为此需要知道文件和文件夹是如何组织、构建和管理的，平时大家在浏览文件和文件夹时主要用“资源管理器”。具体步骤是先启动电脑，进入到桌面后，打开如图 2-20 和图 2-21 所示窗口，在“资源管理器”下，浏览文件或文件夹中的内容，学会设置文件的显示方式及显示隐藏类型文件的方法。这样大家能看到文件的树状图结构，下面我们会具体对它的各个部件的操作进行说明。

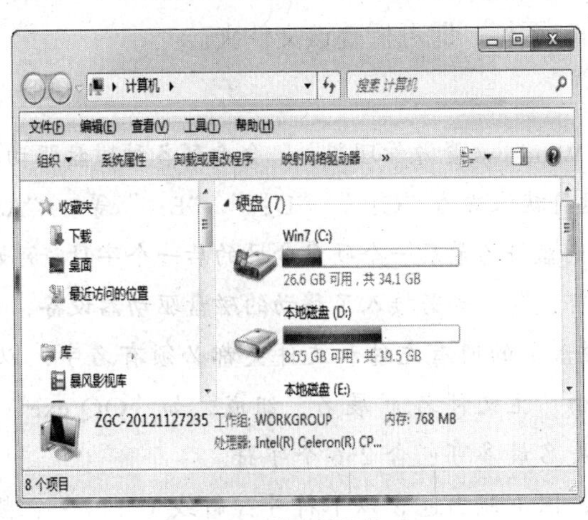

图 2-20 “计算机”窗口

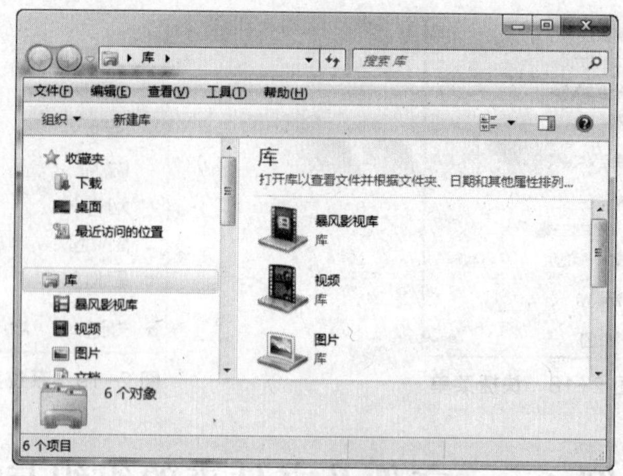

图 2-21 “资源管理器”窗口

【相关知识】

1. 操作系统的文件结构
2. “资源管理器”的窗口布局
3. 文件与文件夹的区别与关系
4. Windows 操作系统文件系统结构的了解

【案例实施】

任务 1 浏览文件和文件夹

步骤 1 双击桌面上的“计算机”图标。

步骤 2 查看当前计算机的基本信息，如硬盘、光驱和 U 盘，鼠标双击打开文件或文件夹。

步骤 3 单击“历史”“后退”“层级”按钮，可以按指令将这些路径快速地调出。

步骤 4 鼠标右键单击“开始”选择“打开 Windows 资源管理器”，或是选择“开始”|“程序”|“附件”|“Windows 资源管理器”。

步骤 5 在“Windows 资源管理器”左边的窗格里单击▷图标，展开该文件夹，同时图标变为◢图标。单击◢图标，即可折叠该文件夹。

补充知识点

1. 盘符：打开“Windows 资源管理器”，会看到各种磁盘驱动器的盘符。例如，硬盘通常分为多个分区，盘符就依次为“C：”“D：”“E：”等。“A：”通常为软盘驱动器的盘符，如若有光驱，则盘符为最后一个硬盘分区的后一个字母。例如，硬盘分了 3 个分区，那么光驱的盘符就是“F：”。如若接入了移动的磁盘驱动器设备，则盘符再向后递增。

2. 文件命名：磁盘上的所有文件和文件夹都必须有名字，以便对文件进行检索修改和执行。文件通常由“主文件名.扩展名”组成，如“QQ.exe”。命名规则如下。

（1）文件和文件夹名最多可包含 256 个字符。

（2）可使用空格，但不能出包含以下符号：斜线（\、/）、竖线（ | ）、小于号

（<）、大于号（>）、冒号（：）、引号（“”、‘’）、问号（？）、星号（*）。

（3）文件和文件夹名不区分大小写。

（4）同一个文件夹中的文件和文件夹不允许同名。

文件的扩展名通常用来帮助用户辨识文件的类型，Windows 7 注册了一些常用的文件类型，在窗口中显示时，会用不同的图标来表示。

程序文件：程序文件是由代码组成。当用户查看这些文件的内容时，会看到一些无法识别的字符。在 Windows 系列中，程序文件的文件扩展名有.com 和.exe，双击这些文件可以自动地执行该程序。Windows 7 中的每一个可执行程序文件都有一个特定的图标。

文档文件：可用文字处理软件来编辑，主要包括文档文件（扩展名为.doc）、普通文本文件（扩展名为.txt）。

图片文件：用于存放图片信息的文件。图片文件的格式有很多，一般的图片文件都以.bmp 作为扩展名，另外还有.gif，.jpeg 等扩展名。

音乐和视频文件：音乐和视频文件指的是以数字的形式保存的声音和音像文件，一般是以.wav、.mp3 或.avi 等作为扩展名。Windows 7 中的媒体播放器可以用来播放声音和影像文件。

3. 文件的属性：文件和文件夹包含 3 种属性，即只读、隐藏和存档。若将属性设为“只读”，那么文件或文件夹不允许更改和删除；若将属性设为“隐藏”，那么文件或文件夹在常规显示中将不被看见；若将属性设为“存档”，表示该文件或文件夹已存档。

【拓展训练】

1. 文件和文件夹浏览

在“资源管理器”中浏览 C:\Program Files\Microsoft Office\Office 下面的内容，练习返回上一目录、后退、折叠、展开等。观察不同类型的文件的图标和关联程序的变化。

2. 改变文件夹和文件的显示方式

如图 2-22 所示，在“资源管理器”中有多种浏览文件和文件夹的方式。选择“查看”菜单或工具栏“查看”按钮，有超大图标、大图标、中等图标、小图标、平铺、列表、内容和详细信息 8 种方式可供选择。

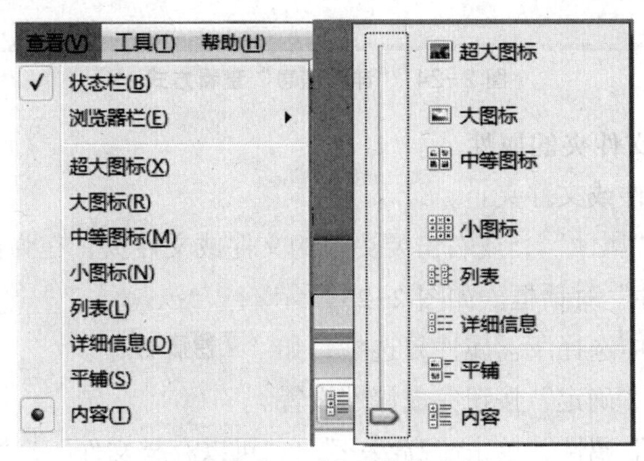

图 2-22 “查看”方式

打开某含有图片的文件夹，如 C:\Program Files\Microsoft Office\MEDIA\CAGCAT10 文件夹。

练习用“大图标”方式和“详细信息”查看内容，如图 2-23 和图 2-24 所示。

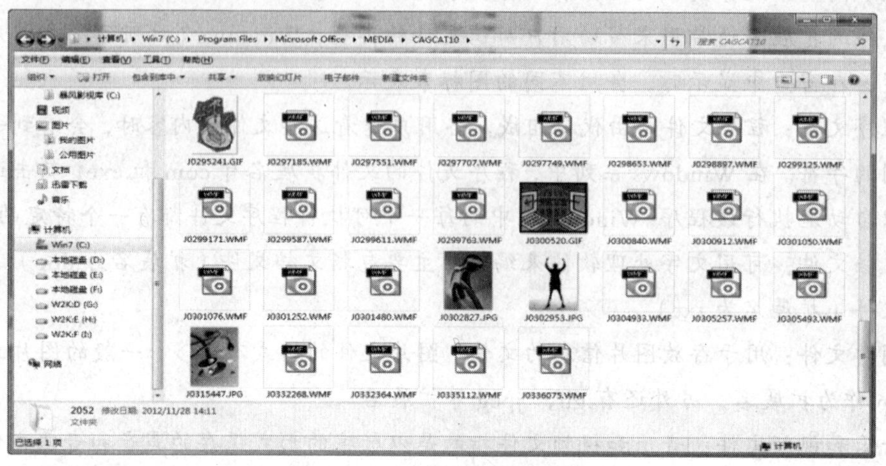

图 2-23 “大图标”查看方式

如图 2-24 所示，“详细信息”查看方式排列的方式有按名称、类型、日期、大小等，练习单击不同排列方式按钮，观察文件排列方式的变化。

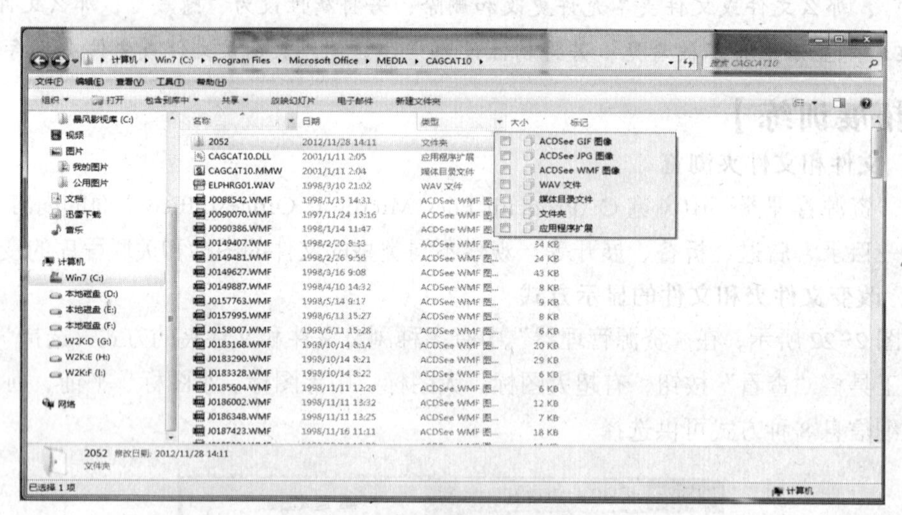

图 2-24 “详细信息”查看方式

3．设置文件及文件夹的属性

选中要更改的文件或文件夹。

选择“文件”|“属性”，或右击要更改的文件或文件夹，在弹出的快捷菜单中选择“属性”，打开“属性”对话框。如图 2-25 所示。

在“常规”选项中选择所需属性复选框，如“☑隐藏(H)”。

单击“应用”或“确定”按钮完成属性设置。

若要设为“存档”属性，单击“高级…”|“可以存档文件”|“确定”。

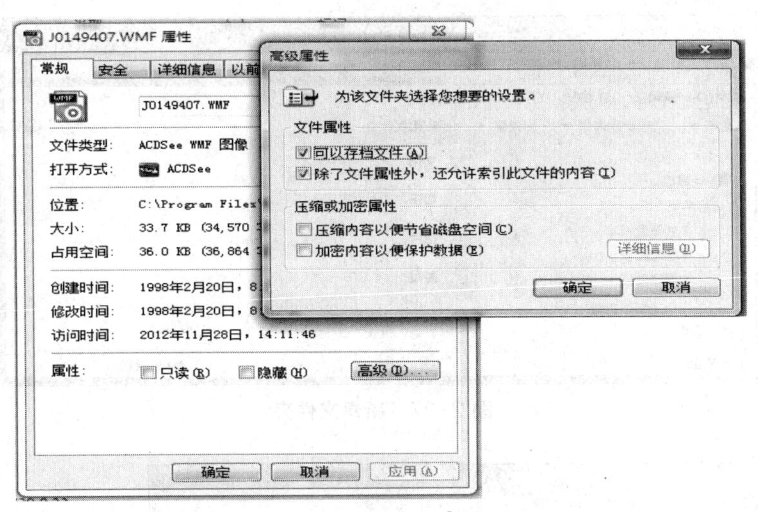

图 2-25 “属性”对话框

4．显示所有文件和文件夹

经过前面的设置，文件在“常规”显示方式下看不见了。下面练习将文件和文件夹重新显示出来。

选择“工具”菜单下的“文件夹选项…”，在打开的对话框中选择“查看”选项，如图 2-26 所示，选择“显示隐藏的文件、文件夹和驱动器”|“确定”。

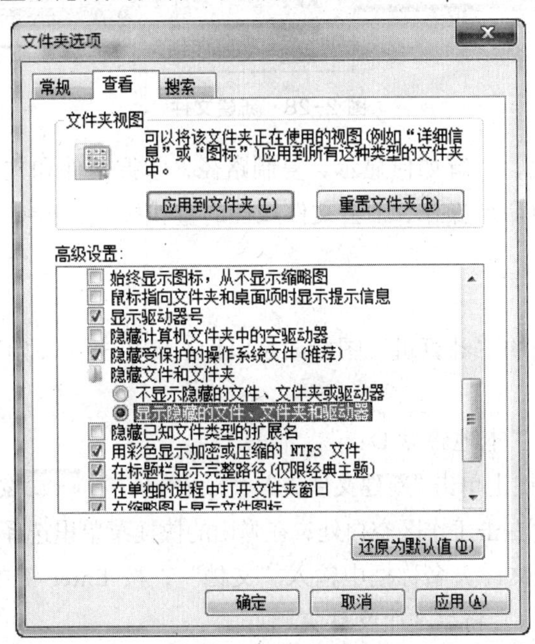

图 2-26 查看“文件夹选项”对话框

任务 2 创建与重命名文件和文件夹

在计算机中，用户可以创建新的文件夹，用来分门别类地存放和管理文件。新建和重命名文件、文件夹主要通过“资源管理器”窗口实现。

请在 D 盘新建名为“文档”“音乐”“相片”“游戏”4 个文件夹，并在“文档”文件夹下新建一个 Word 文档，并对其进行重命名，如图 2-27 和图 2-28 所示。

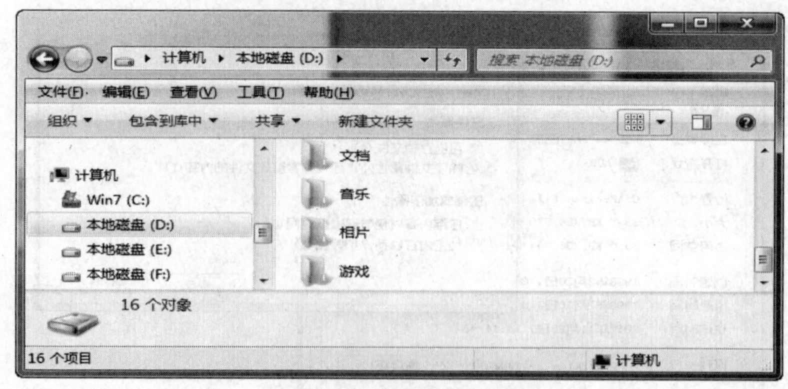

图 2-27　新建文件夹

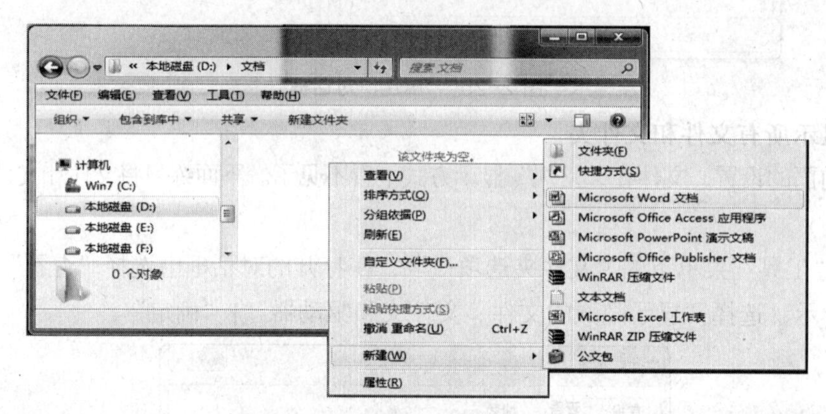

图 2-28　新建文件

通过本任务的实践，了解如何显示、复制路径，掌握文件和文件夹创建的基本方法，掌握文件或文件夹的重命名操作，学会文件属性的查找操作，熟练设置文件的隐藏属性等基本操作。

具体步骤如下。

步骤 1　双击桌面的“计算机”图标或是鼠标右键单击“开始” | “Windows 资源管理器”。

步骤 2　双击打开“本地磁盘 D：”。

步骤 3　在快捷按键上单击“新建文件夹” 组织▾ 包含到库中▾ 共享▾ 新建文件夹 按钮或菜单“文件” | “新建” | “文件夹”，也可右击工作区空白处，在弹出的快捷菜单里选择“新建” | “文件夹”。

步骤 4　在新建的文件夹名称框中输入“文档”，按 Enter 键或鼠标单击其他地方即可。重复步骤 3、步骤 4，将另 3 个文件夹建好。

步骤 5　新建文件的方法与新建文件夹的类似。双击鼠标打开“文档”文件夹，在弹出的“新建”菜单或右击工作区空白处，在弹出的快捷菜单里选择“新建” | “新建 Microsoft Word 文档.doc”。

步骤 6　为了符合用户的要求，命名最好有含义。选择要重命名的文件或文件夹，如“新建 Microsoft Word 文档.doc”。

步骤 7　选择菜单“文件” | “重命名”，或右键单击对象，在弹出的快捷菜单里选

择“重命名”。

步骤 8 将处于编辑状态（蓝色反白显示）下的文件或文件夹名称改为新的名称。

步骤 9 直接单击两次（两次单击有间隔，不是双击）对象，也可使对象处于编辑状态，输入新名称进行重命名操作。按“F2”功能键也可以进行重命名操作。

补充知识点

进行创建和重命名等操作，首先必须找到需建立文件或文件夹的文件夹所在的位置，如果能在地址栏显示路径，并且在程序或命令中需引用此路径时，可直接复制而无需层层查看。

选择“工具”菜单下的“文件夹选项…”，在打开的对话框中选择“查看”选项，如图 2-29 所示。

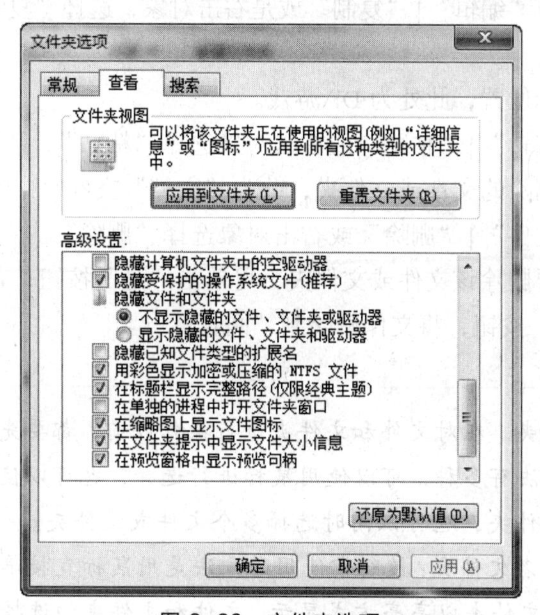

图 2-29 文件夹选项

选择“在标题栏显示完整路径”。如图 2-30 所示利用▾可以定位最近操作的位置。◀▶可以后退、前进到相应位置。如需复制地址，鼠标右键单击标题栏，在图 2-31 中选择“将地址复制为文本”，则此地址可以加以引用了。

图 2-30 “路径选择”

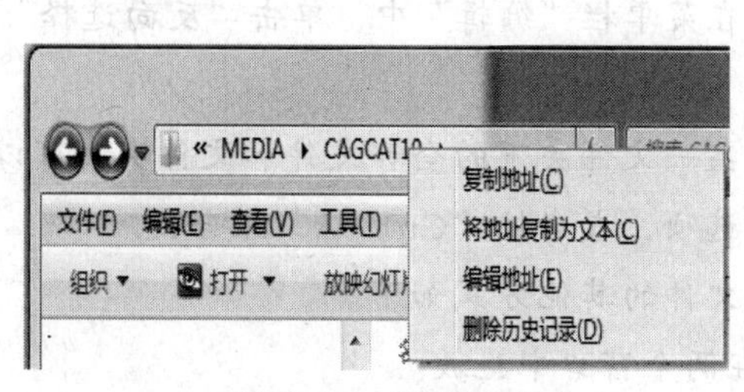

图 2-31 “复制地址”

任务3　移动、复制、删除和恢复文件、文件夹

在实际的应用中，有时用户需要将某个文件和文件夹复制或移动到其他地方以便使用，在不需要的时候还要将文件和文件夹删除以释放内存。

将前面新建的“文档”文件夹，复制到“游戏”文件夹下，并删除“文档”文件夹内的Word文件。

通过本书任务的实践，掌握文件或文件夹的复制操作、删除操作和移动操作。了解普通删除与彻底删除操作的不同点。

具体步骤如下。

步骤1　选择要复制或移动的文件夹或文件，此例为打开D盘，选择文件夹“文档”。

步骤2　选择菜单“编辑”|“复制”或是右击对象，选择“复制”（若是移动，选择“剪切”）。

步骤3　选择目标位置，此处为D:\游戏。

步骤4　选择“编辑”|“粘贴”或右击对象选择“粘贴”。

步骤5　选择要删除的文件或文件夹，此为“文档”文件夹内的Word文件。

步骤6　选择“文件”|“删除”或右击对象选择“删除”。

步骤7　若确认要删除该文件或文件夹，可单击“是”按钮；若不删除，单击“否”按钮。本例单击“是”按钮，将文件删除到“回收站”。

补充知识点

选择文件和文件夹。在对文件和文件夹进行操作以前，都要先进行选择，这一操作是必须的。选择的方法有多种，可以使用鼠标进行选择，也可以使用键盘进行选择；可以选择一个文件或文件夹，也可以同时选择多个文件或文件夹。

选择单个文件或者文件夹：最经常使用的方法是用鼠标直接单击选择的文件或者文件夹，选中的文件或文件夹以高亮方式显示，文件和文件夹的选择也可以通过键盘用方向键定位。（小技巧：直接按下要选择对象的第一个字母，可以快速定位以这个字母开头的所有文件或文件夹。）

选择多个连续的文件和文件夹：先单击第一个对象，然后按住“Shift”键，单击连续区域的最后一个对象，这样就可选中多个连续的文件和文件夹。或者单击鼠标并拖动，直至拖动范围包括所选的多个文件或文件夹。

选择不连续的文件和文件夹：只需按住“Ctrl”键，然后单击要选择的文件和文件夹即可。在菜单栏“编辑”中，单击“反向选择”，则可选中当前未被选中的文件和文件夹。

选中某一文件夹下的全部文件和文件夹：可以在下拉式菜单“编辑”中，单击“全部选定”选项，或者按“Ctrl＋A”组合键。

复制文件的其他方式如下。

1. 在两个窗口中拖放。

（1）打开源文件夹窗口。

（2）打开目标文件夹窗口。

（3）选中文件。

（4）拖动文件至目标窗口：Ctrl+拖曳。

2. 通过工具按钮。

通过快捷菜单：鼠标右键单击对象，在弹出的快捷菜单中选择“复制”，到目的窗口中右击，选择“粘贴”。

3. 在“资料管理器”中拖放到某个文件夹中。

（1）显示文件夹列表。

（2）选中源文件。

（3）拖动到目标文件夹上：Ctrl+拖曳。

4. 快捷键：“Ctrl+C”表示“复制”，“Ctrl+V”表示“粘贴”。

5. 其他特殊操作。

（1）拖放到桌面：Ctrl+拖曳。

（2）鼠标右键单击对象，选择“发送到”|软盘、移动磁盘。

移动文件的其他方式如下。

1. 在两个窗口中拖放：Shift+拖曳。

2. 通过工具按钮：拖放到某个文件夹中（Shift+拖曳）。

3. 通过快捷菜单：与复制类似。右键单击对象，在弹出的快捷菜单中选择“剪切”，到目的窗口中右击，选择“粘贴”。

4. 快捷键：“Ctrl+X”表示“剪切”，“Ctrl+V”表示“粘贴”。

删除文件的其他方式如下。

1. 右键对象|“删除”。

2. 拖动至回收站。

3. 工具栏按钮。

4. 快捷键：Delete、BackSpace键。

恢复删除的文件：双击桌面上“回收站”图标，选择“文件”|“还原”。

永久删除文件方法如下。

1. 先放回收站，再删除。

2. Shift+删除：如选择对象，按下“Shift+Delete”组合键，则直接删除不放回收站。

任务4 搜索文件和文件夹

有时用户需要查看某个文件或文件夹的内容，却忘记了该文件或文件夹存放的具体位置或具体名称，这时就需要用到Windows 7提供的文件搜索功能。

在C盘搜索calc.exe文件即“计算器”，结果如图2-32所示。要求在本任务中掌握快速找到文件的方法及通配符的使用方法。

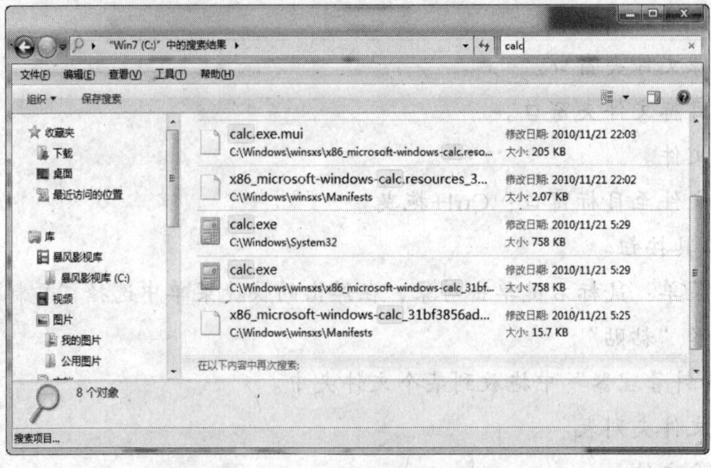

图 2-32 “搜索结果”窗口

通过本任务的实践，了解文件查找的基本步骤，掌握文件查找的基本方法，掌握通配符的基本含义，学会查找路径的设置，熟悉不同类型文件的查找，能通过“搜索”功能，可以快速定位文件位置。能掌握文件或文件夹的某些特征，如文件的扩展名、文件内的内容或是以什么字母开头等，对于搜索到的结果，可以选择打开、移动、复制、删除等操作。

具体步骤如下。

步骤 1 选择“开始”或按田按钮，便可以在弹出的菜单列表底部发现带有“搜索程序和文件”字样的搜索框。在搜索框中输入需搜索的词语或简称名称，如“calc”或“计算器”，随着文字的输入，搜索框上方就会即时出现查找结果，如图 2-33 所示。

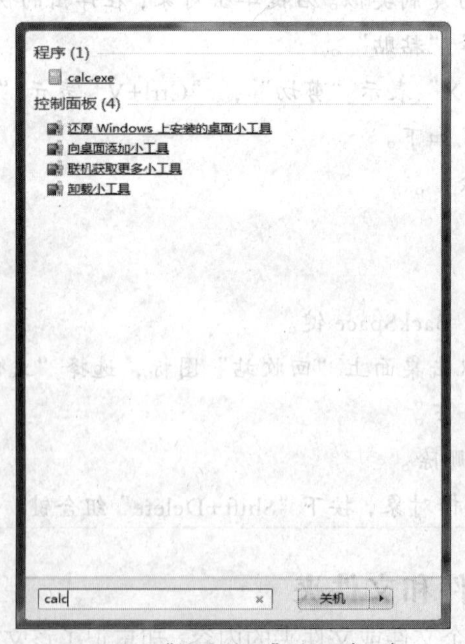

图 2-33 “搜索结果”窗口（一）

步骤 2 进入“资源管理器”窗口，选择 C 盘，在图 2-34 所示搜索框内输入要搜索的文件或文件夹名，如“calc”或“计算器”，Windows7 有建议搜索功能。用户无需输入完整的名称，结果框会智能跳出用户最近访问且可能想要的文件名称，选中单击即可。搜索结果会以醒目的色彩来标示输入的关键字在文件名称或属性中的何处。如图 2-34 所示。

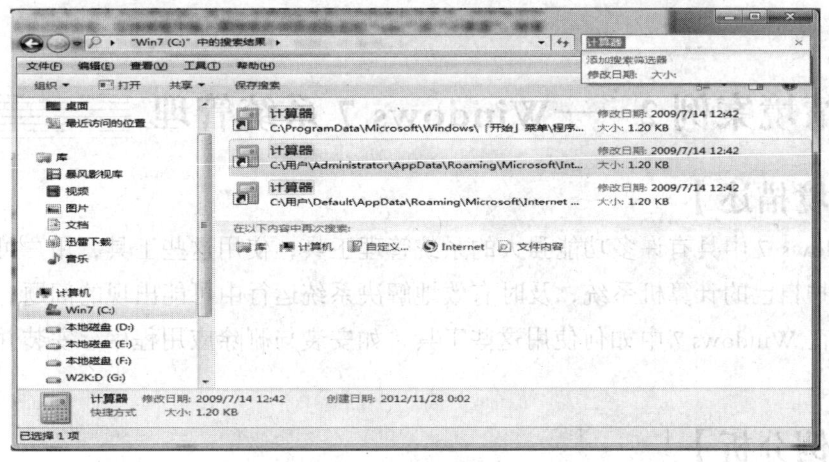

图 2-34 “搜索结果”窗口（二）

补充知识点

通配符

在 Windows 7 中，表示一批有特定含义的文件可以使用通配符。通配符有两个，问号“？”和星号“*”。

“？”：表示所在位置的任意一个字符。如 C?.bmp，代表以 C 开头，第二个字符任意，且主文件名只能为两个字母的，扩展名为 bmp 的一类文件。

“*”：表示从所在位置开始的任意多个字符。如 C*.bmp，代表以 C 开头的扩展名为 bmp 的一类文件。假设文件名是 cab.bmp 就不属于 C?.bmp 所指范围。

【拓展训练】

1. 如图 2-35 所示，新建文件夹和文件。

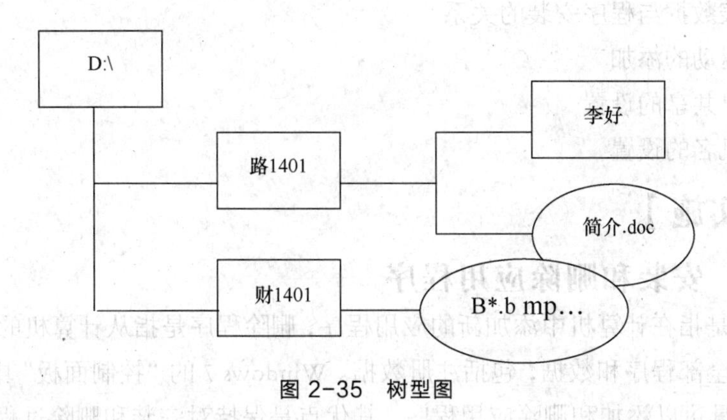

图 2-35 树型图

2. 在 D 盘搜索以 B 开头的扩展名为.bmp 的文件。
3. 将搜索到的图片文件复制到上图指定位置。
4. 设置在标题栏显示全路径，弄清楚各层次关系。

5. 将“简介.doc”移动到上一层。

6. 任选两个复制过来的.bmp文件重命名，将名字改为“我是女生.bmp”或“我是男生.bmp”。

2.4 情境案例2——Windows 7系统管理

【情境描述】

Windows 7中具有许多功能强大的系统管理工具，使用这些工具，用户可以更好地管理、维护自己的计算机系统，及时有效地解决系统运行中可能出现的问题。本案例将重点介绍在Windows 7中如何使用这些工具，如安装与删除应用程序、安装并设置打印机等操作。

【案例分析】

Windows 7作为操作系统来说功能强大，但它内置的应用程序非常有限，远远满足不了实际应用的需要。因此，用户还需要安装符合需要的各种应用程序。对于不再需要的应用程序，也应及时删除。目前大多数的打印机已经具有“即插即用”的功能，即将打印机数据线连接到计算机的外部设备接口，打开打印机电源，Windows 7会自动检测打印机并为其安装驱动，用户无需进行任何设置就可以使用。如果用户连接的打印机不被系统识别，则需要用户通过“控制面板”下的“添加打印机”手工为其安装驱动。如果网络上有共享的打印机，则必须将提供打印机的主机设成“共享”。

【相关知识】

1. 控制面板的调出
2. 删除程序的含义
3. 增加程序的基本过程
4. 注册表数据与程序安装的关系
5. 打印驱动的添加
6. 打印机共享的设置
7. 打印机名的设置

【案例实施】

任务1 安装和删除应用程序

添加程序是指在计算机中添加新的应用程序，删除程序是指从计算机的硬盘中删除一个应用程序的全部程序和数据，包括注册数据。Windows 7的“控制面板”中，有一个“程序和功能”工具可以添加和删除应用程序，其优点是保持对安装和删除过程的控制，不会因误操作而造成对系统的破坏。

请从控制面板中删除系统原安装的“万能五笔”输入法，添加系统组件“打印和文件”组件。

通过本任务的练习，了解控制面板在操作系统中的作用，学会相关控件的设置，掌握程序安装于删除的基本操作步骤。

1．安装应用程序

通常，软件在程序安装目录下有一个名为“Setup.exe”或扩展名为“.exe”的可执行文件，运行这个文件按照屏幕上的提示步骤操作，即可完成程序的安装。

在 Windows 7 中没有安装的组件如打印和文件服务组件，则可以通过“控制面板”中的“程序和功能”选项来安装。

2．删除应用程序

如果某些应用程序长时间内不再使用且硬盘空间有限，可以考虑删除此程序。删除程序时，不需找到文件所在的位置，直接通过“删除”命令进行。这样，系统内部程序并没有卸载干净，在注册表之类的地方仍有该程序的信息，从而造成系统错误。

很多应用程序在计算机中安装后，“开始”|“程序”菜单项中都有该软件的卸载程序。选中该应用程序的卸载程序即可从计算机中删除应用程序。

同样，用户也可以通过“控制面板”中的“程序和功能”选项，进行应用程序的卸载。

操作步骤如下。

步骤 1 选择“开始”|“所有程序”找到上例新安装的软件。如图 2-36 所示。

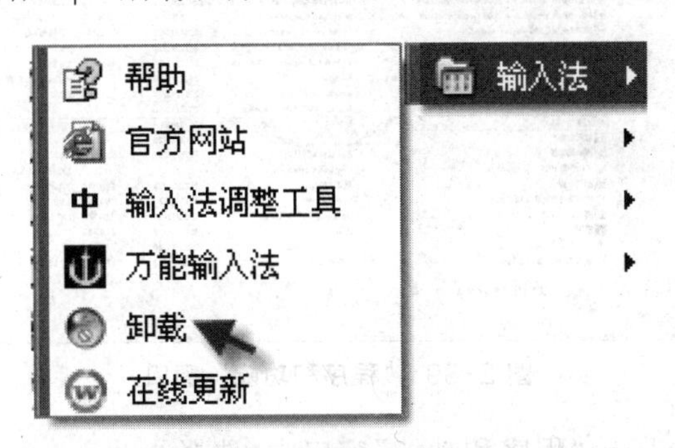

图 2-36 找到欲卸载的程序

步骤 2 如图 2-37 所示，单击“下一步”按钮，根据系统提示向导操作。

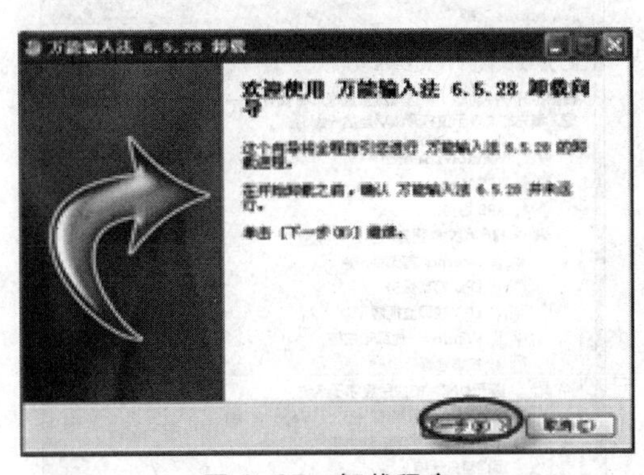

图 2-37 卸载程序

步骤 3 单击“卸载”按钮。将“万能输入法”程序从系统卸载。

步骤 4 选择“开始” | “控制面板”选项，在图 2-38 所示“控制面板”窗口中选择“程序和功能”，打开“程序和功能”窗口，如图 2-39 所示。选中需删除的程序，单击 卸载/更改 或右击选择 卸载/更改(U)，选择“卸载”，按提示操作。

图 2-38 “控制面板”窗口

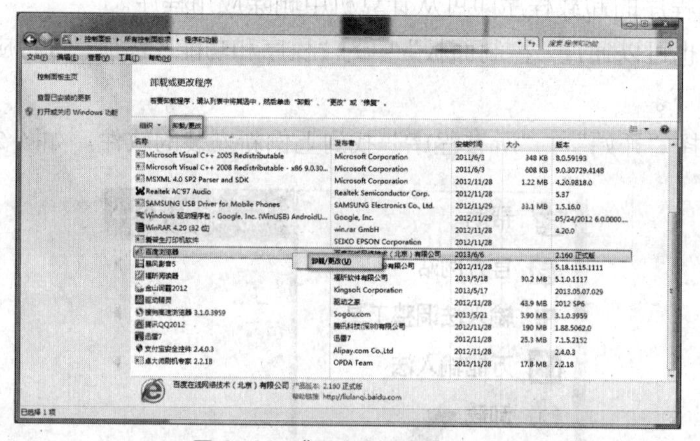

图 2-39 “程序和功能”窗口

步骤 5 在图 2-39 所示“程序和功能”窗口中，选择 打开或关闭 Windows 功能，则打开了“Windows 功能”对话框，用以添加/删除系统自带的部分组件，如图 2-40 所示。

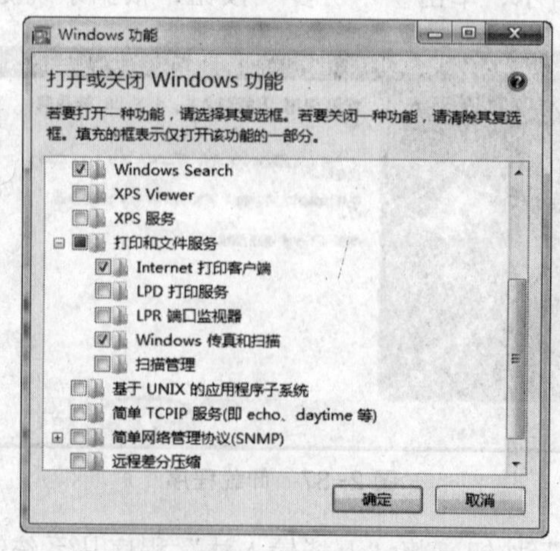

图 2-40 “Windows 功能”对话框

步骤6 勾选“打印文件服务”下可选安装的子组件。

步骤7 单击“确定”按钮，则开始安装，如图2-41所示。

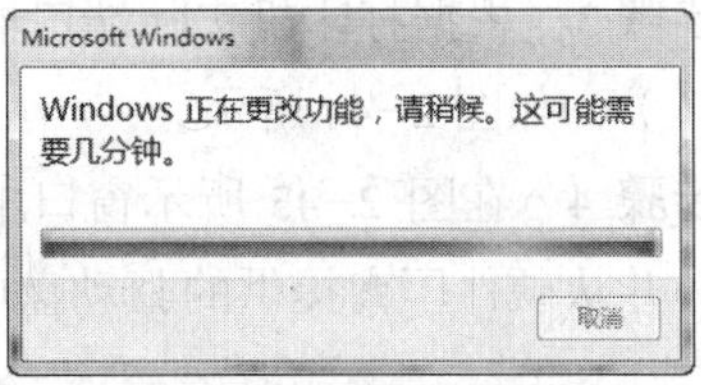

Microsoft Windows
Windows 正在更改功能，请稍候。这可能需要几分钟。
取消

图 2-41 “Windows 组件安装过程”对话框

任务2 安装并设置打印机

用户使用计算机的过程中，有时需要将一些文件以书面的形式输出，当用户安装了打印机就可以打印各种文档和图片等内容，这为用户的工作和学习提供了极大的方便。

某用户需要在办公室添加一个打印机，请帮忙安装一个打印机驱动，并打印文件。

通过本任务的练习，学会安装和使用打印机，打印一份文件。

操作步骤如下。

步骤1 选择“开始”|“设备和打印机”或在“控制面板”|“硬件和声音”|“设备和打印机”，如图2-42所示。

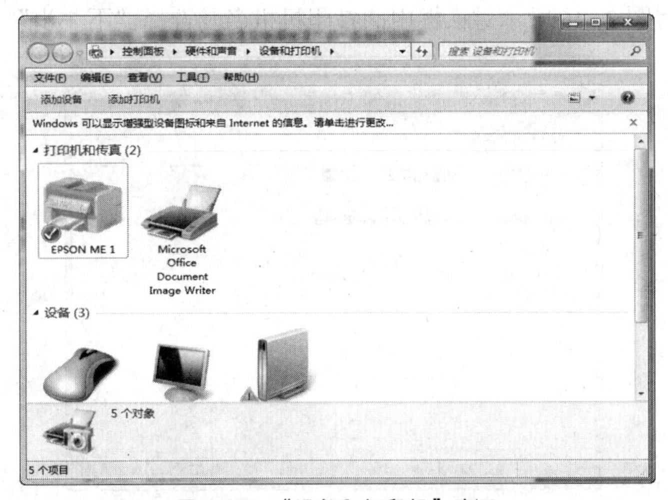

图 2-42 “设备和打印机”窗口

步骤2 选择“添加打印机”，在图2-43所示“添加打印机向导”对话框中选择“添加本地打印机”选项，单击“下一步”按钮。打开图2-44所示的选择打印机端口对话框。

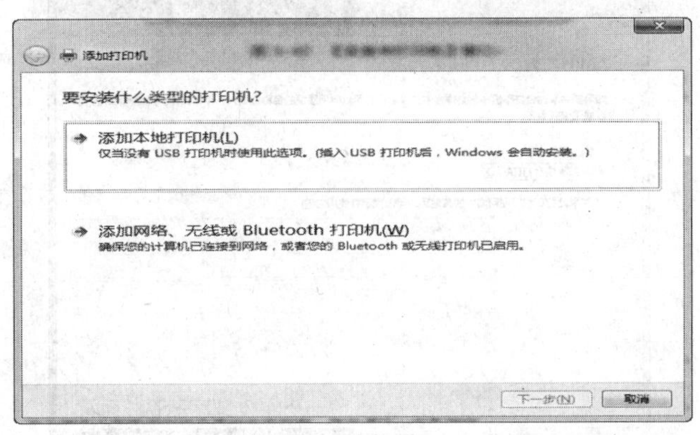

图 2-43 添加打印机向导

步骤 3 根据打印机实际端口情形选择端口“LPT1”或是“USB”（常见的两种打印机端口），如图 2-44 所示。

步骤 4 在图 2-45 所示窗口中选择厂商和打印机型号。若没有，则选择“从磁盘安装”，并从硬件厂商提供的驱动盘中选择类型，单击“下一步”按钮。

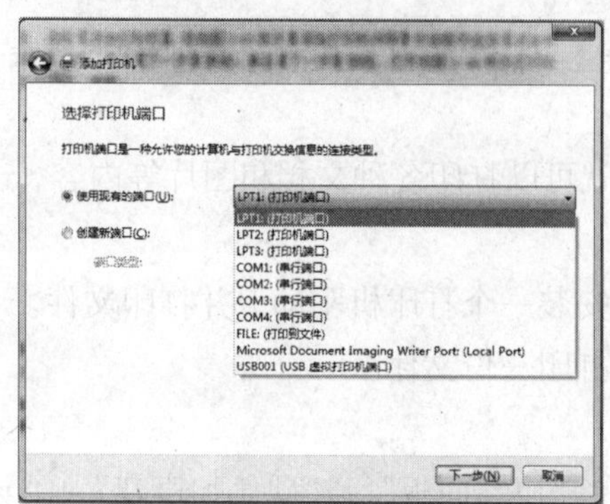

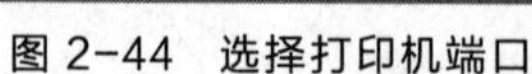
图 2-44 选择打印机端口

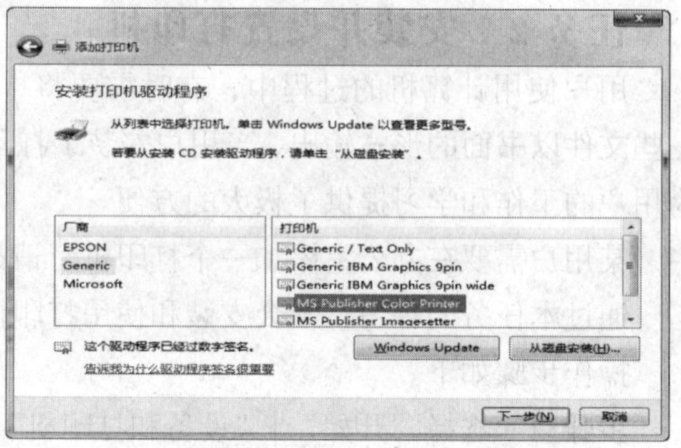

图 2-45 选择厂商和打印机型号

步骤 5 设置图 2-46 所示对话框中的打印机机名及选择“下一步”。

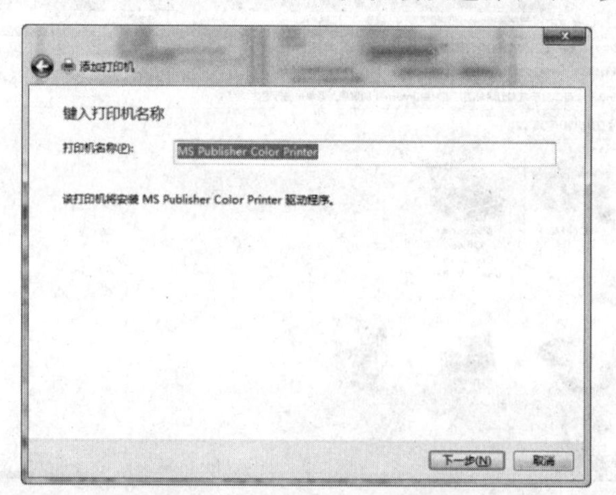

图 2-46 打印机名及默认打印机

步骤 6 如图 2-47 所示，选择“不共享这台打印机”，单击“下一步”按钮。

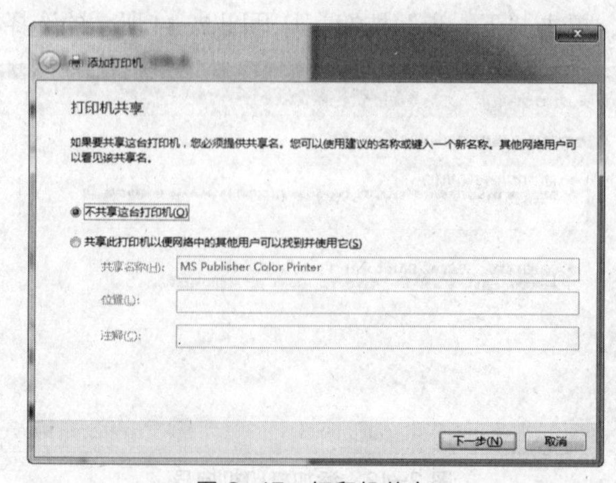

图 2-47 打印机共享

步骤 7 选择将此打印机设置默认的打印机“设置默认的打印机”，不打印测试页，单击“完成”按钮，如图 2-48 所示。

图 2-48 是否打印测试页

步骤 8 打印机添加成功，如图 2-49 所示。

图 2-49 默认打印机

2.5 情境案例 3——Windows 7 系统附件的使用方法

【情境描述】

Windows 7 中的“附件”程序为用户提供了许多使用方便且功能强大的工具，当用户要处理一些要求不是很高的工作时，可以利用附件中的工具来完成。本案例重点介绍其中的【画图】、【截图工具】、【计算器】等程序。

【案例分析】

利用【画图】程序可以绘制各种图形，如商业图形、公司标志、示意图、地图或其他类型的图形。能够处理.jpg、.gif、.bmp 等格式的图片，可以将【画图】中的图片粘贴到其他的 Word 文档中，也可以将其用作桌面背景，还可以用【画图】程序查看和编辑扫描好的照片和其他【画图】程序支持类型的任何图片文件。附件中的【计算器】程序提供了进行算术、统计及科学计算的途径。计算器窗口有两种显示模式：“标准型”和“科学型”，缺省为显示标准型。用户可以通过【查看】菜单命令，在两种计算器之间进行切换。

【相关知识】

1. 画图程序中各工具菜单的使用方法
2. 画图程序的基本操作
3. 画图文件类型的保存方式
4. 计算器类型的转换
5. 在“科学型”计算器模式下，各进制之间的转换

【案例实施】

任务 1　画图程序

操作步骤如下。

步骤 1　选择“开始”|“所有程序”|“附件”|“画图”命令，打开图 2-50 所示“画图”窗口。

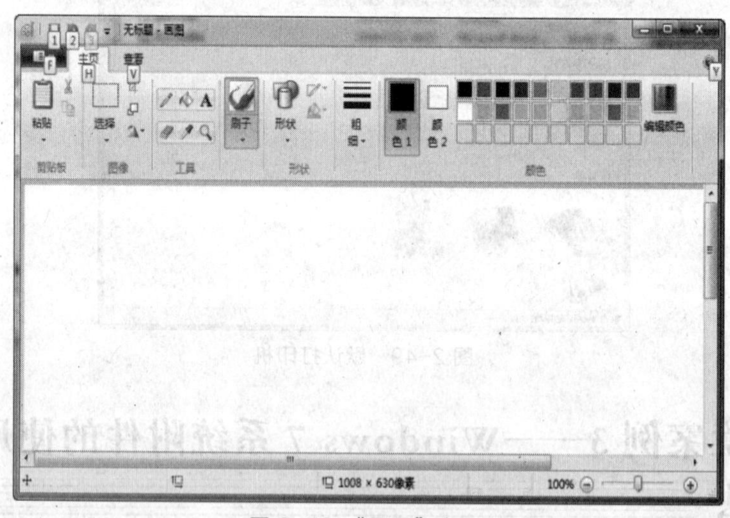

图 2-50　“画图”窗口

步骤 2　选择“椭圆”工具，在“调色板”选颜色，按“Shift”键并拖曳，画正圆。

步骤 3　选择“文字”工具，输入文字，并设置文字的格式。

步骤 4　选择“椭圆”工具，拖曳画一椭圆，前景色选红色。

步骤 5　用“颜色填充”工具，将椭圆全部填充为红色。

步骤 6　用“橡皮”或是“刷子”工具，前景色设为“白色”，手工随意画出人形图案，并修饰边界直至图 2-51 所示效果。

步骤 7　选择“保存”按钮，将其保存。

图 2-51　效果图

【拓展训练】

【画图】程序除了可以用来画画以外，还可以利用粘贴、复制剪贴板中的内容来编辑制作图片。

如图 2-52 所示，通过【画图】程序将模拟考试的成绩提交给老师。

```
B) a+b=30
C) 30
D) 出错
(23) 运行下列程序时，若输入数据为“321”，则输出结果是（　）。
main()
{ int num,i,j,k,s;
  scanf("%d",&num);
  if(num>99)
       s=3;
  else if(num>9)
       s=2;
  else
       s=1;
  i=num/100;
  j=(num-i*100)/10;
  k=(num-i*100-j*10);
  switch(s)
  {    case 3:printf("%d%d%d\n",k,j,i);
            break;
       case 2:printf("%d%d\n",k,j);
       case 1:printf("%d\n",k);
  }
}
A) 123
B) 1,2,3
C) 321
D) 3,2,1
(24) 以下程序的运行结果是（　）。
#include "stdio.h"
main()
{
  struct date
```

1	2	3	4	5	6	7	8	9	10
[A]	[A]	[A]	[A]	[A]	[A]	[A]	[A]	[A]	[A]
[B]	[B]	[B]	[B]	[B]	[B]	[B]	[B]	[B]	[B]
[C]	[C]	[C]	[C]	[C]	[C]	[C]	[C]	[C]	[C]
[D]	[D]	[D]	[D]	[D]	[D]	[D]	[D]	[D]	[D]
11	12	13	14	15	16	17	18	19	20
[A]	[A]	[A]	[A]	[A]	[A]	[A]	[A]	[A]	[A]
[B]	[B]	[B]	[B]	[B]	[B]	[B]	[B]	[B]	[B]
[C]	[C]	[C]	[C]	[C]	[C]	[C]	[C]	[C]	[C]
[D]	[D]	[D]	[D]	[D]	[D]	[D]	[D]	[D]	[D]
21	22	23	24	25	26	27	28	29	30
[A]	[A]	[A]	[A]	[A]	[A]	[A]	[A]	[A]	[A]
[B]	[B]	[B]	[B]	[B]	[B]	[B]	[B]	[B]	[B]
[C]	[C]	[C]	[C]	[C]	[C]	[C]	[C]	[C]	[C]
[D]	[D]	[D]	[D]	[D]	[D]	[D]	[D]	[D]	[D]
31	32	33	34	35	36	37	38	39	40
[A]	[A]	[A]	[A]	[A]	[A]	[A]	[A]	[A]	[A]
[B]	[B]	[B]	[B]	[B]	[B]	[B]	[B]	[B]	[B]
[C]	[C]	[C]	[C]	[C]	[C]	[C]	[C]	[C]	[C]
[D]	[D]	[D]	[D]	[D]	[D]	[D]	[D]	[D]	[D]

图 2-52　截屏的应用

步骤 1　模拟考试交卷后，分数在界面上显示，在此窗口按下键盘中“Alt+Print Screen”组合键，将分数窗口截到剪贴板中。

步骤 2　选择“开始”|“所有程序”|“附件”|“画图”命令，打开图 2-50 所示“画图”窗口。

步骤 3　单击“粘贴”命令，则分数窗口从剪贴板中粘贴到画板中。

步骤 4 单击“画图”|“另存为”，如图 2-53 所示用自己的名字保存至教师指定位置，保存格式为.jpg。

图 2-53 另存文件菜单

步骤 5 在 Windows 7 系统桌面上，按“Print Screen”键，可以把整个屏幕或活动窗口截取到剪贴板中。按“Alt+Print Screen”组合键，将当前活动窗口截取到剪贴板中。

补充知识点

利用截图工具截屏

Windows 7 增加了好用的截图工具，使用方法如下。

1. 单击“开始”按钮，在搜索框中输入“截图”，从搜索结果中点击“截图工具”。

2. 选择“开始”|“所有程序”|“附件”|“截图工具”。

3. 右击“截图工具”，选择“锁定到任务栏”，此时截图工具就固定在任务栏上，可方便使用，如图 2-54 所示。

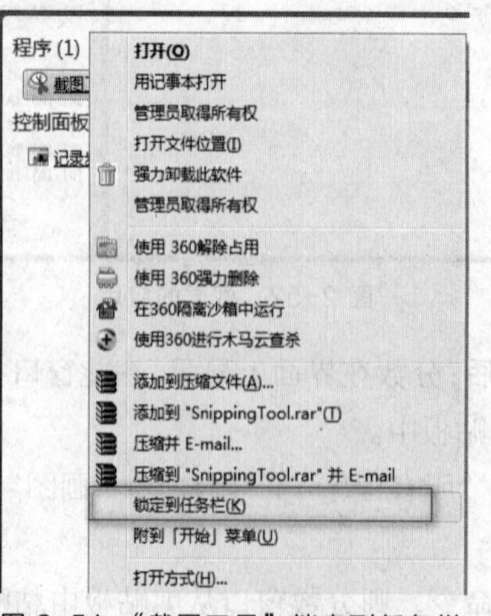

图 2-54 “截图工具”锁定到任务栏

4. 单击“截图工具” ，如图 2–55 所示窗口中选择某种截图类型，即可相应截图。

5. 如截取级联菜单，应在图 2–55 中选“矩形截图”，再按“Esc”键或“取消”，然后正常操作需截取的级联菜单，按“Ctrl+Print Screen”组合键，拖出需截取的范围即可。

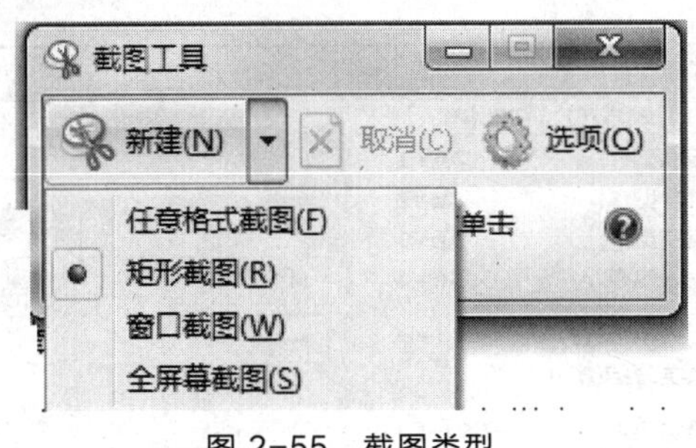

图 2–55　截图类型

任务 2　计算器程序使用

附件中的“计算器”程序可以帮助用户完成日常工作中简单运算。它的作用及使用方法与常用计算器类似。

应用“计算器”程序完成进制转换题，求出十进制 256 转成二进制后的值。

通过该任务的练习，了解计算器类型的转换，掌握在“科学型”计算器模式下，各进制之间的转换。

操作步骤如下。

步骤 1　选择“开始” | “所有程序” | “附件” | “计算器”命令，打开图 2–56 所示“计算器”窗口。

步骤 2　选择“查看” | “程序员”，进入“程序员”显示模式，如图 2–57 所示。

图 2–56　“计算器”窗口

图 2–57　“程序员计算器”窗口

步骤 3　选择“十进制”，用鼠标在数字区选取“256”。

步骤 4　选择“二进制”，则显示窗口出现了转换后的值，即计算结果。

补充知识点

利用计算器可以进行油耗计算

步骤 1　打开"计算器"程序，选择图 2-58 所示"查看" | "工作表"显示模式。

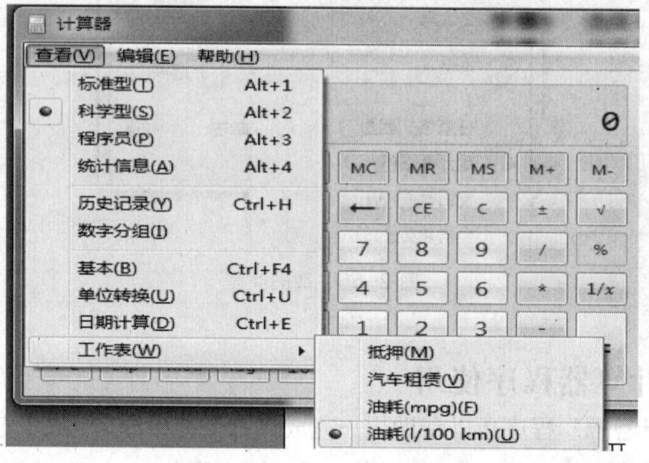

图 2-58 "工作表"窗口

步骤 2　如图 2-59 所示，在对应的框内输入值。

步骤 3　单击"计算"，则算出油耗值，如图 2-59 所示。

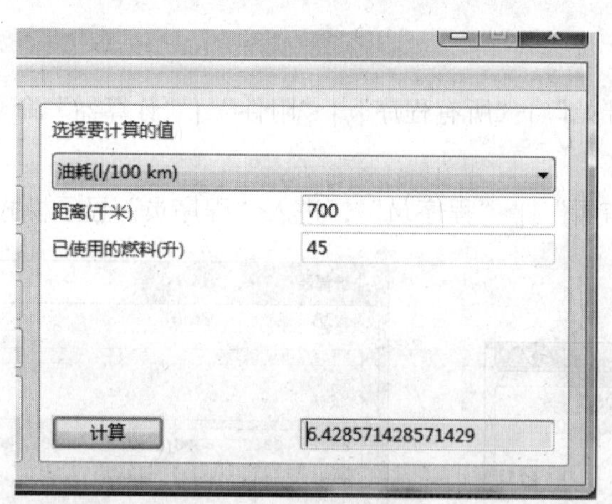

图 2-59 "油耗"计算结果显示窗口

步骤 4　练习查看项的其他选项。

步骤 5　选择"帮助" | "查看帮助"选项，获得更多"计算器"帮助主题。

2.6　情境案例 4——计算机系统资源的高效管理（电子、通信、机电类专业必修）

【情境描述】

计算机系统的真谛在于方便保存和迅速提取文件，所有的文件将通过文件夹分类被很好地组织起来，放在最方便找到的地方。解决这个问题目前最理想的方法就是分类管理，从硬盘分区开始到每一个文件夹的建立，我们都要按照自己的工作和生活需要，分为大小不一、多个层级的文件夹，建立合理的文件保存架构。此外所有的文件、文件夹都要规范化地命名，并放入最合适的文件夹中。这样，当我们需要什么文件时，就知道到哪里去寻找。这种方法，对于相当数量的人来说，并不是一件轻松的事，因为他们习惯了随手存放文件和辛苦、茫无头绪地查找文件。下面我们制订的一套分类管理原则，并养成良好的文件管理的习惯。以下是我们总结出的一些基本技巧，这些技巧并不是教条，可能并不适合每一个人，但无论如何都必须要有自己的规则，并坚持下来，形成习惯。

【案例分析】

新买的计算机为什么运行一段时间，系统运行速度会变慢呢？这是不是计算机厂商们的阴谋呢？在系统里安装定时程序，时间到期后让计算机变慢，这样大家就会买新计算机，是这样吗？回答是否定的。要了解这个问题，首先我们应该从软件方面着手。首先看下任务管理器（用“Ctrl+Alt+Del”组合键调出任务管理器）里面的进程有多少，是不是占用了很多的资源，把其中一些不需要的关掉；再看一下哪些自启动的程序是不需要的，把它禁止掉，也可以借助系统优化软件来完成等；最后再看是否是自己硬件的问题。

【相关知识】

1. 系统是如何启动的
2. 如何调出任务管理器
3. 如何利用第三方系统优化软件
4. 计算机的硬件组成

【案例实施】

计算机要高效运行，需要不定时的维护和养成良好的使用习惯，具体注意事项如下。

步骤 1 发挥“我的文档”的作用。

有很多理由让我们好好地利用“我的文档”，它能方便地在桌面上、“开始”菜单、“资源管理器”、保存/打开窗口中找到，有利于我们方便而快捷地打开、保存文件。我们可以利用“我的文档”中已有的目录，也可以创建自己的目录，将经常需要访问的文件存储在这里。至于“我的文档”存储在 C 盘，在重装系统时可能会误删除的问题，可以在非系统盘建立一个目录，然后鼠标右键单击桌面上的“我的文档”，选择“属性”。在弹出的“我的文档 属性”窗口中，单击目标文件夹下的“移动”按钮，然后在新的窗口中指定我们刚创建的文件夹。重装系统后再次执行以上操作，再重新指向此文件夹即可，即安全又便捷。

步骤 2 建立最适合自己的文件夹结构。

文件夹是文件管理系统的骨架，对文件管理来说至关重要。建立适合自己的文件夹结构，首先需要对自己接触到的各种信息、工作和生活内容进行归纳分析。每个人的工作和生活有所不同，接受的信息也会有很大差异，因此分析自己的信息类别是建立结构的前提。例如，有相当多的 IT 自由撰稿人和编辑是以软件、硬件的类别建立文件夹；而很多老师，是以自己的工作内容如教学工作、班主任工作建立文件夹。

同类的文件名字可用相同字母前缀的文件来命名，同类的文件最好存储在同一目录，如图片目录用 image，多媒体目录用 media，文档用 doc 等，这样将更加简洁易懂，可以一目了然。如此一来，当我们想要找到一个文件时，就能立刻想到它可能保存的地方。

步骤 3 控制文件夹与文件的数目。

文件夹里的数目不应当过多，一个文件夹里面有 50 个以内的文件数是比较容易浏览和检索的。如果超过 100 个，浏览和打开的速度就会变慢且不方便了。这种情况下，就得考虑存档、删除一些文件，或将此文件夹分为几个文件或建立一些子文件夹。此外，如果有文件夹的文件数目长期只有少得可怜的几个文件，也建议将此文件夹合并到其他文件夹中。

步骤 4 注意结构的级数。

分类的细化必然带来结构级别的增多，级数越多，检索和浏览的效率就会越低，建议整个结构最好控制在二、三级。另外，级别最好与自己经常处理的信息相结合。越常用的类别，级别就越高，如负责多媒体栏目的编辑，那多媒体这个文件夹就应当是一级文件夹，老师本学期所教授的课程、所管理班级的资料文件夹，也应当是一级文件夹。文件夹的数目，文件夹里文件的数目以及文件夹的层级，往往不能都兼顾，我们只能找一个最佳的结合点。

步骤 5 文件和文件夹的命名。

为文件和文件夹取一个好名字至关重要，但什么是好名字，却没有固定的含义。以最短的词句描述此文件夹类别和作用，使用时不需要打开就知道文件的大概内容。要为电脑中所有的文件和文件夹使用统一的命名规则，这些规则需要我们自己来制订。最开始使用这些规则时，肯定不会像往常一样随便输入几个字那样轻松，但一旦体会到了规则命名方便查看和检索的好处时，就会坚持不懈地执行下去。

另外，从排序的角度上来说，我们常用的文件夹或文件在起名时，可以加一些特殊的标示符，让它们排在前面。如当某一个文件夹或文件相比于同一级别的来说，要访问次数多得多时，我们就会在此名字前加上一个“1”或“★”，这可以使这些文件和文件夹排列在同目录下所有文件的最前面，而相对次要但也经常访问的，就可以加上“2”或“★★”，以此类推。

此外，文件名要力求简短，虽然 Windows 已经支持长文件名了，但长文件名也会给我们的识别、浏览带来混乱。

步骤 6 利用 Windows 资源管理器查看了解进程。

当发现计算机变得卡顿时，右键单击任务栏，打开任务管理器，如图 2-60 所示，就可以看到哪些程序占用的资源多，如果不需要它，可以在任务上单击鼠标右键选择结束进程即可。

任务管理器

文件(F) 选项(O) 查看(V)

进程 | 性能 | 应用历史记录 | 启动 | 用户 | 详细信息 | 服务

名称	状态	14% CPU	44% 内存	9% 磁盘	23% 网络
System		3.8%	0.1 MB	0.1 MB/秒	0 Mbps
KuGou (32 位)		3.7%	78.0 MB	0 MB/秒	0 Mbps
任务管理器		1.6%	13.8 MB	0.1 MB/秒	0 Mbps
115网盘云备份 (32 位)		1.3%	25.7 MB	2.0 MB/秒	12.8 Mb...
桌面窗口管理器		1.2%	18.1 MB	0 MB/秒	0 Mbps
系统中断		0.6%	0 MB	0 MB/秒	0 Mbps
猎豹安全浏览器 (32 位)		0.4%	126.6 MB	0 MB/秒	0 Mbps
Symantec Service Framework...		0.3%	8.4 MB	0 MB/秒	0 Mbps
Client Server Runtime Process		0.2%	2.3 MB	0 MB/秒	0 Mbps
Application Web Server Dae...		0.2%	3.4 MB	0 MB/秒	0 Mbps
System Web Server Daemon...		0.2%	22.9 MB	0 MB/秒	0 Mbps
Windows 音频设备图形隔离		0.1%	4.2 MB	0 MB/秒	0 Mbps
KuGou Daemon (32 位)		0.1%	0.9 MB	0 MB/秒	0 Mbps
DrClient (32 位)		0.1%	11.3 MB	0 MB/秒	0 Mbps
TuneUp Utilities		0.1%	4.8 MB	0 MB/秒	0 Mbps

简略信息(D) 结束任务(E)

图 2-60　任务管理器

利用清理软件定时清理电脑，如图 2-61 所示。

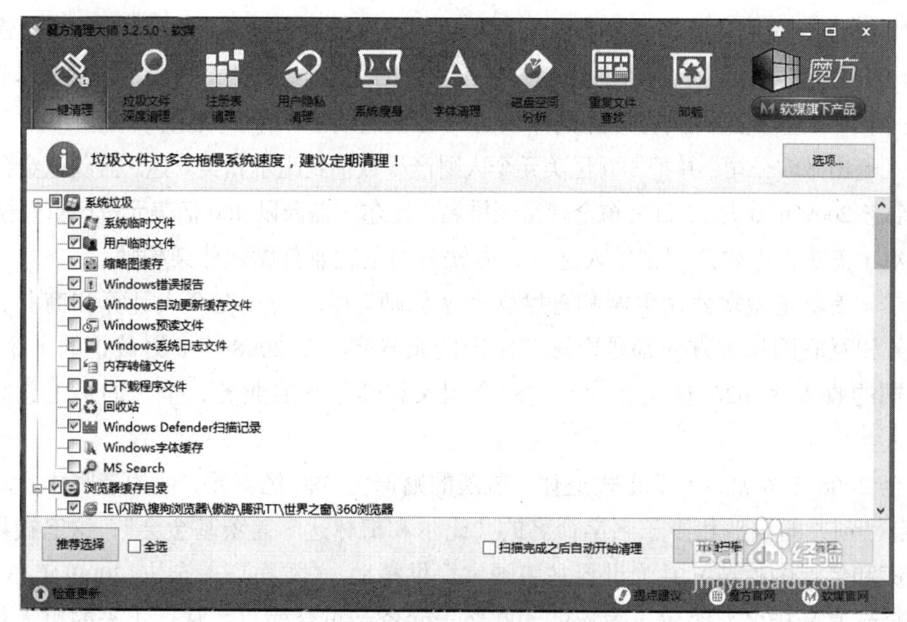

图 2-61　其他清理软件

同时用计算机自带的磁盘清理工具进行清理工作，如图 2-62 所示。

图 2-62　磁盘清理工具

2.7　计算机小故事：比尔·盖茨和他的微软帝国

比尔·盖茨（William Henry Gates Ⅲ，1955 年 10 月 28 日生），是一名美国企业家、软件工程师、慈善家及微软公司的董事长。他与保罗·艾伦一起创建了微软公司，曾任微软 CEO 和首席软件设计师，并持有公司超过 8%的普通股，也是公司最大的个人股东。1995 年到 2007 年的《福布斯》全球亿万富翁排行榜中，比尔·盖茨连续 13 年蝉联世界首富。2008 年 6 月 27 日正式退出微软公司，并把 580 亿美元个人财产尽数捐到比尔和美琳达·盖茨基金会。《福布斯》杂志 2009 年 3 月 12 日公布全球富豪排名，比尔·盖茨以 400 亿美元资产重登榜首。

比尔·盖茨，微软公司创始人之一、微软公司主席兼首席软件架构师。

比尔·盖茨是微软公司主席和首席软件架构师。微软公司在个人计算和商业计算软件、服务和互联网技术方面都是全球范围内的领导者。在 2008 年 6 月截止的上个财年，微软公司的收入达 620 亿美元，在 78 个国家和地区开展业务，全球的员工总数超过 91 000 人。

截至 2008 年 6 月，盖茨正式退休，盖茨的财产为 580 亿美元，他的遗嘱中宣布拿出 98%给自己创办的以他和妻子名字命名的“比尔和梅林达·盖茨基金会”，这笔钱用于研究艾滋病和疟疾的疫苗，并为世界贫穷国家提供援助。《福布斯》杂志 2009 年 3 月 12 日公布全球富豪排名，比尔·盖茨以 400 亿美元资产重登榜首。从近年来的重大慈善活动来看，比尔和梅林达·盖茨基金会出手阔绰，如曾向纽约捐款 5 120 万美元，用以建立 67 所面向少数族裔和低收入阶层子弟的中学；捐资 1.68 亿美元，帮助非洲国家防治疟疾；向博茨瓦纳捐资 5 000 万美元，帮助那里防治艾滋病。

微软公司(Microsoft，NASDAQ：MSFT，HKEx：4338)是世界 PC 机(Personal Computer，个人计算机）软件开发的先导，由比尔·盖茨与保罗·艾伦创始于 1975 年，总部设在华盛顿州的雷德蒙市（Redmond，邻近西雅图），目前是全球最大的电脑软件提供商。微软公司现有雇员 3.4 万人，2005 年营业额 368 亿美元。其主要产品为 Windows 操作系统、Internet Explorer 网页浏览器及 Microsoft Office 办公软件套件。

微软公司于 1992 年在中国北京设立了首个代表处，此后，微软在中国相继成立了微软中国研究开发中心、微软全球技术支持中心和微软亚洲研究院等科研、产品开发与技术支持服务机构。如今微软在华的员工总数有 900 多人，形成以北京为总部、在上海、广州设有分公司的架构，微软中国成为微软公司在美国总部以外功能最为完备的子公司。由世界品牌实验室独家编制的 2009 年度（第六届）《世界品牌 500 强》微软击败哈佛大学从去年的第七名跃居第一，在《巴伦周刊》公布的排在世界品牌实验室（World Brand Lab）编制的 2006 年度世界品牌 500 强、2006 年度全球 100 家大公司受尊重度排行榜中名列第二十二。该企业微软大楼在 2008 年度《财富》全球最大五百家公司排名中名列第三十五名，美国最受赞赏公司排行榜第 10 位，百度搜索风云榜今日 IT 品牌排行榜第十四名。

附：盖茨名言

1. 机会大，并不等于你就会成功。

2. 如果你相信每个生命都是平等的，那么当你发现某些生命被挽救了，而另一些生命被放弃了，你会感到无法接受。

3. 从这个复杂的世界中找到解决办法，可以分为 4 个步骤，即确定目标，找到最有效的方法，发现适用于这个方法的新技术，同时最聪明地利用现有的技术。不管它是复杂的药物，还是最简单的蚊帐。

4. 除非你能够让人们看到或者感受到行动的影响力，否则你无法让人们激动。

5. 网络的神奇之处，不仅仅是它缩短了物理距离，使得天涯若比邻。它还极大地增加了怀有共同想法的人们聚集在一起的机会，我们可以为了解决同一个问题，一起共同工作。

6. 不要让这个世界的复杂性阻碍你前进。要成为一个行动主义者，将解决人类的不平等视为己任。它将成为你生命中最重要的经历之一。

7. 与其做一株绿洲的小草，还不如做一棵秃丘中的橡树，因为小草毫无个性，而橡树昂首天穹。

盖茨给青年的 11 条忠告（首发于《时代》杂志）

1. 生活是不公平的，你要去适应它。

2. 这个世界并不会在意你的自尊，而是要求你在自我感觉良好之前先有所成就。

3. 刚从学校走出来时你不可能一个月挣 4 万美元，更不会成为哪家公司的副总裁，还拥有一部汽车，直到你将这些都挣到手的那一天。

4. 如果你认为学校里的老师过于严厉，那么等你有了老板再回头想一想。

5. 卖汉堡包并不会有损于你的尊严。你的祖父母对卖汉堡包有着不同的理解，他们称之为“机遇”。

6. 如果你陷入困境，那不是你父母的过错，不要将你理应承担的责任转嫁给他人，而要学着从中吸取教训。

7. 在你出生之前，你的父母并不像现在这样乏味。他们变成今天这个样子是因为这些年来一直在为你付账单、给你洗衣服。所以，在对父母喋喋不休之前，还是先去打扫一下你自己的屋子吧。

8. 你所在的学校也许已经不再分优等生和劣等生，但生活却并不如此。在某些学校已经没有了“不及格”的概念，学校会不断地给你机会让你进步，然而现实生活完全不是这样。

9. 走出学校后的生活不像在学校一样有学期之分，也没有暑假之说。没有几位老板乐于帮你发现自我，你必须依靠自己去完成。

10. 电视中的许多场景绝不是真实的生活。在现实生活中，人们必须埋头做自己的工作，而非像电视里演的那样天天泡在咖啡馆里。

11. 善待你所厌恶的人，因为说不定哪一天你就会为这样的一个人工作。

本章小结

本章主要介绍 Windows 7 系统的基本知识，通过学习同学们应该了解计算机操作系统的基本知识，掌握 Windows 7 系统的文件和文件夹的组织和管理方法，能够熟练使用 Windows 7 系统的附件，学会高效管理自己的计算机系统资源。

PART 3

第3章 Word 2010文字处理软件

【本章内容】

1. 情境案例1：制作求职简历。
2. 情境案例2：制作校园杂志。
3. 情境案例3：毕业论文排版。
4. 情境案例4：批量制作学生成绩单。
5. 情境案例5：制作购销合同。
6. Word模板的应用。

【本章学习目的和要求】

1. 熟练掌握Word文字和段落的排版功能。
2. 熟练掌握Word表格的制作和美化。
3. 能够熟练运用图文混排技术完成各种图文并茂的电子文档的排版。
4. 学会利用样式格式化文档，并自动生成目录。
5. 熟悉Word中的合并邮件的功能和作用。
6. 了解Word模板的应用方法。

随着计算机的高速发展，计算机已成为现代化办公的必要条件，Office办公软件成为现代化办公的必备的应用软件。Word字处理软件是Office办公软件系列中的一个重要组件，其主要功能是对文字、图片等信息进行加工和编排，形成图文并茂的文字材料。文字处理软件的应用分为基本应用和高级应用两个层次：基本应用包括文档的创建、页面布局、格式化排版及打印设置等操作；高级应用则包括文字、图片、艺术字、图形、表格等的制作和混排操作。目前，市场上应用比较多的文字处理软件主要有美国微软公司的Word字处理系列、国内金山公司的WPS字处理软件。

Office 2010是由美国的Microsoft（微软）公司开发的现代化办公软件，是从早期的Office 97、Office 2000、Office 2003、Office 2007发展而来的，它继承了Office 2007的Ribbon（功能区）界面，操作更加简洁和人性化。Office 2010无论从功能或是兼容性方面都有了很大的提升，成为当前我国乃至全球应用最广泛的办公软件组合套装。其中，Word 2010是一款功能强大的文字处理软件，可以轻松完成文字、图片和表格的编辑和排版，本章通过 4 个案例分别介绍了 Word 2010 的文字排版、表格的制作和美化、图文混排及长文档的编辑等内容。

3.1 情境案例 1——制作求职简历

【情境描述】

三年的高职大学时光转眼即逝，随着实习期的结束，大学生小文知道马上就要毕业了，聪明勤奋又上进的小文已经通过各种途径了解到制作一份精美的求职简历对于找工作的意义。他清楚地知道，要在激烈的人才竞争中脱颖而出，除了需要过硬的知识和技能之外，还要能够积极地推销自己，无疑一份精心制作的自荐书会成为招聘单位了解自己的第一张门卡。毫不夸张地说，求职简历的好坏能够直接反映出求职者的态度和创意，进而影响到小文的前途和命运。于是，小文向计算机教师李老师请教制作求职简历的相关问题：

① 求职简历应当包括哪些内容？

② 制作求职简历应当注意哪些问题？

③ 如何制作一份独具特色的求职简历？

李老师在分析了小文的专业特点和自身优势后，建议他使用 Word 2010 来完成求职简历的制作。

【案例分析】

求职简历实际上是指由求职者向招聘者或招聘单位所提交的一种信函，求职者通过自荐书和相应的支撑材料向招聘者表明自己具有特定工作岗位所要求的态度、技能、资质和资信。一份成功的求职简历是一件营销利器，能够直击要害，在短时间内获得招聘者的好感，获得面试的机会。

在制作求职简历之前，首先需要明确的是制作求职简历的目的和预期的效果，无疑最重要的是在第一时间抓住对方的眼球，让对方了解自己的能力和独特优势，相信自己有能力胜任该岗位，不忍释手。因此，在内容的撰写上切忌如同记流水账一样，面面俱到，而必须要突出重点和优势，有和应聘岗位相契合的亮点。求职简历实际上是求职者对自己大学生活、学习和经历的一次总结和概括。一般来说，求职简历通常包括三个部分，即封面、自荐信和个人简历表格。其主要内容涉及求职者的个人基本情况、专业强项与技能优势（成绩和证书）、个人特长爱好、自我评价和求职意向等。

因此，制作求职简历需要分为以下三步来完成。

第一，制作封面，设计好封面的布局，将招聘者最想了解的求职者的基本信息以最简洁的方式放置在封面上，如求职者的姓名、毕业院校、专业、联系电话等。

第二，制作自荐信，用富有感情的文字叙述自己的学业、特长、爱好等信息，需要注意控制字数，以及字体、字号和段落格式的应用，尽量在一个页面上完成，布局合理，不要大量留白，也不可过分拥挤。

第三，制作个人简历表格，以表格的形式，介绍自己的学习经历和取得的成绩、获得的荣誉，如个人基本信息、课业成绩、荣誉证书、特长爱好等。这样招聘者可以很方便地了解求职者的专业特长和技能优势。

第四，求职简历完成后，可以通过打印预览查看排版效果，如果不满意可以返回修改，满意则可以打印输出。

经过上述分析后，“制作求职简历”案例可以划分为五个任务来完成，即页面设置、制作封面、制作自荐信、制作表格简历和打印输出，其制作步骤如图 3-1 所示。

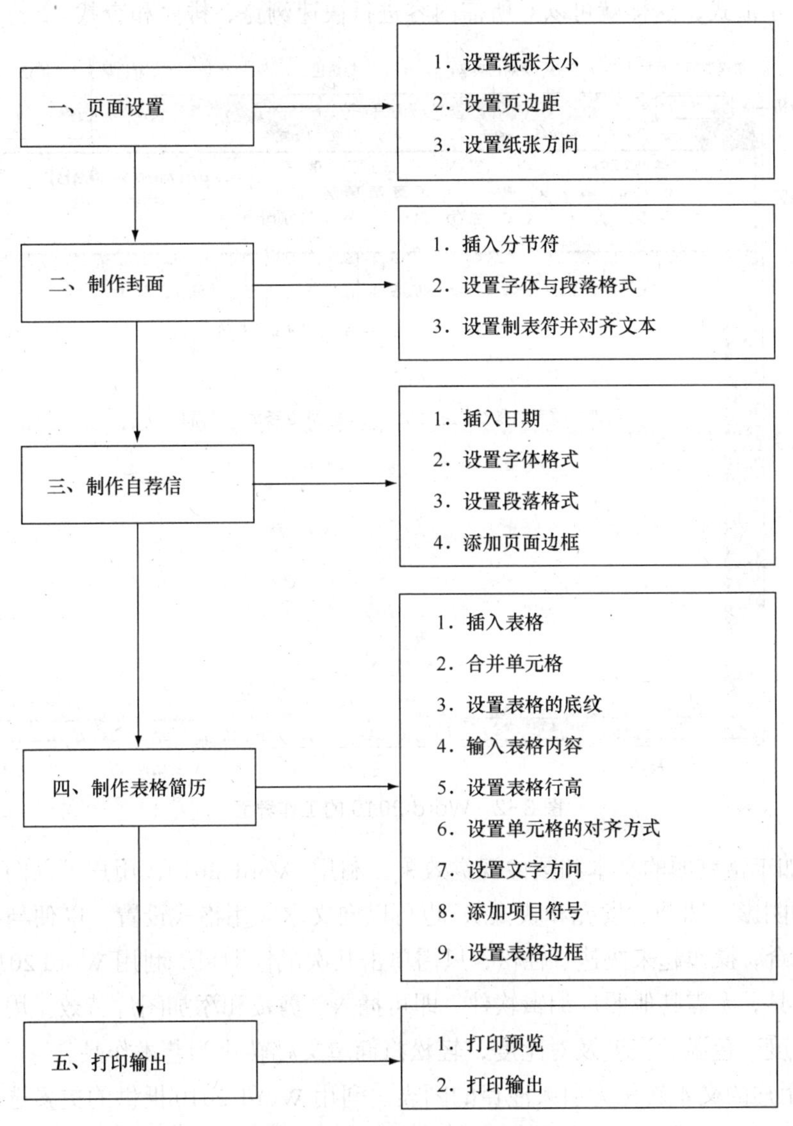

图 3-1　求职简历的制作流程

【相关知识】

1. Word 2010 简介

Microsoft Word 不仅可以处理日常的办公文档，排版，处理数据，建立表格，还可以做简单的网页，而且通过其他软件还可以直接发传真或者发 E-mail 等，能满足普通人的绝大部分日常办公的需求。从 Word 2003 升级到 Word 2007 再到 Word 2010，其最显著的变化就是取消了传统的菜单操作方式，而代之的是各种功能区面板，软件的界面更加直观友好，操作更加便捷。Word 2010 的工作界面如图 3-2 所示。

Word 2010 中突出的特点如下。

① 改进的搜索和导航体验。利用 Word 2010 新增的改进查找体验可更加便捷地查找信息，用户可以按照图形、表、脚注和注释来查找内容。改进的导航窗格为用户提供了文档的直观表示形式，这样就可以对所需内容进行快速浏览、排序和查找。

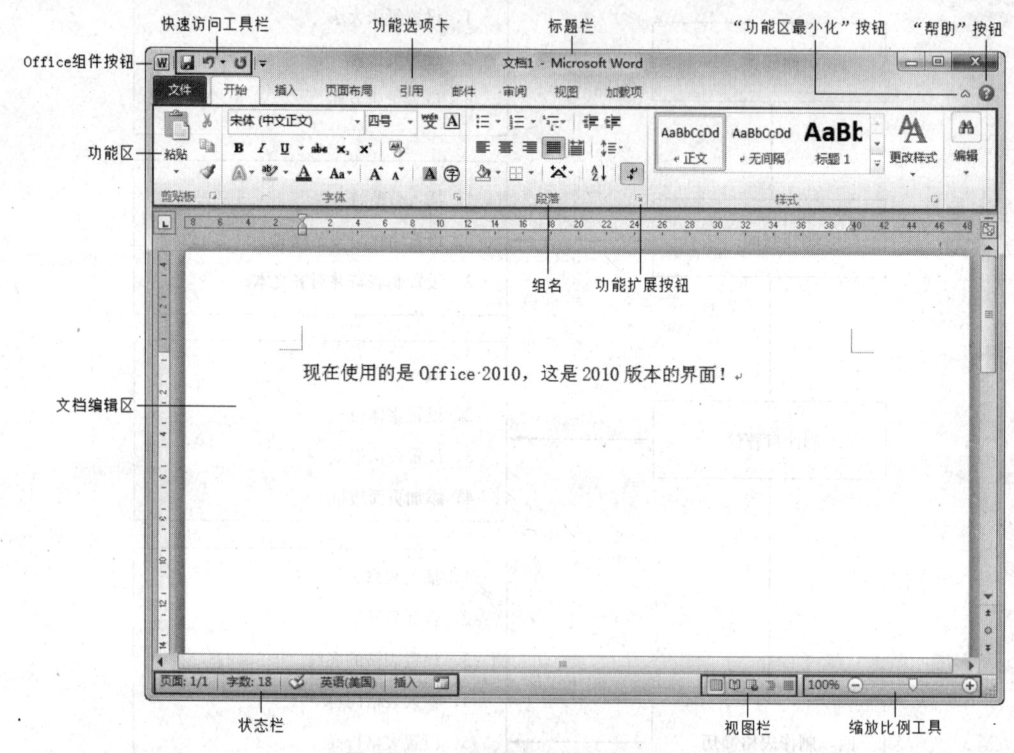

图 3-2　Word 2010 的工作界面

② 更加丰富绚丽的文本和图像视觉效果。利用 Word 2010，用户可以向文本应用图像效果（如阴影、凹凸、发光和映像），也可以向文本应用格式设置，以便与用户的图像实现无缝混合，操作起来快速、轻松，只需单击几次鼠标即可。利用 Word 2010 中新增的图片编辑工具，无需其他照片编辑软件，即可插入、剪裁和添加图片特效。用户也可以更改颜色饱和度、色温、亮度及对比度，轻松将简单文档转化为艺术作品。

③ 将用户的文本转化为引人注目的图表。利用 Word 2010 提供的更多选项，用户可将视觉效果添加到文档中。用户可以从新增的 SmartArt™ 图形中选择，以在数分钟内构建令人印象深刻的图表。SmartArt 中的图形功能同样也可以将点、句列出的文本转换为引人注目的视觉图形，以便更好地展示用户的创意。

④ 将屏幕快照插入文档中。插入屏幕快照，以便快捷捕获可视图示，并将其合并到用户的工作中。当需要跨文档重用屏幕快照时，利用“粘贴预览”功能，可在放入所添加内容之前查看其外观。

⑤ 恢复用户认为已丢失的工作。用户是否曾经在某文档中工作一段时间后，不小心关闭了文档却没有保存？没关系，Word 2010 可以让用户像打开任何文件一样恢复最近编辑的草稿，即使用户没有保存该文档也不用担心丢失。

此外 Word 2010 在用户体验及文档的安全性和共享性方面都有了很大的改进，改进的功能区，使用户可以快速访问常用的命令，并创建自定义选项卡，将体验个性化为符合用户的工作风格需要。此外，Word 2010 软件最大限度跨越了沟通障碍，使文档的合作编辑变得更加便捷，用户甚至可以将完整的文档发送到网站进行并行翻译。

2．页面布局

页面布局主要包括纸张大小、纸张方向、页边距的设置，为了提升页面的美观度，可以适度增加页面边框的设置，包括页面边框的样式、颜色和应用范围等。

3．艺术字和图片的基本应用

艺术字在此案例中主要用于制作毕业院校的名称，具体包括艺术字的插入、样式的选择、文字效果的调整等，图片在此处的应用较为简单，包括图片的插入、环绕方式、位置和大小裁剪等操作。

4．文字和段落格式设置

文字和段落的格式设置包括字体和段落两方面的设置。字体设置包括文字的字体、大小、字型、颜色、字符间距和位置、文字效果等，段落设置包括段落的左右缩进、段落的对齐方式、行间距、段间距、行距等的设置。

5．表格的制作

Word 中的表格在日常办公中是非常重要的应用之一，与 Excel 中的侧重点不同，Word 中的表格主要以样式丰富为特点，充分满足美观的需求。

表格是由水平行和垂直列交叉组成的二维表格，行和列交叉处的形成的矩形称为单元格，众多的单元格规律排列形成表格。表格可以用来阻止文档内容的排版，对于有规律的文字和数字，可以用表格来实现段落的并行排列。对于表格的编辑分为 3 种：一是以表格为对象的编辑，如表格的移动、复制、缩放、合并拆分、对齐方式、环绕方式和边框和底纹等的设置；二是以单元格为对象的编辑，如单元格的选择、插入、删除、移动和复制，单元格的合并和拆分，单元格的对齐方式等；三是以行、列为对象的编辑，如行和列的插入和删除，行和列中数据的计算等。

6．制表位

制表位是指水平标尺上的位置，它是实现文本对齐的快捷工具，通过调整制表位可以指定文字缩进的距离或一栏文字的开始位置。由于制表位移动的距离是固定的，因而对齐非常精确。

7．项目符号和编号

项目符号和编号用于对重点条目进行突出标注或编号，用户选择要添加项目符号或编号的段落后，在段落功能区里选择合适的项目符号样式或者编号格式即可，在 Word 2010 里提供了各种各样的项目符号和编号样式供选择，此外，用户还可以自定义具有个性特色的项目符号和编号样式。

8．打印预览和打印输出

文档完成后，可进行打印预览查看排版的效果，如果满意，则可以进行打印设置，如打印的范围、份数、纸张和是否双面打印等，完成求职简历的打印。

【案例实施】

小文根据李老师的指点，将能够充分展现自己大学三年的学习和工作经历的材料搜集整理了一下，并上网下载了相关的图片，最后结合自己的专业撰写了一份热情洋溢的自荐信，材料准备完毕之后，小文在李老师的指导下，开始了求职简历的制作过程。

任务1　页面布局

1．页面设置

新建 Word 文档“求职简历.docx”，页面格式设置为“A4”纸张，页边距为普通，纸张方向为“纵向”，设置完成后将其保存在 D 盘个人文件夹里，操作步骤如下。

步骤 1　启动 Word 2010。

步骤 2　设置纸张大小。在“页面布局”选项卡中，单击“页面设置”组中的“纸张大小”下拉按钮，打开图 3-3 所示的下拉列表，选择 A4（21 厘米×29.7 厘米）选项，当然也可以根据需求选择“A3”、“B5”等纸张大小，也可以选择“其他页面大小（A）…”自定义纸张大小。

步骤 3　设置页边距。单击“页面设置”组中的“页边距”下拉按钮，打开图 3-4 所示的下拉列表，选择“普通”，其他还有“窄”“适中”“宽”等，也可以选择“自定义边距”选项，自定义页边距大小。

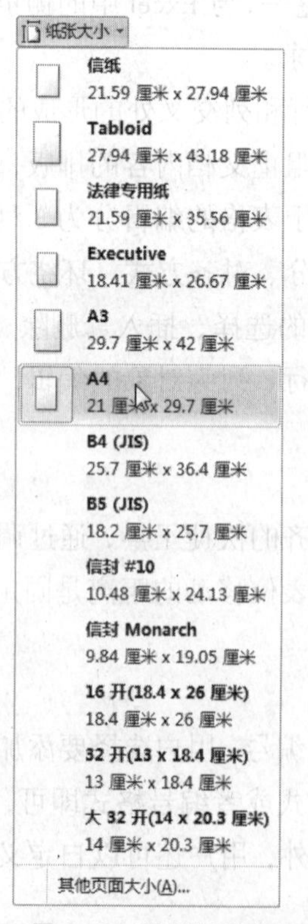

图 3-3　设置纸张大小

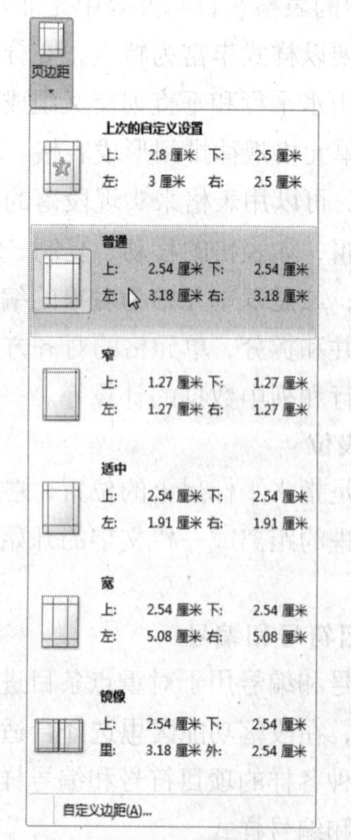

图 3-4　设置页边距

步骤 4 设置纸张方向。单击“页面设置”组中的“纸张方向”下拉按钮，打开图 3-5 所示的下拉列表，选择“纵向”，类似试卷之类的页面宽度大于页面高度的纸张方向通常选择“横向”。

图 3-5 设置纸张方向

步骤 5 单击文件选项卡下的“另存为…”命令，打开另存为对话框，如图 3-6 所示，在“文件名”框中输入“求职简历”，并在窗口左侧单击“本地磁盘（D:）”，并单击“新建文件夹”按钮，新建文件夹“小文”，双击该文件夹打开，将“求职简历”文件保存到该文件夹中。

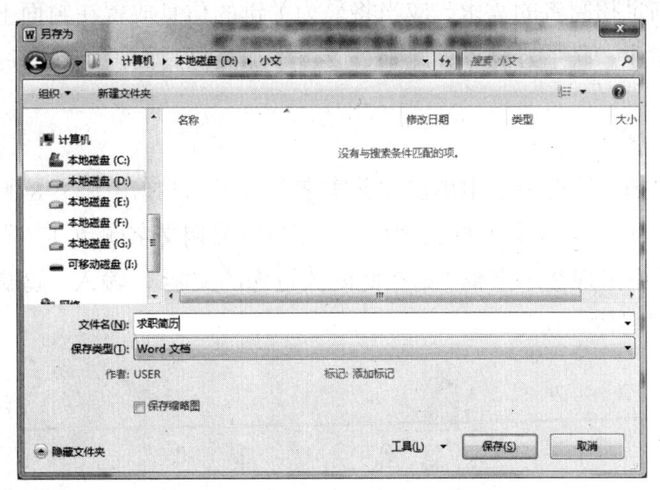

图 3-6 “另存为”对话框

2．插入分节符

将“求职简历”文档分为 3 个页面（封面、自荐信和个人简历），操作步骤如下。

步骤 1 将光标放置空白文档的行首，在“页面布局”选项卡中单击“页面设置”组中的“分隔符”下拉按钮，打开图 3-7 所示的下拉列表，选择“下一页”分节符。

步骤 2 重复步骤 1，将空白文档分成 3 页。

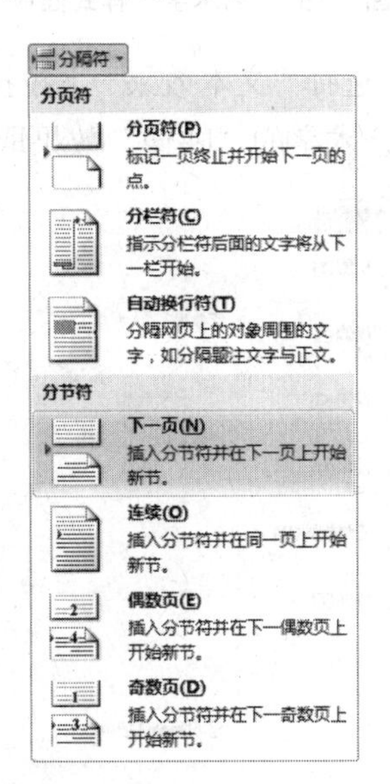

图 3-7 “分隔符”下拉列表

注　意　在“草稿”视图中，“分节符”显示为双虚线，“分页符”显示为单虚线；另外，当前文档的页数可通过状态栏左下角 页面: 3/3 | 字数: 0 查看。

任务 2　制作封面

“求职简历”的封面风格要简洁大方，能够突出专业特点更佳。封面上的文字信息不可过多，但为了满足招聘者的需求，应当将最为关键的信息放置在封面上，如求职者的姓名、毕业院校、专业、联系方式等，此外，应当添加美化封面设计的图片，突出毕业院校或者专业特点。

1．插入艺术字

步骤 1　在“插入”选项卡中单击“艺术字”按钮，弹出图 3-8 所示的“艺术字”样式面板，选择第 5 行第 5 列的样式“填充-蓝色，强调文字颜色 1，塑料棱台，映像”效果，此时在文档中出现艺术字框“请在此处放置您的文字”，输入“鹤壁职业技术学院”，并设置其字体为“楷体，初号”。

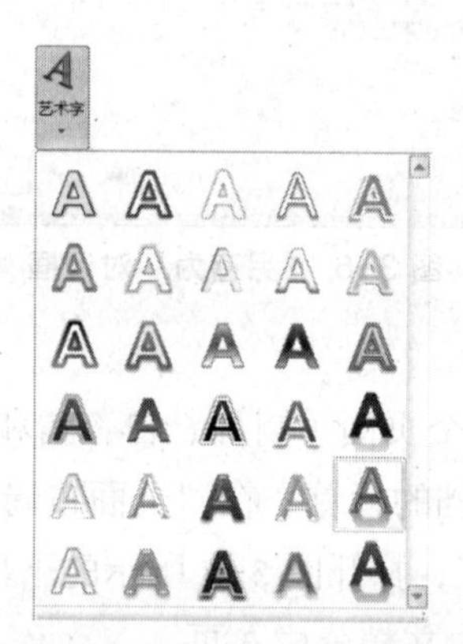

图 3-8　“艺术字”样式面板

步骤 2　单击选中该艺术字，选择“文本效果”下拉按钮中的“映像”命令，如图 3-9 所示，单击“无映像”命令，将艺术字的“映像”效果取消。

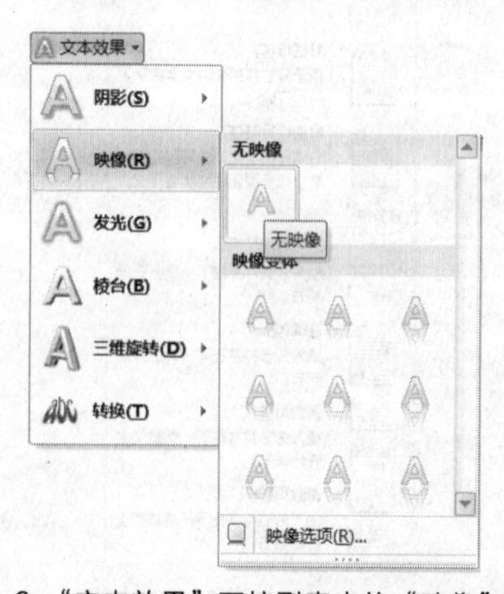

图 3-9　“文本效果”下拉列表中的“映像”设置

步骤3 用鼠标单击，将光标定位于艺术字的一侧，单击“开始”选项卡中“段落”组中的居中按钮，将艺术字居中对齐。

2．设置字体和段落格式

在封面页中输入“HEBI POLYTECHINIC”，并将字体设置为“Arial Unicode MS”、三号、字符间距加宽6磅、居中对齐；输入“求职简历”，并将字体设置为“华文隶书、字号50、蓝色、加粗、阴影、段前间距1.5行”，具体操作步骤如下。

步骤1 将光标定位在艺术字的下方，输入“HEBI POLYTECHINIC”，并将其选定后，设置“字体”为“Arial Unicode MS”、“字号”为“三号”、“对齐方式”为“居中对齐”。

步骤2 在“开始”选项卡下，单击“字体”组中右下角的“字体”对话框按钮，打开“字体”，切换到“高级”选项卡，如图3-10所示，设置字符“间距”项为“加宽”、“6磅”。

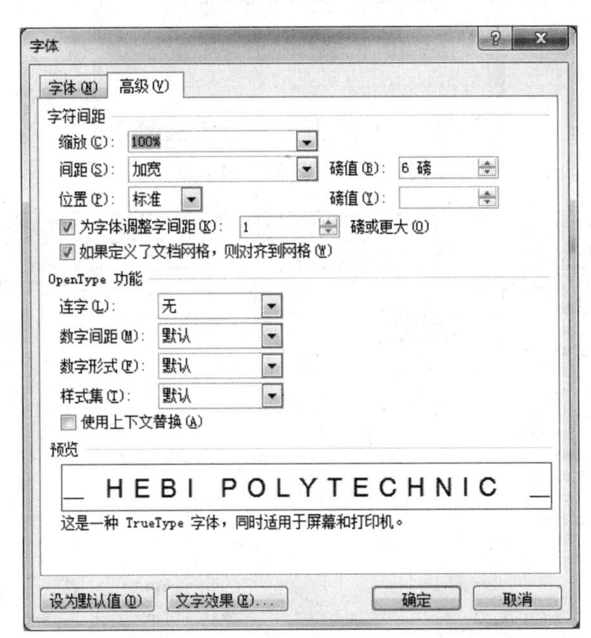

图3-10 “字体”对话框的“高级”选项卡

步骤3 按Enter键回车换行，输入“求职简历”，并将其选定，设置字体为“华文隶书、蓝色、加粗”，在“字号”列表框中，由于没有列出60号字，直接在文本框中输入数值“50”即可。

步骤4 在“求职简历”段中任意位置单击，在“开始”选项卡下单击“段落”组中的右下角，打开“段落”对话框，如图3-11所示，设置“段前间距”为“1.5行”。

3．插入图片

图片对于文档的修饰起到点睛的作用，作为“求职简历”的封面，图片的应用自然是不可或缺的。将“校门.jpg”图片插入封面的中间位置，并适当调整大小，使之与整个页面协调美观。具体操作步骤如下。

步骤1 在“插入”选项卡下，单击图片按钮，打开“插入图片”对话框，从中找到并打开包含指定图片的文件夹，如图3-12所示，选择“校门.jpg”，插入文档的封面页中。

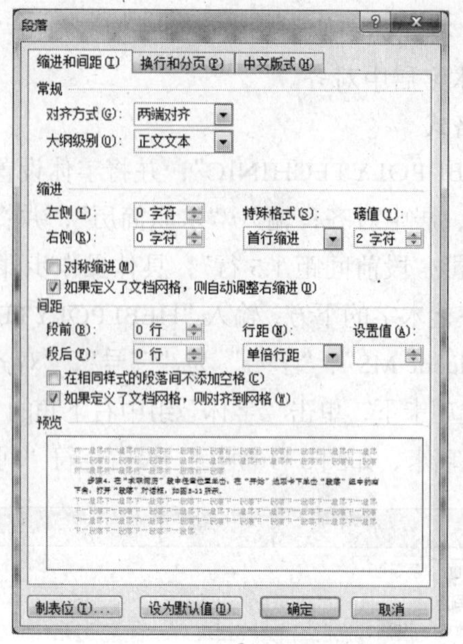

图 3-11 “段落”对话框

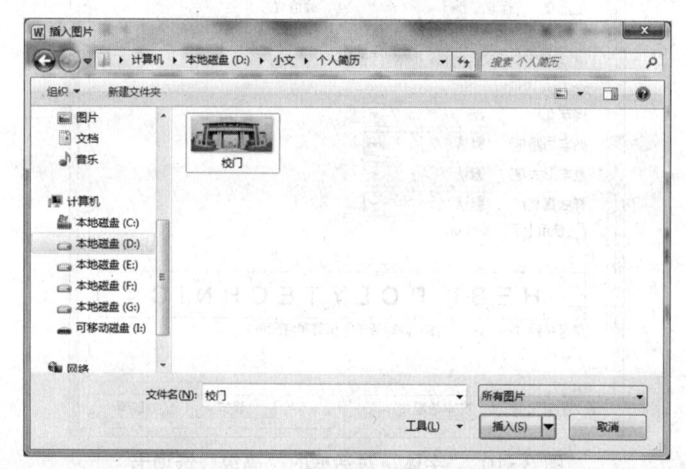

图 3-12 “插入图片”对话框

步骤 2　裁剪图片。单击选中“校门”图片，功能区面板中出现“图片工具”选项卡，在图片“大小”组中单击“裁剪”按钮，图片周围出现裁剪的边缘短线，如图 3-13 所示，拖动短线的位置，可对图片进行适当裁剪，去掉不需要的部分。

图 3-13 图片的“裁剪”状态

步骤3 图片被选中的状态下，周围出现8个方形和圆形的尺寸控制点，4个角为圆圈，可同时调整图片的宽和高，四条边为方形的控制点，只能调整控制点所在的边。将鼠标放置到控制点上，当鼠标指针变成上下、左右的双向箭头时，按住鼠标左键拖动，将图片调整为合适大小。

4．利用制表位对齐文本

初学者一般习惯于使用空格来调整文字的位置，但是由于空格会随着字体、字号的不同所占的位置和空间也不同，因而不但麻烦而且定位不准。比较便捷的做法是采用“即点即输”的功能进行文本输入，并通过制表位来调整文字的位置。

在封面页中的适当位置输入“姓名:”“专业:”“联系电话:”“E-mail地址:”，将字体设置为“华文细黑、四号、加粗”，并适当布局。具体操作步骤如下。

步骤1 将鼠标指针移到要插入文本的空白区域，单击鼠标将插入点定位到该位置，输入“姓名:”，并将字体设置为“华文行楷、四号、加粗”，按Enter键切换到下一行。

步骤2 在新段落中，设置“段前间距”为“0.5行”，按Tab键，光标对齐到制表位标记处，输入“专业:”。

步骤3 按Enter键切换到下一行，输入“联系电话:”，同样的方法，输入“E-mail地址:”。

步骤4 同时选中“联系电话:”和“E-mail地址:”所在的段落，将制表位标记在水平标尺上向右拖动，到适当的位置释放鼠标。

步骤5 在“姓名:”后单击定位光标，先单击“开始”选项卡下“字体”组中的“下划线”按钮 U，输入自己的姓名，采用相同的方法输入其他内容。

步骤6 单击“文件”选项卡下的“打印”命令，可在右侧预览排版效果，如不满意可进一步调整。

封面制作完成后的效果如图3-14所示。

图3-14 “封面”效果图

任务 3　制作自荐信

1．“自荐信”内容的输入

小文按照之前准备的草稿，将“自荐信”的内容输入到“求职简历”的第 2 张页面中。具体操作步骤如下。

步骤 1　启动中文输入法，通过“Ctrl+空格”组合键可在中英文之间进行切换。

步骤 2　顶格输入“自荐信”3 个字，按“Enter”键结束当前段落的输入。用相同的方法输入其他内容，注意每按一次“Enter”键就产生新的一段，完成后如图 3-15 所示。

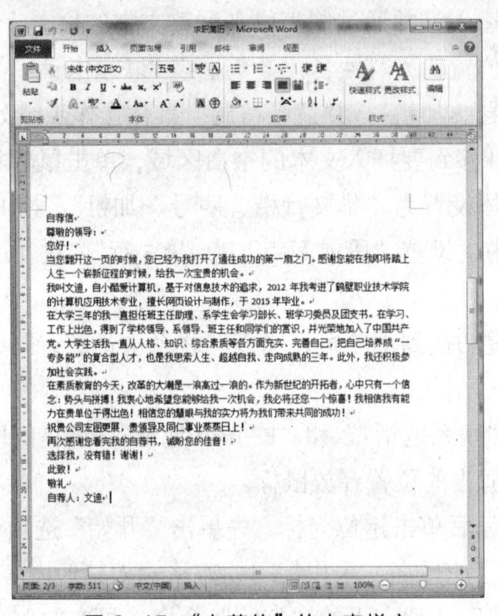

图 3-15　“自荐信”的内容样文

步骤 3　插入日期。把光标定位在“自荐信”的最后的空行中，在“插入”选项卡下单击“文本”组中的“日期和时间”按钮 日期和时间，打开“日期和时间”对话框。

步骤 4　在打开的“日期和时间”对话框中，选择合适的日期格式，并选择“自动更新”复选框，如图 3-16 所示。

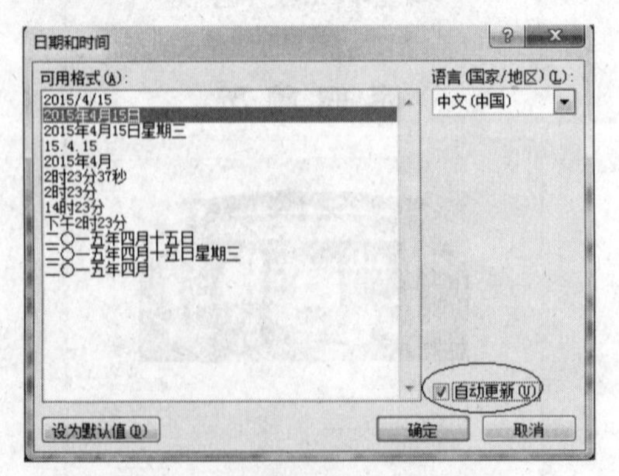

图 3-16　“日期和时间”对话框

2．设置字体格式

字体格式设置主要对文字（包括汉字、西文字符、数字及其他特殊符号等）的大小、字型、颜色、字符间距和各种文字效果进行设置。本案例中，将“自荐信”3个字设置为“华文新魏、一号、加粗、字符间距加宽12磅”，“尊敬的领导：”“自荐人：”及日期设置为“幼圆、四号”，正文其他部分设置为“宋体、小四”，具体操作步骤如下。

步骤1 选中首行“自荐信”3个字，在“开始”选项卡下“字体”组中（或在字体浮动面板中），将字体设置为“华文新魏、一号、加粗”，字符间距加宽12磅。

步骤2 选中“尊敬的领导：”文字，字体设置为“幼圆，四号”，保持选中状态，单击“剪贴板”组中的“格式刷”按钮，当鼠标指针变成格式刷的形状时，选择目标文本“自荐人：”和“日期”段落，则这些文本格式也被设置成“幼圆，四号”。

步骤3 将正文（从“您好”到“敬礼”）的字体格式设置为“宋体、小四”。

3．设置段落格式

段落格式的设置主要包括左右边界、对齐方式、缩进方式、行间距、段间距等。“自荐信”的段落设置为：标题“自荐信”居中显示，正文部分“左对齐、首行缩进2个字符、1.75倍行距”。具体操作如下。

步骤1 在“自荐信”一段的任意位置单击，单击“段落”组中的“居中”按钮。

步骤2 选中正文段落（从“您好”到“敬礼”），单击“段落”组右下角的“段落”按钮，打开段落对话框，如图3-11所示，在“缩进和间距”选项卡中，设置段落格式为“左对齐、首行缩进2个字符、1.75倍行距”，单击“确定”按钮。

步骤3 将光标定位在“敬礼”一段行首，拖动水平标尺的“首行缩进”滑块至左边界处，取消“敬礼”的首行缩进设置。

步骤4 选中“自荐人：”和日期所在行，单击“段落”组中的“文本右对齐”按钮，并将“自荐人：”所在段落格式设置为“段前间距20磅”。

4．添加页面边框

为了增加页面的美观度，可以为“自荐信”页面增加艺术型边框，具体操作步骤如下。

步骤1 在“页面布局”选项卡中，单击“页面背景”组中的“页面边框”按钮，打开“边框和底纹”对话框。

步骤2 如图3-17所示，切换到“页面边框”选项卡下，在“设置”区域中选择“方框”选项，在“颜色”下拉框中选择“白色，背景1，深色50%”颜色，在“艺术型”下拉框中选择合适的艺术边框，在“应用于”下拉框中选择“本节”选项，单击“确定”按钮。

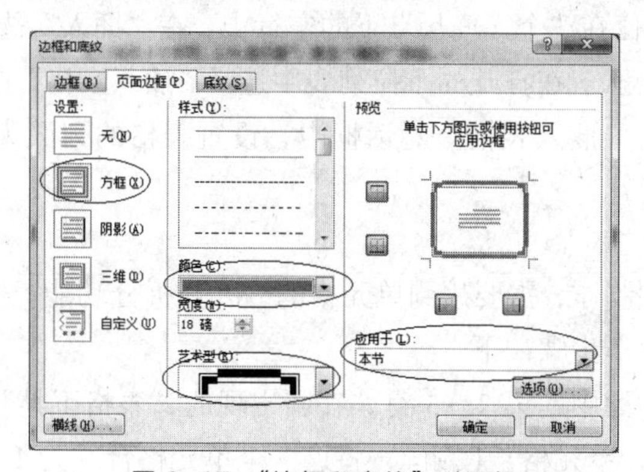

图3-17 “边框和底纹”对话框

至此，自荐信制作完成，其效果如图 3-18 所示。

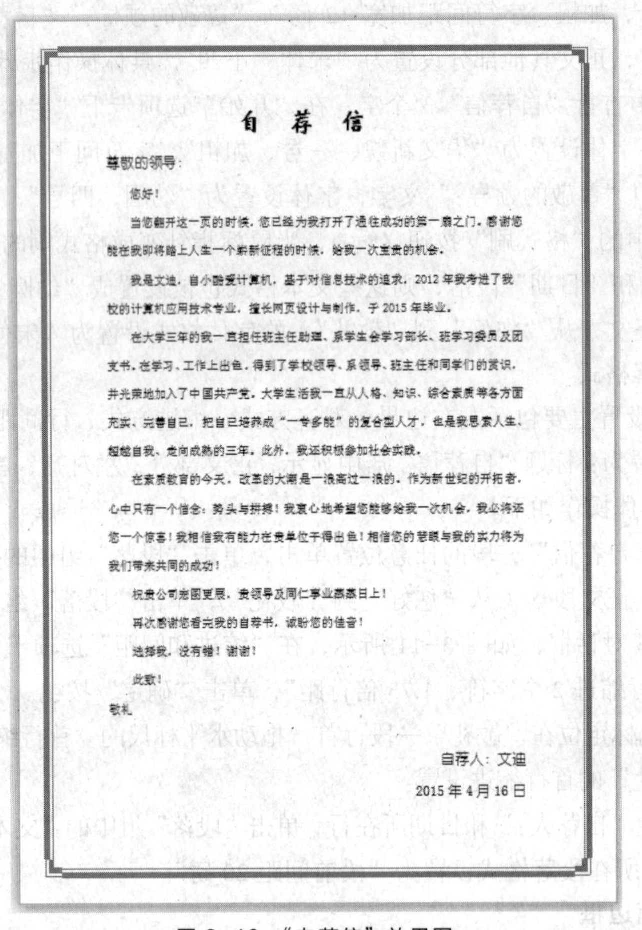

自 荐 信

尊敬的领导：

您好！

当您翻开这一页的时候，您已经为我打开了通往成功的第一扇之门。感谢您能在我即将踏上人生一个崭新征程的时候，给我一次宝贵的机会。

我是文迪，自小酷爱计算机，基于对信息技术的追求，2012 年我考进了我校的计算机应用技术专业，擅长网页设计与制作，于 2015 年毕业。

在大学三年的我一直担任班主任助理、系学生会学习部长、班学习委员及团支书，在学习、工作上出色，得到了学校领导、系领导、班主任和同学们的赏识，并光荣地加入了中国共产党。大学生活我一直从人格、知识、综合素质等各方面充实、完善自己，把自己培养成“一专多能”的复合型人才，也是我思索人生、超越自我、走向成熟的三年。此外，我还积极参加社会实践。

在素质教育的今天，改革的大潮是一浪高过一浪的，作为新世纪的开拓者，心中只有一个信念：势头与拼搏！我衷心地希望您能够给我一次机会，我必将还您一个惊喜！我相信我有能力在贵单位干得出色！相信您的慧眼与我的实力将为我们带来共同的成功！

祝贵公司宏图更展，贵领导及同仁事业蒸蒸日上！

再次感谢您看完我的自荐书，诚盼您的佳音！

选择我，没有错！谢谢！

此致！

敬礼

自荐人：文迪

2015 年 4 月 16 日

图 3-18 “自荐信”效果图

任务 4 制作表格简历

在 Word 排版中，表格是一种简洁、有效的文字排版方式之一，利用表格的形式来表现个人简历，给人一种整洁简练、条理清晰的感觉。

1．插入表格

步骤 1 输入表格的标题“个人简历”，并使用格式刷将“自荐信”的格式复制过来。

步骤 2 将光标定位在“个人简历”下的空行中，在“插入”选项卡中，单击“表格”组中的“表格”下拉按钮，在打开的下拉列表中选择“插入表格”选项，如图 3-19 所示。

步骤 3 在打开的“插入表格”对话框中，设置表格的列数为 7、行数为 11，如图 3-20 所示。

2．合并单元格

对于不规则表格的制作，需要用到单元格的合并和拆分功能。根据“个人简历”表格的布局设计，具体的操作步骤如下。

步骤 1 选中第 7 列中的第 1～5 行，在新出现的“表格工具”的“布局”选项卡中“合并”组中单击“合并单元格”按钮，将这 5 个单元格合并为 1 个单元格。

步骤 2 用相同的方法，将第 4 行的第 2～4 列单元格、第 5 行的第 2～4 列单元格，以及第 6、第 7、第 8、第 9、第 10、第 11 行的第 2～7 列单元格合并。

图 3-19 “表格”下拉列表

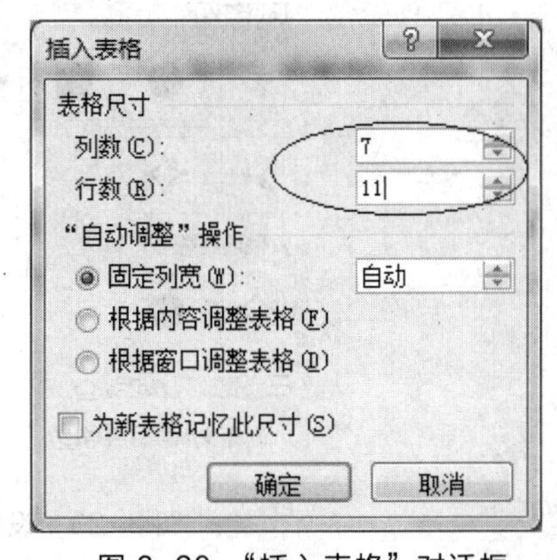

图 3-20 “插入表格”对话框

3．设置行高和单元格对齐方式

步骤 1 选中表格中第 1～5 行，在“表格工具”的“布局”选项卡中，将“单元格大小”组中“高度”调整为 0.8 厘米，如图 3-21 所示。用相同的方法，设置表格第 6～11 行的行高为 3 厘米。

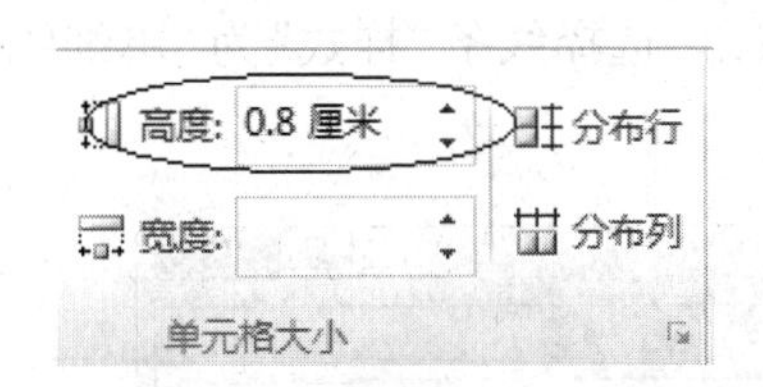

图 3-21 行高和列宽设置区域

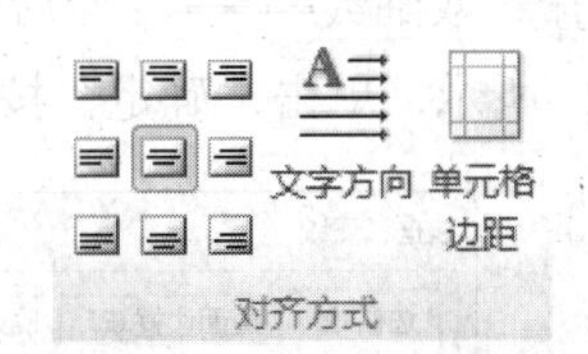

图 3-22 单元格“对齐方式”

步骤 2 将光标定位在第 1 行第 1 列单元格中，输入“姓名”，按 Tab 键切换单元格，依次在其他单元格中输入相应的内容信息。

步骤 3 选中表格第 1～5 行单元格，在 “表格工具”的“布局”选项卡中，单击“对齐方式”组中的“水平居中”按钮，使单元格中的内容水平和垂直都居中；第 6～11 行第 1 列进行相同的设置，如图 3-22 所示。

步骤 4 选中第 6～11 行第 2 列的所有单元格，“表格工具”的“布局”选项卡中，单击“对齐方式”组中的“中部两端对齐”按钮。

步骤 5 选中第 6～11 行第 1 列的所有单元格，“表格工具”的“布局”选项卡中，单击“对齐方式”组中的“文字方向”按钮，设置单元格中的文字垂直排列；用同样的方法，设置“照片”所在单元格的文字方向为“垂直”。

步骤 6 选中表格中第 6～11 行第 2 列单元格中的所有文字，在“开始”选项卡下，单击“段落”组中的“项目符号”下拉按钮 ☰，在打开的下拉列表中选择一个项目符号，如图 3-23 所示。

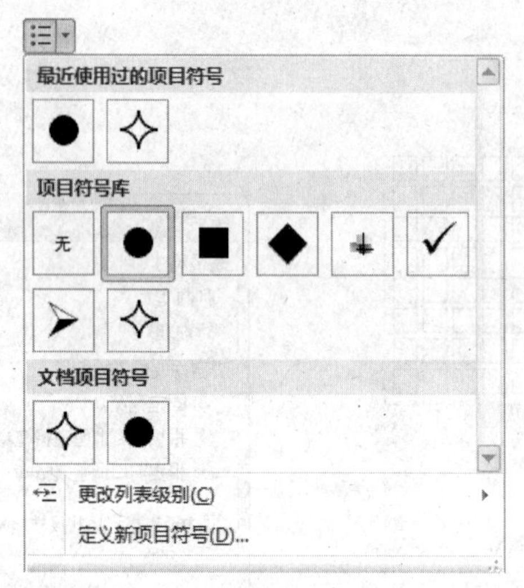

图 3-23 设置项目符号

4. 设置表格的边框和底纹

采用边框和底纹来修饰表格，可以达到美化版面的效果。具体操作步骤如下。

步骤 1 选中整个表格，在“表格工具”的“设计”选项卡中的“表格样式”组中，单击“边框” 边框 右侧的下拉按钮，在弹出的“边框”下拉列表中，选择“边框和底纹...”命令，弹出“边框和底纹”对话框，在“边框”选项卡中，在“设置”区域中选择“方框”，“样式”选择“双细线═══”，然后单击“自定义”按钮，选择线条“样式”为“单细线───”，如图 3-24 所示，单击“确定”按钮。

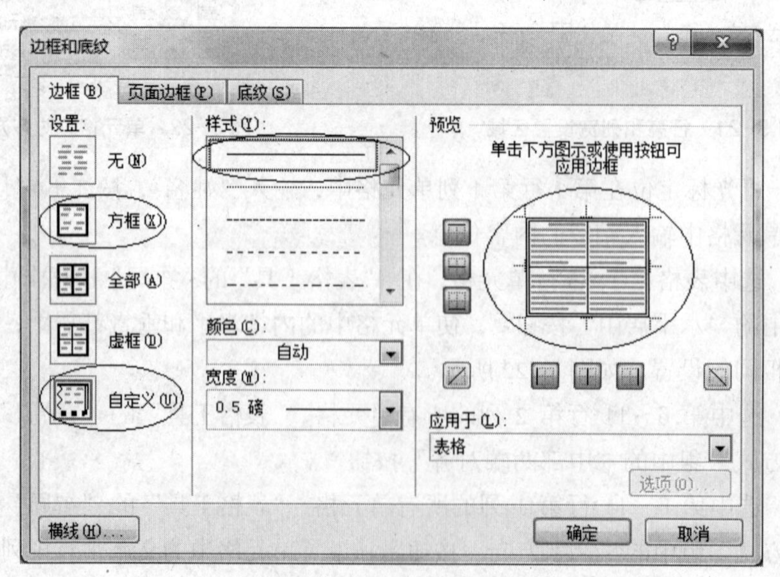

图 3-24 设置表格的内外框线

步骤 2 选中表格中第 1 列的第 1～11 行，在“表格工具”的“设计”选项卡中的“表格样式”组中，单击“底纹” 底纹 右侧的下拉按钮，在弹出的“底纹”下拉列表中，将底纹的填充颜色设置为主题颜色中的“白色，背景 1，深色 15%”，如图 3-25 所示。

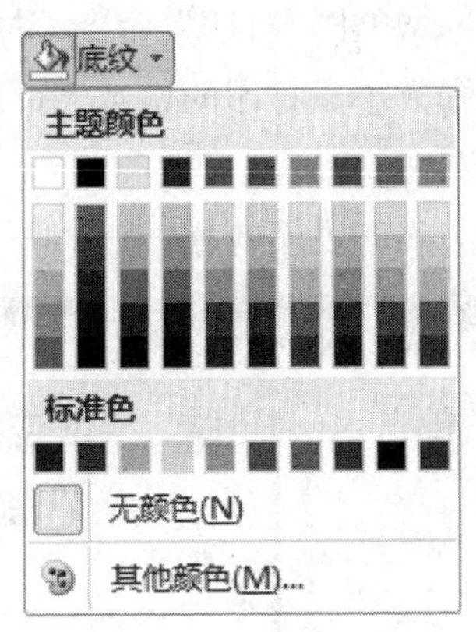

图 3-25 “底纹”下拉列表

步骤 3 用相同的方法设置第 3 列第 1～3 行单元格和第 5 列第 1～5 行单元格的底纹为相同的颜色。

至此，“个人简历”表格已经制作完成，其效果如图 3-26 所示。

个 人 简 历

姓名	文迪	性别	男	出生年月	1998.11	照片
民族	汉	籍贯	河南新乡	政治面貌	中共党员	
学历	大专	专业	计算机	外语水平	CET 四级	
通讯地址	鹤壁市淇滨区鹤壁职业技术学院 A 楼			邮政编码	315175	
Email	Wendi@163.com			联系电话		
教育情况	● 中学：新乡第一中学 ● 大学：××职业技术学院					
专业课程	● 网页三剑客 ● Photoshop ● CorelDraw ● 3D max ● ASP 动态网页制作，SQL 数据库					
获得证书	● ××市 Flash 制作第一名 ● ××职业技术学院校园十佳歌手 ● 软件学院一等奖学金					
爱好特长	● 熟悉网站开发环节，有进行网页制作和团队合作的经历 ● 擅长 DIV+CSS 网页制作技巧 ● 熟悉 JavaScript 和 VBScript 网页脚本语言以及 Access 数据库和 SQL Server 2005 数据库 ● 熟练进行计算机操作，以及 Office 办公软件 ● 能够使用 Photoshop、CorelDraw 进行网页图片处理					
自我评价	● 踏实诚信，积极乐观，开朗乐观，有团队意识 ● 吃苦耐劳，有一定的亲和力，勇于挑战自我 ● 我相信只有在工作和生活中才能不断地充实自我，提高自我，完善自我					
求职意向	● 网页设计师					

图 3-26 “个人简历”表格效果图

任务 5　打印输出

Word 2010 中的打印和打印预览集成到一个窗口中进行，充分体现了文字排版的“所见即所得”的基本需求，具体操作步骤如下。

步骤 1　在“文件”选项卡下，单击“打印”命令，打开图 3-27 所示的界面，在“设置”区域可以完成打印页数、纸张大小、打印的份数、页面边距、是否双面打印及是否缩印等的多项设置。

步骤 2　在上述设置完成后，预览效果满意，则单击“打印”按钮，开始打印输出。

图 3-27　打印预览界面

【拓展训练】

Word 2010 表格中数据的计算与排序

在 Word 2010 表格中提供了包括加减乘除在内的各种数学运算，此外提供了 SUM( )、AVERAGE ( )、MAX ( )、MIN ( ) 等函数，用户可以使用运算符号和函数进行各种运算。

1．单元格的引用

Word 2010 表格中，单元格的引用与 Excel 2010 方法类似，表格中的每个单元格均隐含一个由列地址和行地址共同组成的编号，列地址以 A、B……表示，行地址用 1、2、3……表示。这样一来，每个单元格对应一个编号，如 A1、B2……，如图 3-28 所示。

A1	B1	C1	…
A2	B2	C2	…
…	…	…	…

图 3-28　单元格编号示意图

如果表格为规则表格，则可以通过 LEFT（左侧）、RIGHT（右侧）、ABOVE（上面）和下面（BELOW）来引用一组单元格。

2．表格中数据的计算和排序——“花店销售业绩统计”

图 3-29 为“安琪儿”花店去年 4 个季度的销售业绩表格，为了在年终客观地对所有员工的销售业绩进行客观评价，奖励业绩突出的优秀员工，现要求统计出该花店全体员工去年 4 个季度的销售合计及平均销售额，并按照年度合计进行排序。其具体操作步骤如下。

序号	姓名	一季度	二季度	三季度	四季度	年度合计	平均值
1	李治	3300	2450	3400	2450		
2	唐心	2350	5630	3550	4500		
3	李玲	2560	3440	1270	2340		
4	曾勇	5360	4540	4560	3450		
5	黄文静	3450	4530	3100	3450		
6	舒晓东	1200	2300	2300	3100		
7	何清刚	4500	3840	3100	2900		
合计							

图 3-29 “安琪儿”花店销售业绩统计表格

步骤 1 将光标定位在 G2 单元格，然后再“表格工具”功能区的“布局”选项卡中，单击“数据”组中的“公式”按钮，打开“公式”对话框，如图 3-30 所示，单击“确定”按钮即可计算出李治的年度销售业绩，采用相同的方法计算出其他员工的销售合计。

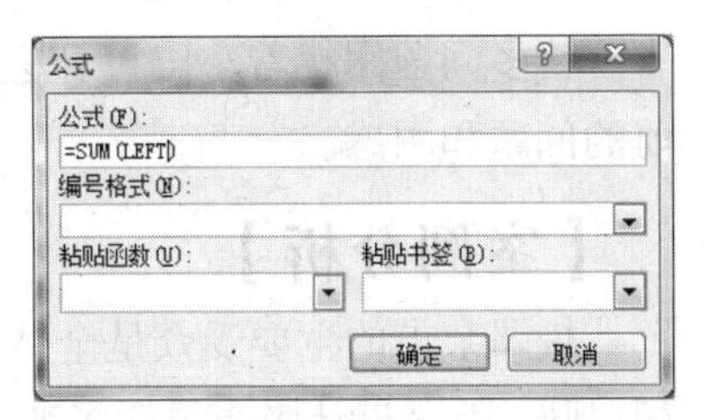

图 3-30 “公式”对话框

步骤 2 将光标定位在 H2 单元格，然后在“表格工具”功能区的“布局”选项卡中，单击“数据”组中的“公式”按钮，打开“公式”对话框，删除公式栏文本框中的内容，单击“粘贴函数”下拉按钮，选择“AVERAGE”（求平均值），参数设置为“C2：F2”，即求平均值的公式为“= AVERAGE（C2：F2）”，单击“确定”按钮。用相同的方法求出其他员工的平均销售业绩。

步骤 3 排序。选中整个表格，在“表格工具”功能区的“布局”选项卡中，单击“数据”组中的“排序”按钮，打开“排序”对话框，如图 3-31 所示，只要关键字选择“年度合计”，排序方式为“降序”，单击“确定”按钮。

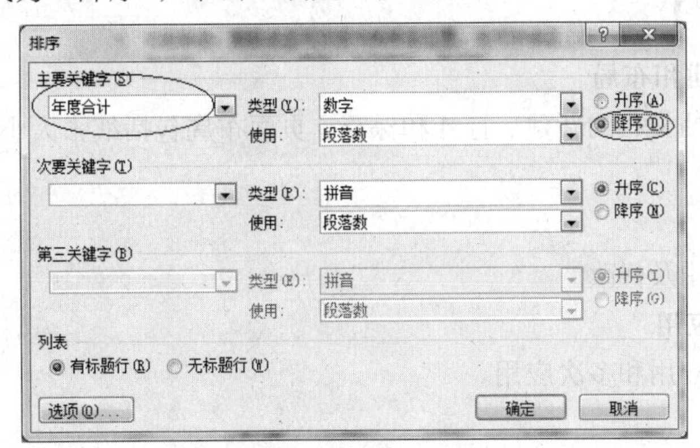

图 3-31 “排序”对话框

3.2 情境案例 2——制作校园杂志

【情境描述】

漂亮女生田蕊是人文学院的大一新生中的才女，经过激烈的角逐，她凭借自己的文学才华和一手漂亮的书法脱颖而出，当选为校学生会宣传部部长。刚上任她就接到了一项重要的任务，为校学生会编辑一期反映在校大学生的精神面貌和校园文化为主题的校园杂志。田蕊接到这个任务后，马上投入了杂志的准备工作。首先她为杂志起了一个阳光响亮的名字“星火飞扬”，然后开始搜集相关的素材，进行版面的设计。随着制作的深入，她遇到的问题越来越多，例如：

① 如何快捷地调整封面向导中的图片？

② 如何让文字包围着图片？

③ 如何在页面中分两栏排列文字？

④ 如何利用制作不规则背景效果？

⑤ 如何设置页面背景？

诸多问题困扰着小田，于是她决定向计算机老师刘老师帮忙，希望得到指点，解决目前的问题和困惑。

【案例分析】

校园杂志的主要受众是全体在校学生，因而杂志的内容和风格应当符合大学生的需求和口味，版面设计应当灵活多变，富有时代气息。首先，需要对页面进行整体的布局规划，然后再对每个版面进行详细的排版。

首先，要设置好每个版面的纸张大小、页边距以及页眉页脚的宽度和内容；其次，利用封面向导制作杂志的封面，并根据需求对封面中的图片和文字进行修改；最后，对杂志的内容部分进行每个版面的排版，灵活运用 Word 2010 中的各种元素，使每个页面的风格具有不同的视觉冲击，保持版面风格的多变性。通过上面分析，“制作校园杂志”案例可以分解成 5 个任务，即页面布局、封面设计、文本框的应用、分栏设置、图文混排。其操作流程图如图 3-32 所示。

【相关知识】

1．文档的创建和布局

文档的创建包括文档的新建、打开和保存，页面布局包括纸张大小、纸张方向、页边距、页面版式等。

2．封面向导

内置封面的应用及修改。

3．格式刷的应用

格式刷的单次应用和多次应用。

4．图片设置

图片是美化页面的一大利器，对于图片的设置，Word 2010 中增加了许多图像视觉效果，不但可以轻松实现图片的插入、裁剪，增加艺术边框以及环绕方式的设置，而且还增加了调整图片观感的图像特效，如图像的亮度和对比度、锐化和柔化效果、颜色饱和度、色温及重新着色。除此之外，Word 2010 中还增加了许多图像的艺术效果，可以轻松地编辑图片的风格。

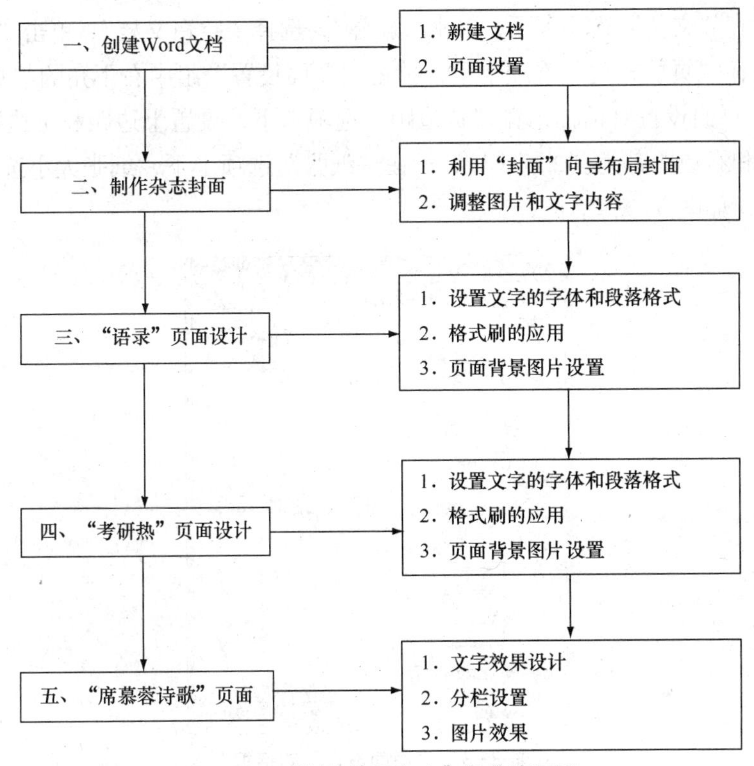

图 3-32 “制作校园杂志”操作流程图

5．形状和文本框

在 Word 2010 中，提供了大量的自选图形，利用这些图形可以制作出灵动的版面效果，也用其制作不规则的背景效果。文本框与矩形具有相似之处，也有不同之处。一方面是可以放置文本的容器，使用文本框可以轻松地将文字放置在页面的任意位置上，便于调整大小和位置，也可以实现文字的不同排列方式（横排、竖排）；另一方面，文本框也是一种图形对象，可以设置不同的边框格式、填充颜色、添加阴影等效果，因而可以作为页面的背景效果来加以应用。

6．分栏

分栏是文档排版中非常常用的一种版式，在许多报纸和杂志中广泛应用。它可以将页面在水平方向上分为两栏或者多栏，其中的文字是逐栏排列的，填满一栏后才转向下一栏，文档内容分列于不同的栏中，使页面的排版更加灵活，方便阅读。

【案例实施】

由于是第一次做这样的工作，田蕊做了十分充分的准备，不仅比较了许多优秀校园杂志的编排风格，而且根据初步的思路，通过网络下载了大量的文字和图片资料，在刘老师的指导下，开始了首次校园杂志的编排。

任务1　新建文档和页面布局

在编辑和制作文档之前，先布局好页面，有利于保持页面排版风格的统一，避免后期不必要的重新调整，具体操作如下。

步骤1　在“文件”选项卡下，单击“新建”，选择“空白文档”，单击“创建”按钮。

步骤2　在“页面布局”选项卡下，单击“页面设置”组中右下角的“页面设置”按钮，打开的页面设置对话框，在“页边距”选项卡下，设置上边距和下边距都为“2厘米”，左边距和右边距都为“2.54厘米”；在“纸张”选项卡下，纸张大小选择A4；单击“确定”按钮，如图3-33所示。

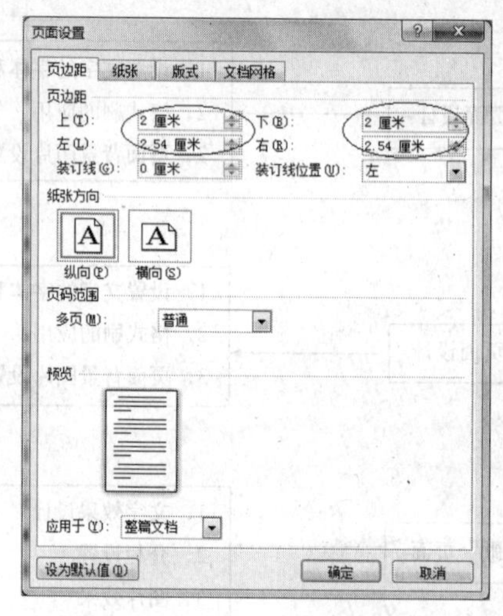

图3-33　“页面设置”对话框

步骤3　单击“保存”按钮（或在“文件”选项卡下单击“保存”命令），弹出的“另存为”对话框，如图3-34所示，将文件名栏内输入“校园杂志”，保存到D:盘“学生会工作”文件夹下，单击“保存”按钮。

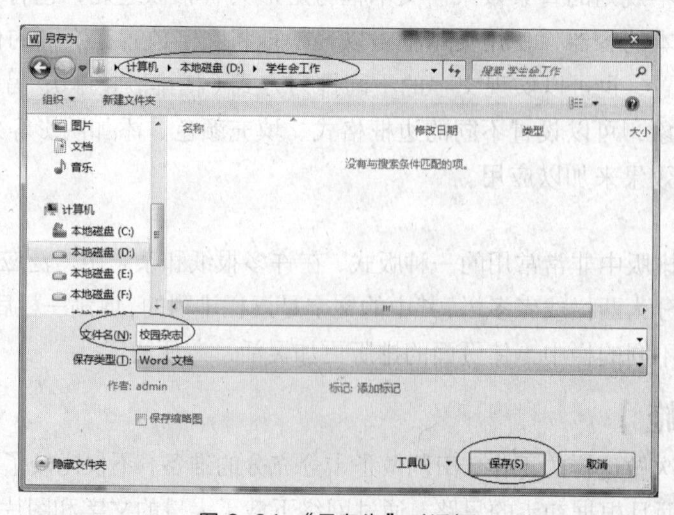

图3-34　“另存为”对话框

任务2 制作封面

杂志的封面是杂志最为关键的部分，其设计通常是编辑们最费心思的部分，但利用Word 2010的封面向导功能，就能轻松地完成。

经过思考之后，田蕊决定将杂志的封面设计成一种小清新的风格，充分体现大学生的浪漫主义情怀和阳光心态。于是她进行了以下操作。

步骤1 在“插入”选项卡下，单击“封面”下拉按钮，弹出图3-35所示的下拉列表，在“内置”的封面中选择“飞跃型”。

步骤2 修改封面的所有文字内容，在标题区域输入“星火飞扬”，设置为“华文琥珀、初号”，此外在合适的位置输入学院名称及制作单位和制作人，不需要的文字区域，选中后按键盘上的Delete键删除掉，如图3-36所示。

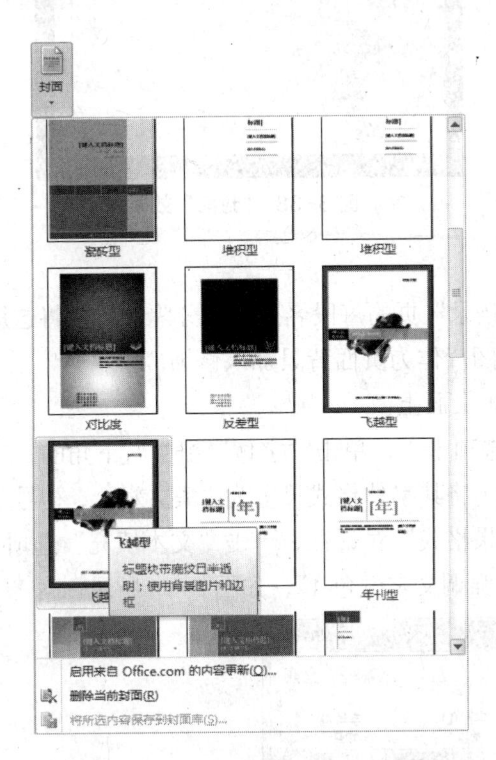

图3-35 “封面向导”下拉列表

图3-36 修改封面文字后效果

步骤3 单击选中封面中的“飞机”图片，在新出现的“图片工具”选项卡中，单击“调整”组中的“更改图片”按钮，在弹出的“插入图片”对话框中打开图片素材文件夹，从中挑选作为封面的图片，单击“确定”按钮。

步骤4 对图片进行裁剪。保持图片处于选中状态，在“图片工具”选项卡中单击“大小”组中的裁剪按钮，图片呈现图3-37所示的状态，将鼠标指向图片周围的短线，按住鼠标左键拖动，将“沙滩”图片周围的白边裁剪掉。

步骤5 单击选中封面中的“沙滩”图片，用鼠标指针指向图片边缘，出现上下左右箭头的时候，拖动鼠标调整图片到合适大小。封面完成后效果如图3-38所示。

图 3-37　图片的裁剪状态

图 3-38　“封面”效果图

任务 3　制作“语录”页面

本节通过设置字体格式与段落格式，将“语录”页的每段名人语录分隔开，并将这篇文章的文字内容恰好充满本页的版心，最后用图片作为页面背景加以修饰。

步骤 1　将“语录”文字材料复制到第二张页面上。

步骤 2　选中“语录”二字，在“开始”选项卡下，单击“字体”组中右下角的“字体”按钮，打开“字体”对话框，如图 3-39 所示将其字体格式设置为“华文彩云，初号”，并单击“文本效果”按钮，弹出“设置文本效果格式”对话框，单击“文本填充”选项，选择“纯色填充”，颜色设置为“填充-蓝色，强调文字颜色 1”，如图 3-40 所示。

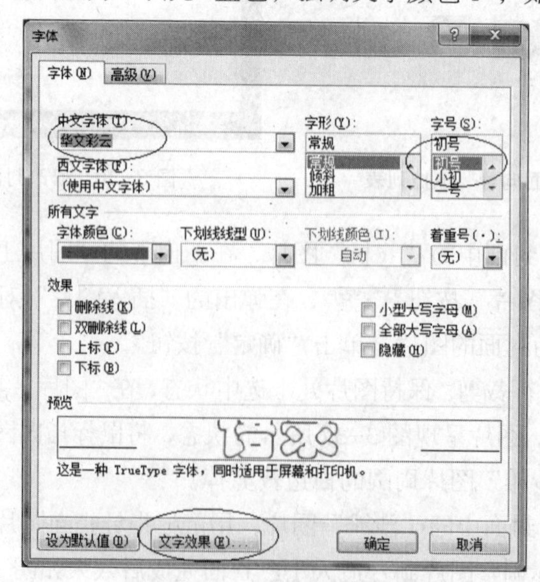

图 3-39　“语录”的字体设置

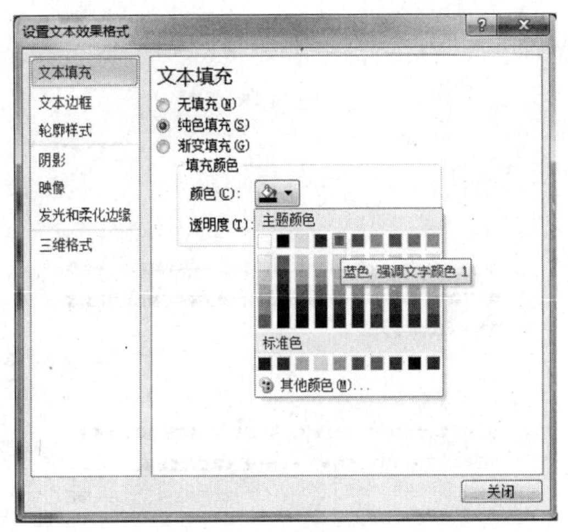

图 3-40 “文本填充”设置

步骤 3 选中正文的第一段文字（“啊？你不知道我”到“基本上已经失传了……”）设置字体格式为：微软雅黑、四号、加粗。段落格式为：首行缩进 2 字符，段前间距 2.5 行。

步骤 4 选定本页的第二段文字“—郭德纲”，将这段文字的字体设置为“微软雅黑、四号、加粗”，段落格式设置为右对齐，段后间距 1 行。

步骤 5 将光标定位于正文第一段文字中，双击格式刷按钮格式刷，然后在各位名人的语录段落中单击，即可将字体和段落格式复制到对应的段落当中。

步骤 6 用相同的方法将“—郭德纲”的字体和段落格式复制到其他有相同格式要求的文本。

步骤 7 插入图片素材中的“语录背景.jpg”，单击选中，在“图片工具”选项卡中，单击“排列”组中的“自动换行”下拉按钮，在弹出的下拉列表中选择“衬于文字下方”选项，如图 3-41 所示。

步骤 8 选中背景图片，用鼠标指向图片边缘，拖动鼠标调整图片的大小，使之正好能布满整个页面。

步骤 9 保持图片选中状态，在“图片工具”选项卡下，单击“调整”组中的艺术效果按钮，在弹出的下拉列表中选择“虚化”，如图 3-42 所示。

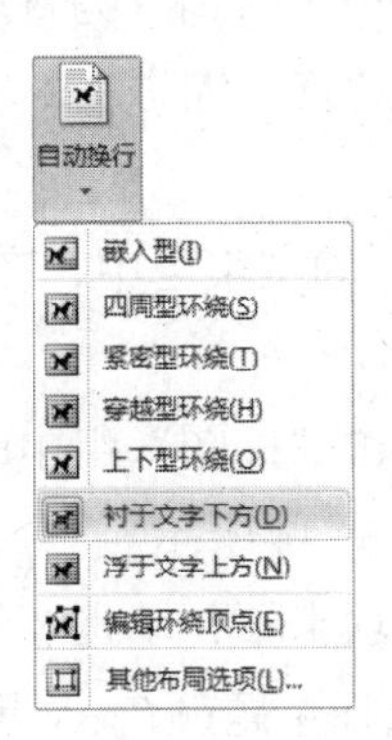

图 3-41 “自动换行”下拉列表

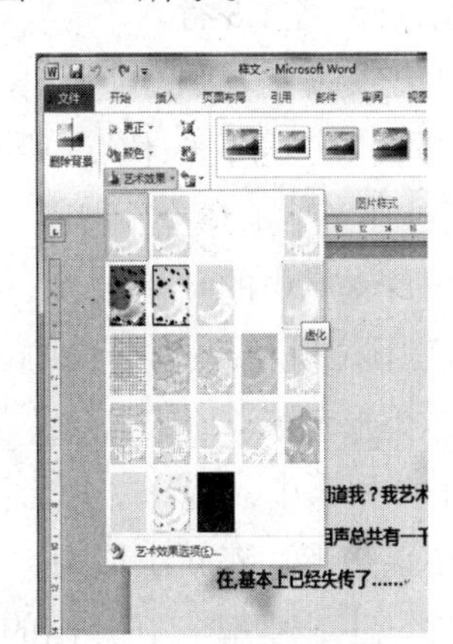

图 3-42 图片“艺术效果”设置

至此，“语录”页面制作完成，其效果如图 3-43 所示。

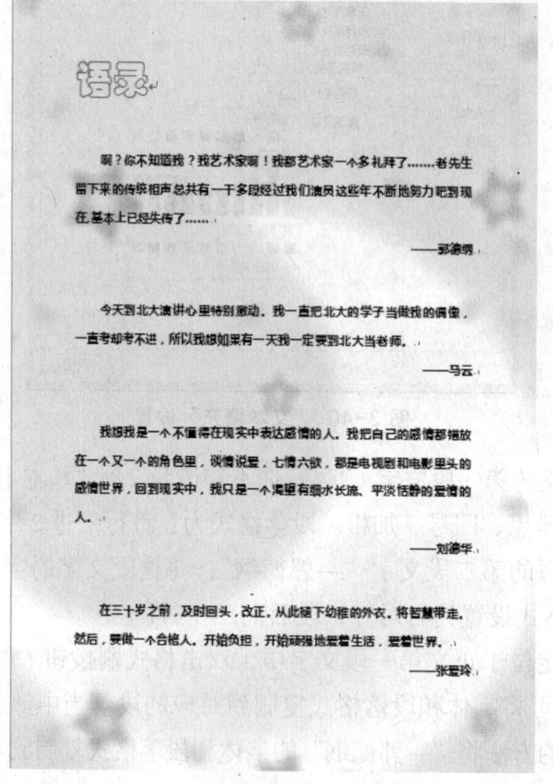

语录

啊？你不知道我？我艺术家啊！我都艺术家一个多礼拜了……老先生留下来的传统相声总共有一千多段经过我们演员这些年不断地努力耙到现在基本上已经失传了……

——郭德纲

今天到北大演讲心里特别激动。我一直把北大的学子当做我的偶像，一直考却考不进，所以我想如果有一天我一定要到北大当老师。

——马云

我想我是一个不懂得在现实中表达感情的人。我把自己的感情都错放在一个又一个的角色里，谈情说爱，七情六欲，都是电视剧和电影里头的感情世界，回到现实中，我只是一个渴望有细水长流、平淡恬静的爱情的人。

——刘德华

在三十岁之前，及时回头，改正。从此褪下幼稚的外衣。将智慧带走。然后，要做一个合格人。开始负担，开始顽强地爱着生活，爱着世界。

——张爱玲

图 3-43 “语录”页面效果图

任务 4　制作“考研热”页面

本节将利用字体大小、字体颜色与背景色形成对比的方法来装饰版面，不规则的背景使用文本框来制作。具体操作步骤如下。

步骤 1　将“考研热”的文字材料复制到文档的第三页。

步骤 2　选中标题文字“考研”，将其字号设置为“48”，“热为何高烧难退？”的字号设置为“小二”，在“开始”选项卡下，单击“字符底纹”按钮，为标题文字添加字符底纹，段前段后间距各 1.5 行。

步骤 3　选中正文文字（从“近几年来，考研大军……”到“为日后走上社会‘加足油’。”），字体设置为“五号，宋体”，段落格式设置为“首行缩进：2 字符，段前间距：12 磅，段后间距：10 磅，1.15 倍行距”。

步骤 4　将图片素材中的“年轻人.jpg”插入到本页的文字当中，在“图片工具中”，单击“自动换行”下拉列表，选择“四周型环绕”。

步骤 5　制作矩形背景。在“插入”选项卡下，单击“插图”组中的“形状”下拉按钮，在弹出的下拉列表中，选择“矩形”形状，如图 3-44 所示。

步骤 6　选中该矩形，在新出现的“绘图工具”选项卡下，单击“形状样式”组中的“形状填充”下拉按钮，在弹出的下拉列表中选择主题颜色：“黑色，文字形状 1，淡色 35%”，如图 3-45 所示。

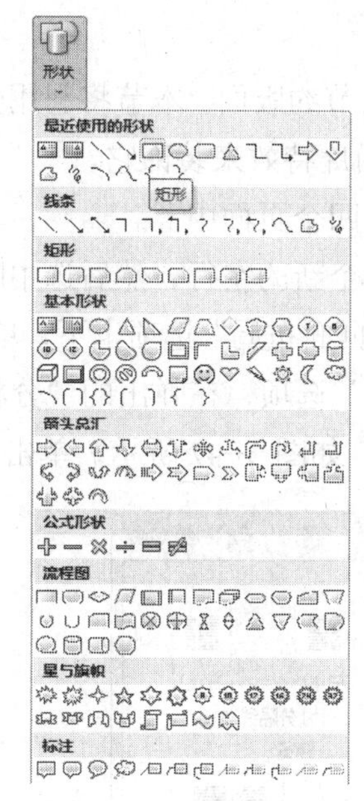
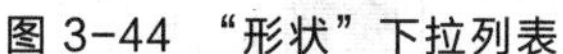

图 3-44 “形状”下拉列表

图 3-45 “形状填充”下拉列表

步骤 7 设置矩形的“自动换行”效果为“衬于文字下方”，然后用鼠标指针指向矩形的绿色“旋转”柄，将矩形进行适当旋转，观察矩形在页面上的大小和位置，拖动周围的拖动柄，调整矩形到合适大小。

步骤 8 选中正文所有文字，在“开始”选项卡下，单击字体颜色下拉按钮A·，选择“白色，背景 1”。

至此，“考研热”页面制作完成，效果如图 3-46 所示。

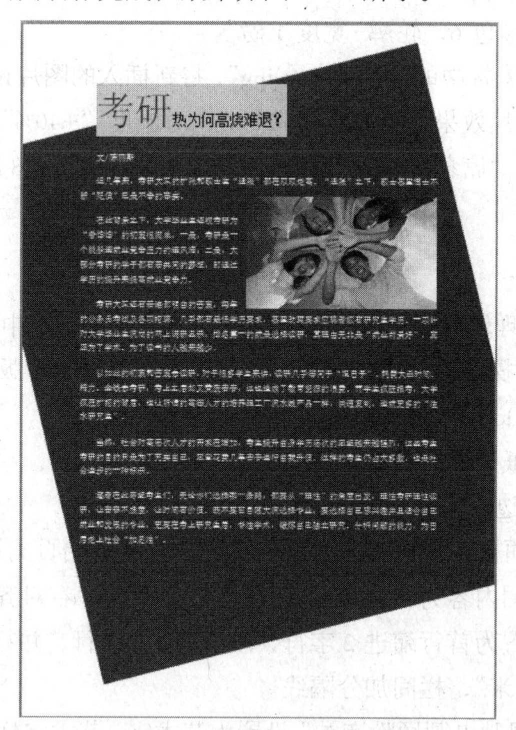

图 3-46 “考研热”页面效果图

任务5　制作“席慕蓉诗歌”页面

合理地对文字分栏既能方便读者阅读，还可以节约版面。本节将利用分栏将两首优美的诗歌并列展示给读者，并通过添加文字效果和图片特效来装饰它。

步骤1　将两首席慕蓉的诗歌复制到文档的第四个页面中。

步骤2　在文字的最后一行，按回车键产生一个新的空行，然后选中除空行外的所有文字（从“初相遇”到“明天又相隔天涯”），在“页面布局”选项卡下，单击“页面设置”组中的“分栏”下拉按钮，从中选择“更多分栏”选项，在弹出的“分栏”对话框中，选择“两栏”，栏宽设置为“18字符”，栏宽相等，如图3-47所示，单击“确定”按钮。

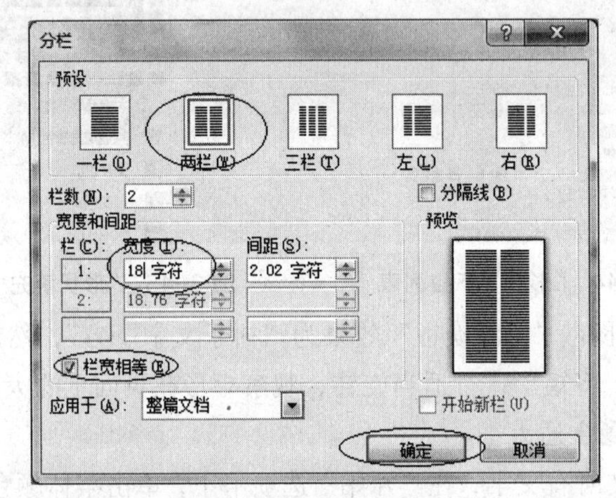

图3-47　“分栏”对话框

步骤3　设置标题文字的字体格式为“黑体，一号，文本效果为填充-白色，背景1，边框-橙色，强调文字颜色6，轮廓-宽度1磅”。

步骤4　插入图片素材中的“诗歌背景.jpg”，将新插入的图片设置为本页的背景图片，为图片设置“更正”图片效果为：亮度“+20%”，对比度“+40%”。

至此，最后的一个“席慕蓉诗歌”页面完成，效果如图3-48所示。

【拓展训练】

Word 2010的图文混排

Word 2010文字处理软件的一大亮点就是图文混排功能，其中包括文字、艺术字、图片和页面布局等多方面操作的协调，为进一步巩固图文混排的排版要点和操作技巧，打开“徐悲鸿与马（素材）.docx”，根据下列要求完成排版。

① 将文档页面的纸型设置为16开（18.4厘米×26厘米）、左右边界各为3.2厘米、上边界为2.6厘米、下边界为5厘米。

② 在页面底端（页脚）以剧中方式插入页码，并将初始页码设置为2。

③ 插入页眉，页眉内容为“画苑撷英”，对齐方式为“右对齐”。

④ 将正文文字设置为首行缩进2字符，段后间距0.5行，并将第3、第4段分为等宽三栏，栏宽为“3.45厘米”，栏间加分隔线。

⑤ 将标题文字“风驰电掣顾盼有神”设置为艺术字。艺术字样式为“第二行第3列”，

字体为“楷体”，文本填充为黑色，文字 1，文本效果设置为右上对角透视阴影，阴影选项：透视度 60%，大小 100%，虚化 0 磅，角度 250° ，距离 0 磅，并转换为“右牛角形”，适当调整艺术字的大小和位置。

⑥ 插入图片文件“马.jpg”，将图片进行适当裁剪，并按 50%的比例缩小。将图片移动到合适的位置，设置环绕方式为“四周型”。

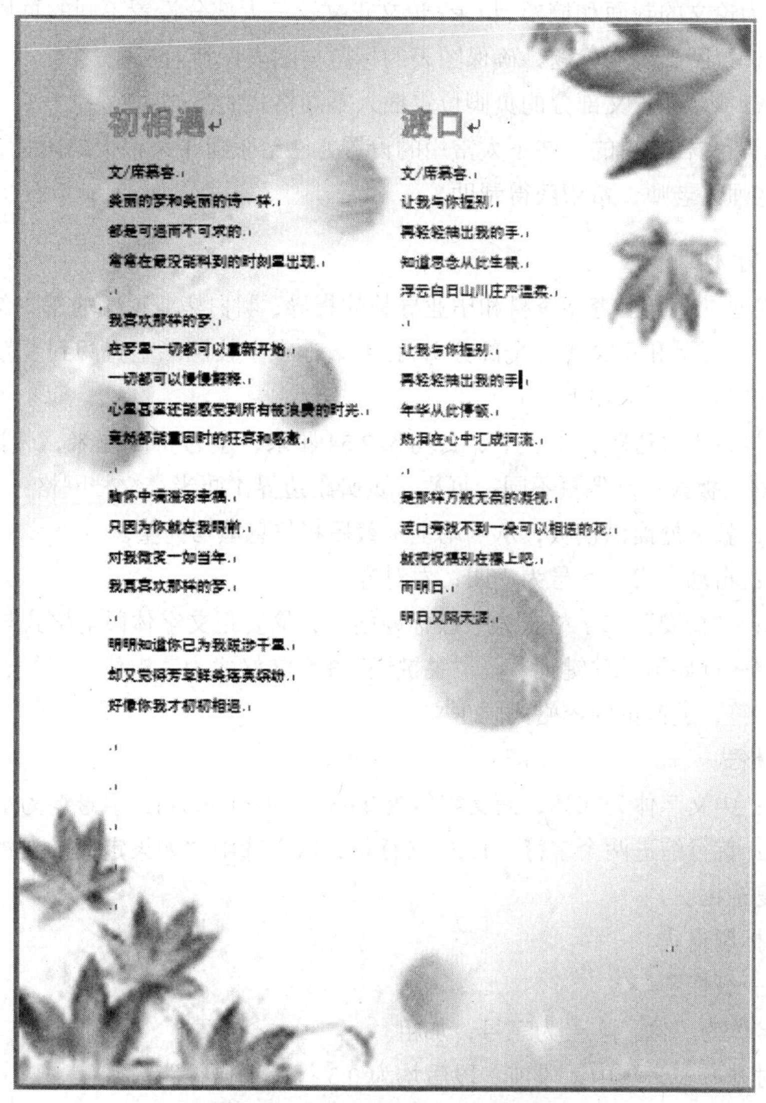

图 3-48 “席慕蓉诗歌”页面效果图

3.3 情境案例 3——毕业论文排版

【情境描述】

张凯即将大学毕业，大学时期的最后一项关键任务就是撰写毕业论文，为大学的学习生涯画上完美的句号。应该说，张凯的大学生活是收获颇丰的，不但顺利通过了英语四级考试和计算机等级考试，而且身为班级骨干的他，无论是在学业、工作能力和社会实践方面都是同龄人中的佼佼者。对此，张凯信心满满。然而随着毕业论文初稿的完成，毕业论文的排版却难住了他。他遇到了以下问题：

① 如何快速设置论文各章节的格式，保持各标题格式的统一呢？

② 如何自动生成目录？

③ 如何为论文的封面和摘要、目录、论文正文这三大部分设置不同的页眉和页脚呢？

④ 如何设置图、表的标题，确保图表的标题与图表保持对应呢？

⑤ 如何在目录和正文部分的页脚位置插入不同格式的页码呢？

这些关于长文档编辑的一些不太常用的设置方法给张凯带来很大的困扰，无奈只好去请教计算机老师孟老师，希望获得帮助。

【案例分析】

张凯首先通过在网上查阅资料和毕业导师的指导，明白毕业论文的基本结构组成（包括封面、摘要、目录和正文等几个部分），接着，他在学校网站上查阅到了教务处关于毕业论文的格式要求，要求如下。

① 页面设置。页边距：上、下、右均为 2.54 厘米，左为 3.17 厘米，装订线为 0.5 厘米。纸张：A4。板式：奇偶页不同，页眉、页脚距边界 1 厘米。文档网格：无网格。

② 封面：教务处提供模板，从网站上下载后将信息填写完整。

③ 目录：自动生成，字号为小四，左对齐。

④ 摘要："摘要"二字格式为一级标题格式，摘要正文字体段落格式与正文相同；在摘要正文空一行显示"关键词"，"关键词"3 个字格式为"宋体、四号、加粗"，首行缩进两个字符，关键词内容格式同正文。

⑤ 正文格式。

- 字体：中文字体为宋体，西文字体为 Times New Roman，字号均为小四号。
- 段落：首行缩进两个字符，1.25 倍行距，取消选中"如果定义了文档网格，则对齐到网格"复选框。

⑥ 各级标题格式。

- 论文一级标题。

字体：字体为黑体，字号为三号，加粗。

段落：对齐方式为居中，段前、段后均为 0.5 行，单倍行距。

- 论文二级标题。

字体：字体为楷体，字号为四号，加粗。

段落：对齐方式为左对齐，段前、段后均为 0 行，1.25 倍行距。

- 论文三级标题。

字体：字体为楷体，字号为小四号，加粗。

段落：对齐方式为左对齐，段前、段后均为 0 行，1.5 倍行距。

⑦ 图表。

标题格式：中文字体为宋体，西文字体为 Times New Roman，五号字，加粗，居中。

图格式：居中，图序采用“图 1-1 标题”格式，标题放置在图下方。

表格式：居中，表序采用“表 1.1 标题”格式，标题放置在表上方。

⑧ 页眉和页脚

- 页眉内容。

正文：奇数页，各个大标题；偶数页，“鹤壁职业技术学院毕业设计论文”。

其他：各部分的标题。

- 页脚内容。

摘要、目录：使用“Ⅰ、Ⅱ、Ⅲ……”格式，并单独编码。

正文：使用“1、2、3……”编码。

由于论文属于长文档，孟老师指出对于长文档的排版可通过“使用样式”快速完成格式的修改及目录的生成等操作；最后，在论文的不同部分设置不同的页眉页脚内容。于是张凯按照图 3-49 的流程完成了毕业论文的排版。

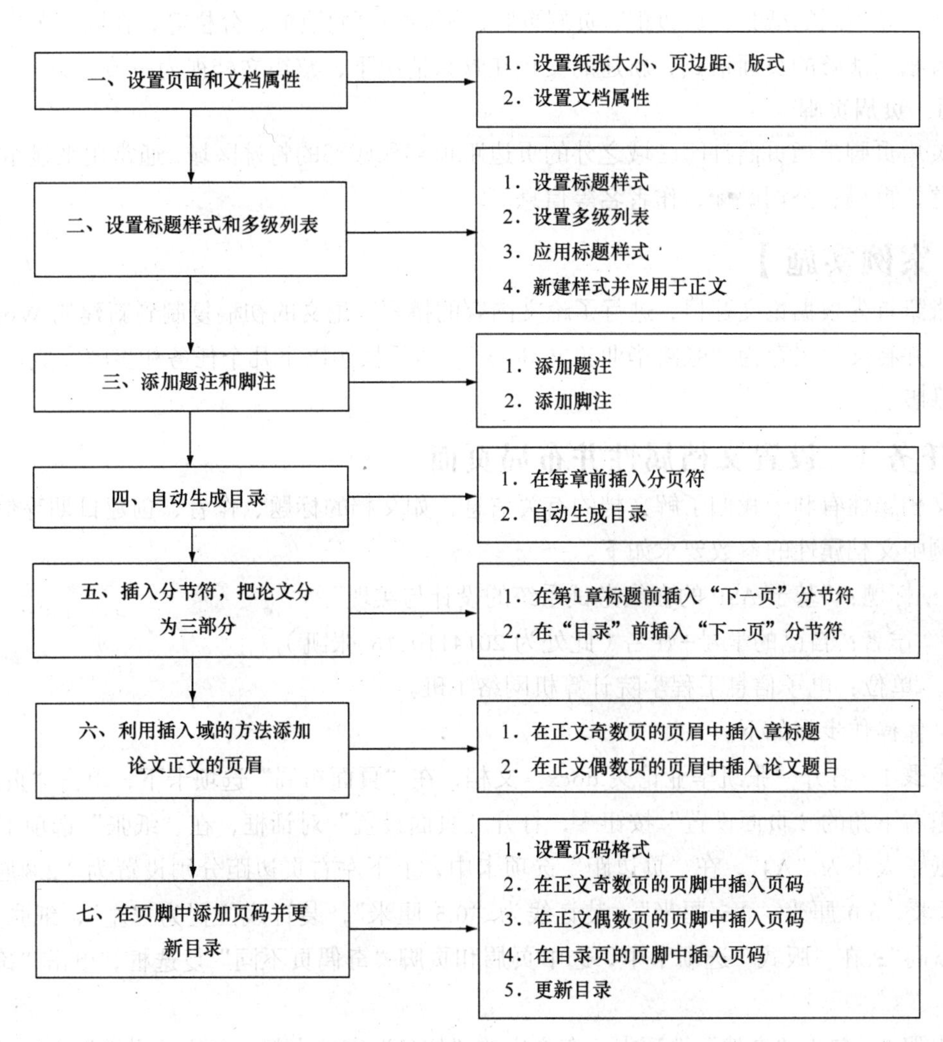

图 3-49 “毕业论文排版”操作流程图

【相关知识】

1．文档属性

文档属性包含了文档的详细信息，如文档的描述性标题、主题、作者、类别、关键词、文件长度、创建日期、最后修改日期和统计信息等。

2．样式

样式是一组系统命名或用户命名的字符或段落格式，其优点在于将样式应用到段落或者段落中选定的字符中，能够方便快捷地批量修改段落或字符格式。

3．目录

目录是长文档不可或缺的组成部分，通过目录，用户可以很快了解到文档的组织结构，快速定位要查询的内容。一般来说，目录由两个部分组成，左边是目录标题，右边是页码，中间用引导符隔开。

4．分节

“节”是 Word 划分文档的一种方式，文档“分节”之后，不同节可以设置不同的页面格式，如不同的纸张、页边距、页眉页脚，不同的页面边框、分栏等，在同一节内，只能设置相同能够的页面格式，新建的文档在默认情况下，整篇文档视为一节。

5．页眉页脚

页眉页脚是指页面打印区域之外的页边距顶部和底部的特殊区域，通常用来显示文档的标题、页码、公司徽标、作者名等信息。

【案例实施】

张凯首先根据论文题目，进行了论文内容的撰写，论文的初稿复制到新建的 Word 文档中，并将文件另存为“张凯毕业论文.docx”，然后按照以下几个任务和步骤完成毕业论文的排版。

任务 1　设置文档属性并布局页面

文档属性有利于我们了解文档的有关信息，如文档的标题、作者、创建日期等信息，本案例中文档属性的参数要求如下。

- 标题：“基于 ASP 的在线考试系统的设计与实现”。
- 作者：自己的学号+姓名（此处为 2014110316 张凯）。
- 单位：电子信息工程学院计算机网络 1 班。

具体操作步骤如下。

步骤 1　打开“张凯毕业论文.docx”文档，在“页面布局”选项卡下，单击“页面设置”组右下角的“页面设置”按钮，打开“页面设置”对话框，在“纸张”选项卡中，设置纸张大小为“A4”，在“页边距”选项卡中，上下左右页边距分别设置为“2.8 厘米、2.5 厘米、3.0 厘米、2.5 厘米”，装订线为“0.5 厘米”，装订线位置为“左”，纸张方向为“纵向”；在“版式”选项卡中，选中页眉和页脚“奇偶页不同”复选框，单击“确定”按钮。

步骤 2　单击“文件”选项卡，在弹出的“信息”窗口右侧，单击“属性”下拉按钮，在打开的下拉列表中选择“高级属性”选项，打开“属性”对话框，在“摘要”选项卡中，在对应的文本框中输入相应的参数信息，如图3-50所示。

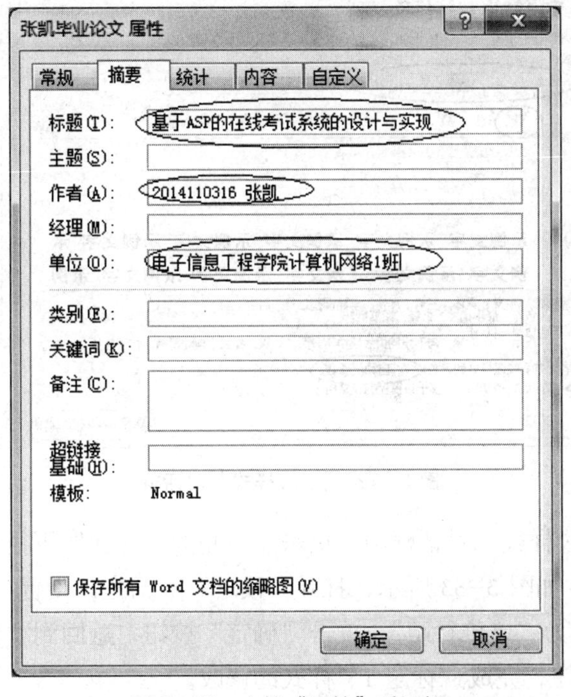

图3-50 文档“属性”对话框

任务2 使用样式

1. 创建样式

步骤1 在“开始”选项卡中，右键单击“样式”组中的“标题1”样式，在弹出的快捷菜单中选择“修改”命令，如图3-51所示，打开“修改样式”对话框。

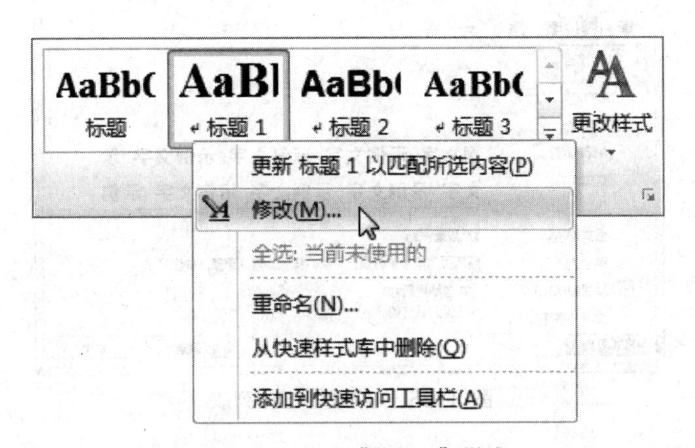

图3-51 修改“标题1”样式

步骤2 在“修改样式”对话框的“格式”区域中，设置格式为“黑体，三号，加粗，居中”，选中“自动更新”复选框，如图3-52所示。

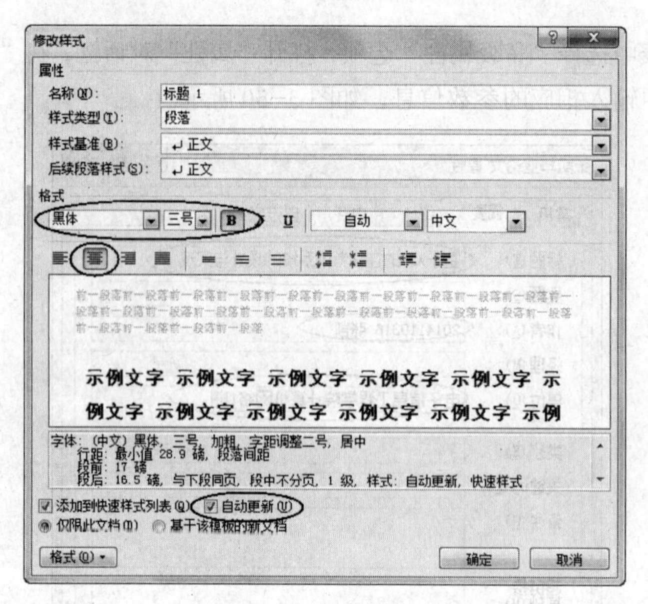

图 3-52 “修改样式”对话框

步骤 3 在“修改样式”对话框中，单击左下角的“格式”下拉按钮，在弹出的下拉列表中选择“段落”，如图 3-53 所示，打开“段落”对话框，设置“段前”“段后”间距为“0.5 厘米”，行距为“单倍行距”，单击“确定”按钮，返回到“修改样式”对话框，再次单击“确定”按钮，完成“标题 1”样式的修改。

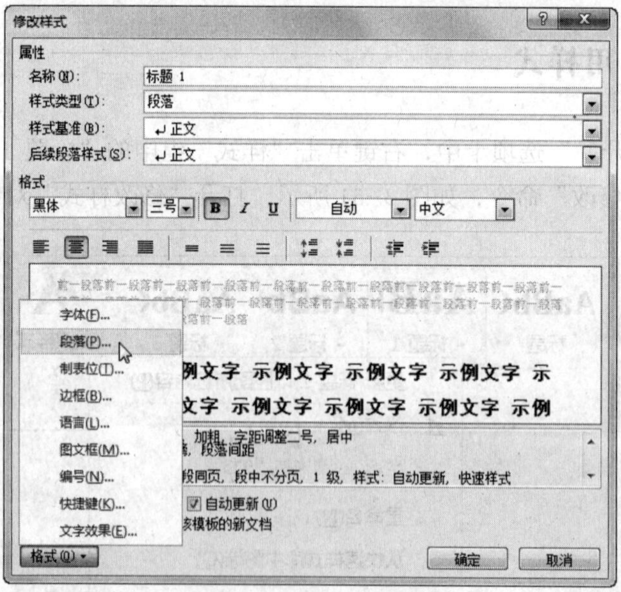

图 3-53 “格式”下拉列表

步骤 4 使用相同的方法，修改“标题 2”样式的格式为“楷体，四号，加粗，左对齐，1.25 倍行距，自动更新”；“标题 3”样式的格式为“楷体，小四，加粗，左对齐，1.25 倍行距，自动更新”；“正文”样式格式为“中文字体为宋体，西文字体为 Times New Roman，字号均为小四号，首行缩进两个字符，1.25 倍行距”，并取消选中“如果定义了文档网格，则对齐到网格”复选框。

2．应用样式

步骤1 应用正文样式。按“Ctrl+A”组合键选中文档中全部内容，在“开始”选项卡下，单击“样式”组中的“正文”样式按钮，将全体正文均设置为正文样式。

步骤2 光标定位在“摘要”一段，单击“标题1”按钮，然后双击“格式刷”按钮，将“摘要”的“标题1”样式应用到其他一级标题中。

步骤3 用相同的方法，将“标题2”“标题3”应用到文中相应的段落当中。

任务3 自动生成目录

为了使每章的内容另起一页，可在每章前插入分页符，然后利用Word 2010的引用功能自动生成目录。

1．插入分页符

步骤1 将光标定位于第一章标题文字的行首，在“插入”选项卡中，单击“页”组中的“分页”按钮，在第一章前面插入了“分页符”。

步骤2 使用相同的方法，在其余各章前和“致谢”和“参考文献”前，一次插入“分页符”，使它们另起一页显示。

2．生成目录

步骤1 将光标置于首页空白页中，输入“目录”二字，设置目录两个字的格式为“标题1”样式。

步骤2 按Enter键换行到下一行空行，在“引用”选项卡中，单击“目录”组中的“目录”下拉按钮，在打开的下拉列表中选择“插入目录”选项，如图3-54所示。

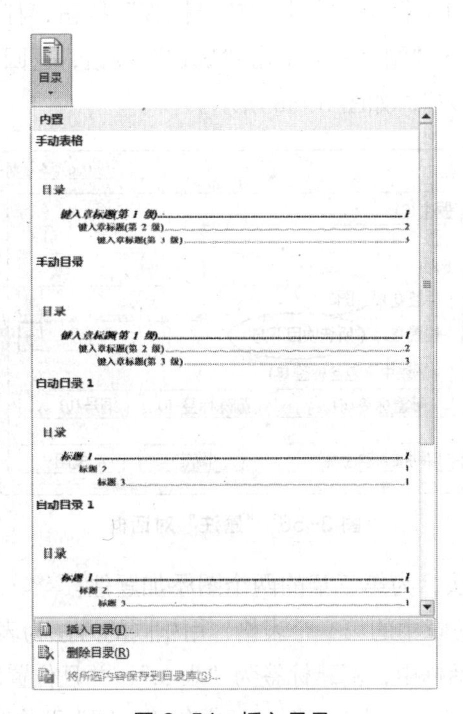

图3-54 插入目录

步骤 3　在打开“目录”对话框中，选中“显示页码”和“页码右对齐”复选框，选择“显示级别”为 3，如图 3-55 所示，单击“确定”按钮即可生成目录。

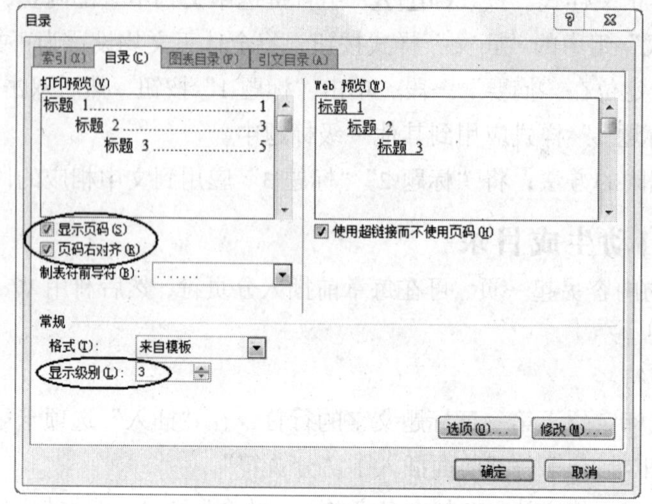

图 3-55 “目录”对话框

任务 4　添加题注

题注是指给图形、表格、文本或其他项目添加一种带编号的注解。添加题注的操作步骤如下。

步骤 1　单击选中第二章的图片，在“引用”选项卡下，单击“题注”组中的“插入题注”按钮，打开“题注”对话框。

步骤 2　在“题注”对话框中，单击“新建标签”按钮，打开“新建标签”对话框，在“标签”文本框中，输入“图 2-”，单击“确定”按钮，返回到“题注”对话框，题注的位置选择“所选项目下方”，如图 3-56 所示。

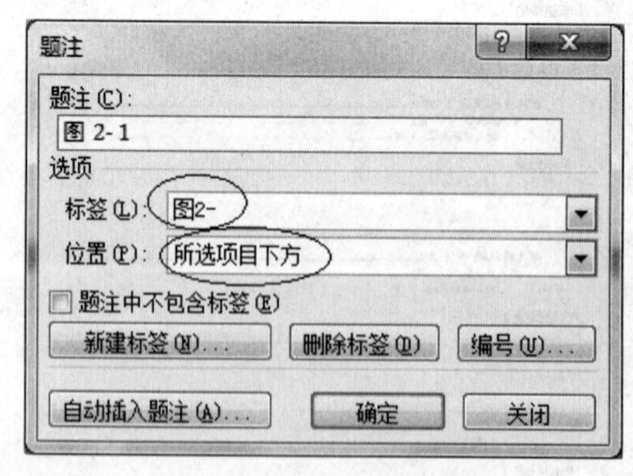

图 3-56 “题注”对话框

步骤 3　用相同的方法，为第三章的两个图添加题注。

步骤 4　单击选中第三章中的第一个表格，用相同的方法为表格添加题注，与图的题注不同的是，在“题注”对话框中，新建标签为“表 3.”，并且位置应选择“所选项目上方”。

步骤 5　选中文档中第一张图片上面一行中的“如图”两个字，在“引用”选项卡中，单击“题注”组中的“交叉引用”按钮，打开“交叉引用”对话框。

步骤 6 在“交叉引用”对话框中，选择“引用类型”值为“图 2-”，“引用内容”选项值为“只有标签和编号”，在“引用哪一个题注”列表框中选择需要引用的题注，如图 3-57 所示。

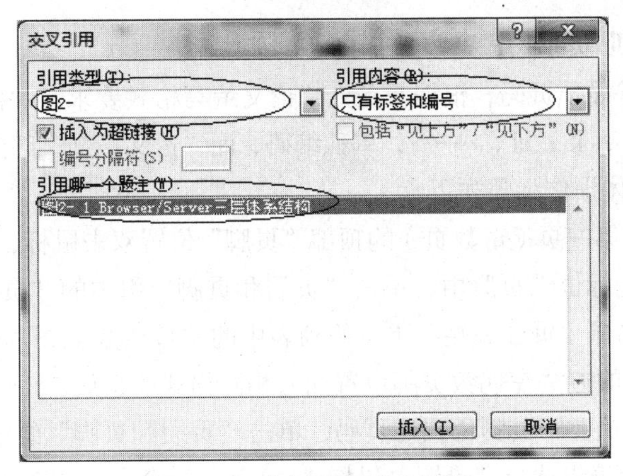

图 3-57 “交叉引用”对话框

任务 5 插入分节符

为了给论文的不同部分设置不同的页面格式，需要将论文的每一部分分节，具体操作步骤如下。

步骤 1 将光标置于第一章标题段的行首，在“页面布局”选项卡下，单击“页面设置”组中的“分隔符”下拉按钮，在打开的下拉列表中选择“奇数页”，确保第一章从奇数页上开始。

步骤 2 用相同的方法，设置其他几章，以及“致谢”和“参考文献”均从奇数页上开始。

任务 6 添加页眉

根据教务处“论文编写格式要求”，页眉部分奇数页上的内容为章标题，偶数页上的内容为“鹤壁职业技术学院毕业设计论文”，具体操作步骤如下。

步骤 1 在论文第一页（奇数页）的顶部“页眉”位置双击鼠标，进入“页眉和页脚”的编辑状态，此时光标位于页眉中，输入“摘要”。

步骤 2 在“页眉和页脚工具”的“设计”选项卡中，单击“下一节”按钮 下一节，切换到“第一章”的页眉位置，取消“导航”组中的“链接到前一条页眉”按钮的选中状态，断掉与“摘要”页眉位置的链接，此时页眉右上角的文字“与上一节相同”会消失，然后输入第一章的标题，如图 3-58 所示。

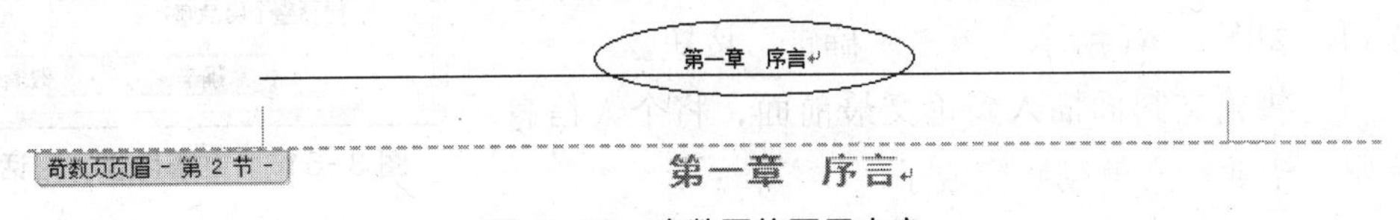

图 3-58 奇数页的页眉内容

步骤 3　继续单击“下一节”按钮，切换到偶数页，输入“鹤壁职业技术学院毕业设计论文”。

步骤 4　用相同的方法，单击“下一节”按钮，若切换到奇数页，则断掉与上一节的链接后，输入章标题，若切换到偶数页，则无需改变页眉内容。

任务 7　添加页脚并更新目录

页脚部分主要是显示页码，根据教务处“论文编写格式要求”，“摘要”和“目录”部分的页码格式为“Ⅰ，Ⅱ，Ⅲ，……”，单独编码，而“论文正文”部分的页码格式为“1，2，3，……”，其具体操作步骤如下。

步骤 1　在论文第一页（奇数页）的顶部“页脚”位置双击鼠标，进入“页眉和页脚”的编辑状态，此时光标位于页脚中，单击“页眉和页脚”组中的“页码”下拉按钮，在弹出的下拉列表里选择“页面底端”下一级列表中的“普通数字 2”选项。

步骤 2　用相同的方法在偶数页脚位置插入相同格式的页码。

步骤 3　选中“摘要”页脚位置的页码，单击“页眉和页脚”组中的“页码”下拉按钮，在弹出的下拉列表里选择“设置页码格式（F）...”命令，如图 3-59 所示。

步骤 4　在打开的“页码格式”对话框中，编号格式选择“Ⅰ，Ⅱ，Ⅲ，……”，其实页码设置为“Ⅰ”，如图 3-60 所示。

步骤 5　用相同的方法，设置“目录”页的页码格式，所不同的是起始页码选择“续前节”。

步骤 6　将光标定位于论文正文页脚位置，选中已插入的页码，打开“页码格式”对话框，将起始页码设置为“1”，并滚动鼠标滑轮，依次检查后面页码的正确性，进行适当调整。

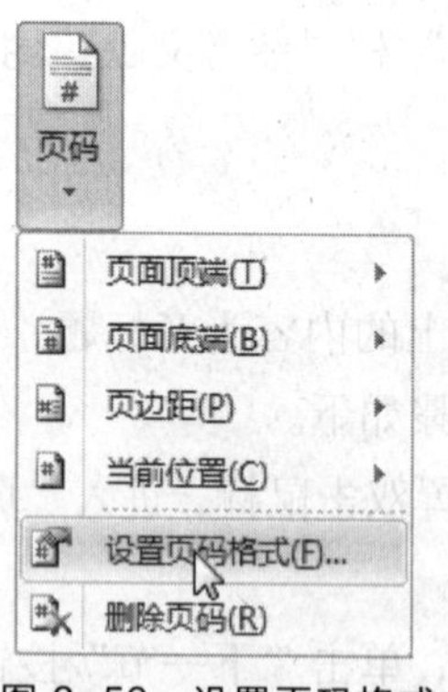

图 3-59　设置页码格式

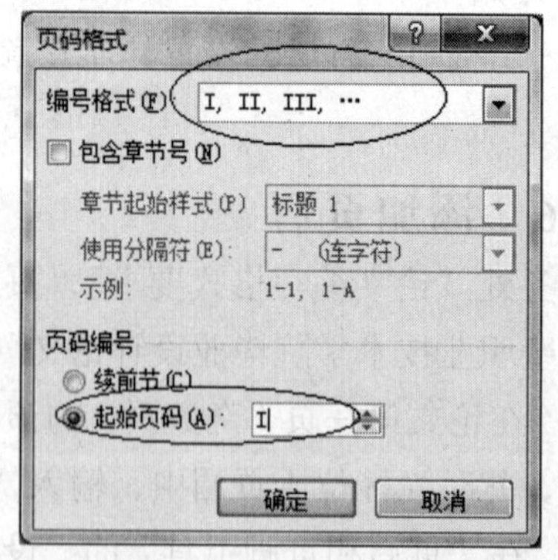

图 3-60　“页码格式”对话框

步骤 7　在“目录”页单击，在“引用”选项卡下的“目录”组中单击“更新目录”，打开“更新目录”对话框，根据需要选择“只更新页码”或者“更新整个目录”单选按钮，如图 3-61 所示，单击“确定”按钮。

最后，将论文封面插入到论文最前面，将个人信息补充完整，毕业论文就彻底完成了。

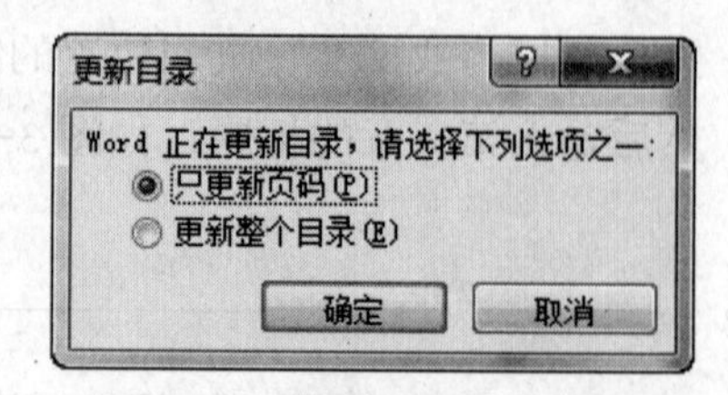

图 3-61　“更新目录”对话框

【拓展训练】

参考文献的编号和引用

参考文献通常具有固定的格式，并且在文章中具有具体的引用位置，如果采用普通的上标的方式进行引用，编号格式单独输入，当参考文献较多时，势必影响论文排版的效率，并且容易出现引用的错位。利用设置编号格式和交叉引用的方式，可以解决这种尴尬。具体操作步骤如下。

步骤1 利用项目符号和编号为参考文献添加编号。选中要添加编号的参考文献，在“开始”选项卡下，单击“段落”组中的“编号”按钮，在弹出的下拉列表中，选择“定义新编号格式...”命令，打开“定义新编号格式”对话框，在编号格式文本框中的“1”的前后输入“[”和“]”，如图3-62所示。

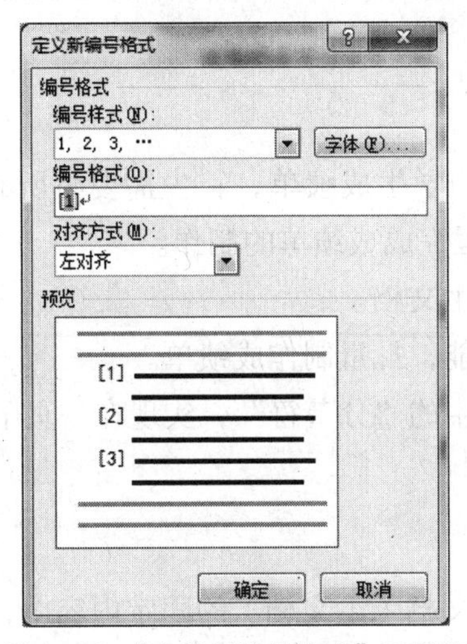

图3-62 “定义新编号格式”对话框

步骤2 光标放在引用参考文献的地方，在“引用”选项卡下，单击“题注”组中的“交叉引用”按钮，在弹出的“交叉引用”对话框中，引用类型选择“编号项”，引用内容选择“段落编号”，在引用哪一个编号项里选择对应的内容即可，如图3-63所示。

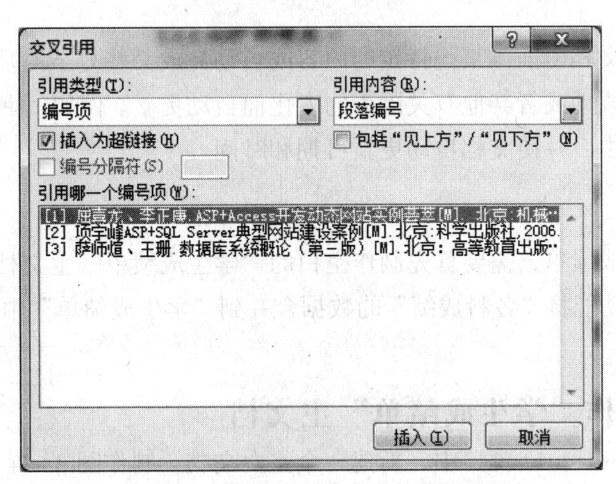

图3-63 “参考文献”的交叉引用设置

3.4 情境案例 4——批量制作学生成绩单（教育类专业适用）

【情境描述】

语文教育专业的李佳被分配到某市重点小学实习，一下子从学生角色进入教师角色，李佳感觉既兴奋又紧张，一切都充满新鲜感。李佳被分到三年级任职王老师的助理班主任，其工作内容包括协助王老师批改作业、管理学生等工作。眼看又到期末了，老师们又要开始填写学生成绩报告单了。学生数很多，手工填写成绩单是一件烦琐的事。于是，王老师咨询高分通过计算机等级考试的李佳是否能够通过计算机软件实现批量制作学生成绩单的功能。李佳回想起在学习 Word 字处理软件时用过的“邮件合并”功能，决定尝试一下。

【案例分析】

为了制作具有固定格式的学生成绩单，首先需要将所有学生的各科成绩输入 Excel 2010 表格，然后按照如下流程完成成绩单的制作。

① 制作“学生成绩单”主文档。

② 利用“邮件合并”功能，批量制作成绩单。

③ 删除邮件合并后文件中的“分节符”，实现在一页中打印多个学生的成绩单。

【相关知识】

1．邮件合并

“邮件合并”就是在邮件文档（主文档）的固定内容中，合并发送信息相关的一组数据，这些数据可以来自于文本文件、Word 和 Excel 的表格，以及 Access 数据表等数据源。通过“邮件合并”功能，可以批量生成邮件文档，大大提高了工作效率。

“邮件合并”除了可以批量处理信封信函等与邮件相关的文档外，还可以批量处理标签、请柬、工资条、成绩单、准考证和获奖证书等，应用范围很广。

2．Word 域

域用于指示在文档中插入某些特定的内容或自动完成某些复杂的功能，其最大的优点是可以根据文档的改动或者其他有关因素的变化而自动更新。例如，使用域可以将日期和时间等插入到文档中，并使文档自动更新日期和时间。

【案例实施】

批量制作学生成绩单，需要首先制作空白的“学生成绩单”主文档，然后利用 Word 中的“邮件合并”功能将“各科成绩”的数据合并到“学生成绩单”中，生成每人单独一张的成绩单。

任务 1　制作“学生成绩单”主文档

步骤 1　在 Word 2010 窗口中，新建一个空白文档，制作图 3-64 所示的“学生成绩单”表格，并设置适当的格式，布局合适即可。为了可以在一页纸上打印多张成绩单，可以在表格的下方增加3～4个空行，在两张成绩单之间形成间隔。

学生成绩单

（2014-2015学年第一学期 三（3）班）

学号	姓名	语文	数学	英语	美术	品德	体育	科学

图 3-64 学生成绩单主文档

步骤 2 单击快速访问工具栏中的“保存”按钮，文件命名为“学生成绩单主文档.docx”。

任务 2 利用“邮件合并”功能批量制作成绩单

步骤 1 打开“学生成绩单主文档.docx”，在“邮件”选项卡中，单击“开始邮件合并”组中的“开始邮件合并”下拉按钮，在打开的下拉列表中选择“普通 Word 文档”选项，如图 3-65 所示。

步骤 2 单击“开始邮件合并”组中的“选择收件人”下拉按钮，在打开的下拉列表中选择“使用现有列表”选项，如图 3-66 所示。

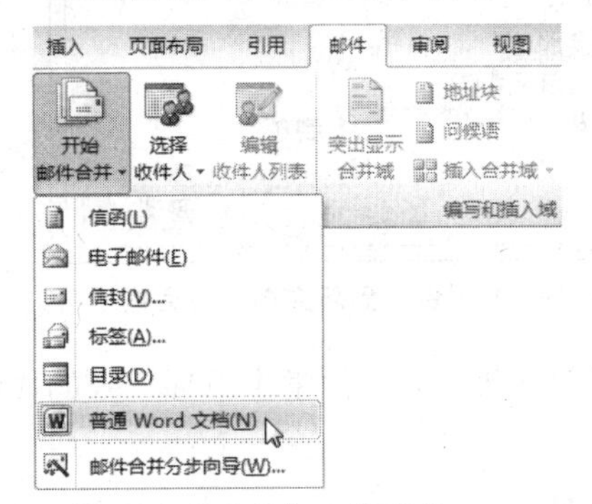

图 3-65 “开始邮件合并”下拉列表

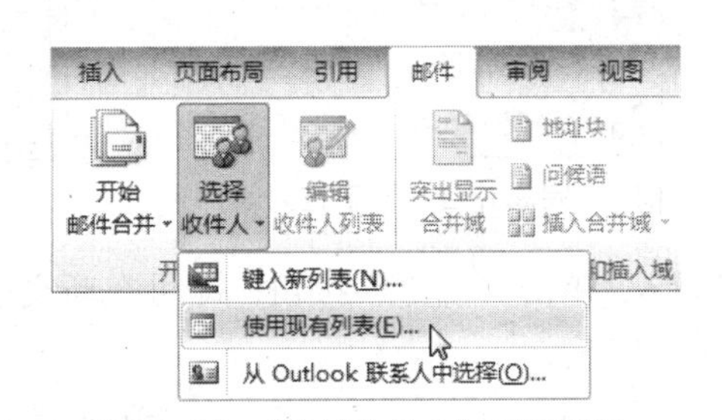

图 3-66 “选择收件人”下拉列表

步骤 3 在打开的“选取数据源”对话框中，在素材库中双击已经整理好的“学生成绩.xlsx”数据表，在弹出的“选择表格”对话框中，选择“学生成绩$”工作表，如图 3-67 所示，单击“确定”按钮。

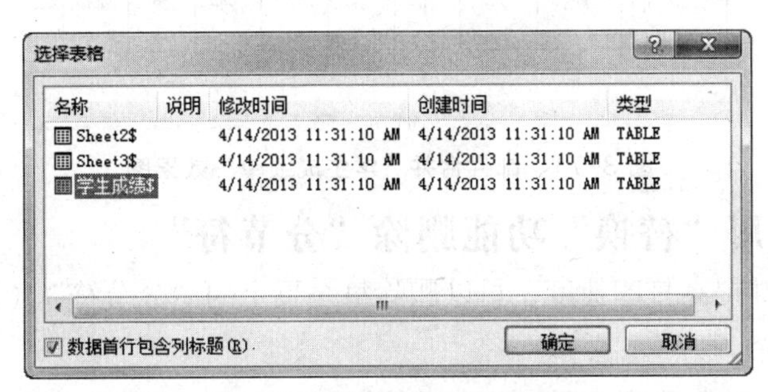

图 3-67 “选择表格”对话框

步骤 4 将光标定位在“学号”下面的空白单元格中，单击“编写和插入域”组中的

“插入合并域”下拉按钮，在打开的下拉列表中选择“学号”选项，此时在该单元格中就插入了“《学号》”合并域。使用相同的方法，在所有其他空白单元格中插入相应的合并域，结果如图 3-68 所示。

学生成绩单

（2014-2015 学年第一学期　三（3）班）

学号	姓名	语文	数学	英语	美术	品德	体育	科学
«学号»	«姓名»	«语文»	«数学»	«英语»	«美术»	«品德»	«体育»	«科学»

图 3-68　插入合并域的“学生成绩单”主文档

步骤 5　单击“完成”组中的“完成并合并”下拉按钮，在打开的下拉列表中选择“编辑单个文档”选项，如图 3-69 所示，在打开的“合并到新文档”对话框中，选择“全部”单选按钮，如图 3-70 所示。

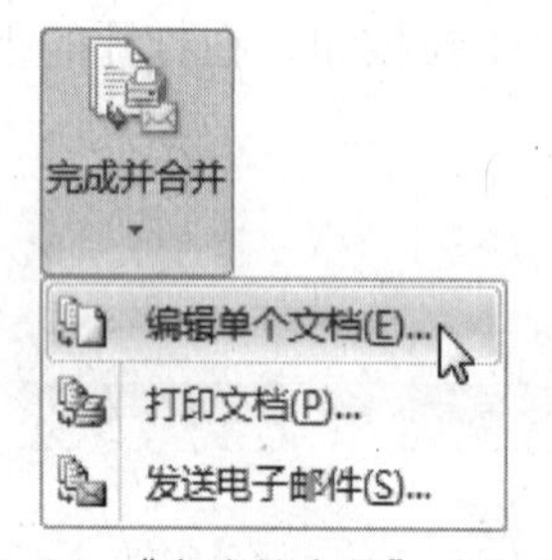

图 3-69　“完成并合并”下拉列表

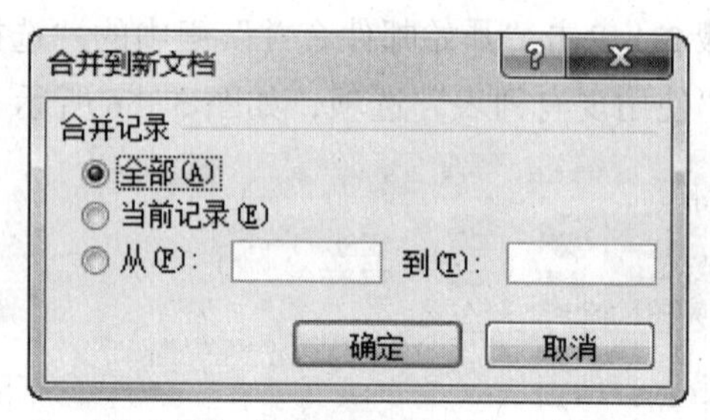

图 3-70　“合并到新文档”对话框

步骤 6　单击“确定”按钮，即可在新文档中自动生成每位学生单独一张的成绩单，如图 3-71 所示。

学生成绩单

（2014-2015 学年第一学期　三（3）班）

学号	姓名	语文	数学	英语	美术	品德	体育	科学
2013207101	蔡明	74	70	75	76	98	79	64

分节符(下一页)

图 3-71　邮件合并“学生成绩单”效果图

任务 3　利用“替换”功能删除“分节符”

为了节省纸张并提高打印速度，可以删除每一页上的“分节符”（双虚线），具体操作如下。

步骤 1　在“开始”选项卡下，单击“编辑”组中的“替换”按钮，打开“查找和替换”对话框，如图 3-72 所示。

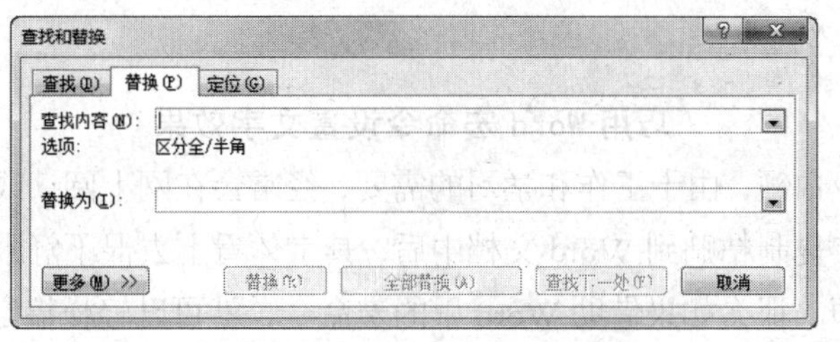

图 3-72 “查找和替换”对话框

步骤 2 将光标定位在“查找内容”右侧的文本框中，单击左下角的“更多”按钮，展开对话框内容，然后再单击对话框底部的“特殊格式”下拉按钮，在打开的下拉列表中选择“分节符”，如图 3-73 所示，此时在“查找内容”文本框中填入了“^b”符号，“替换为”右侧文本框中不填写任何内容，则此时会将文档中所有分节符替换为空白，相当于批量删除分节符。

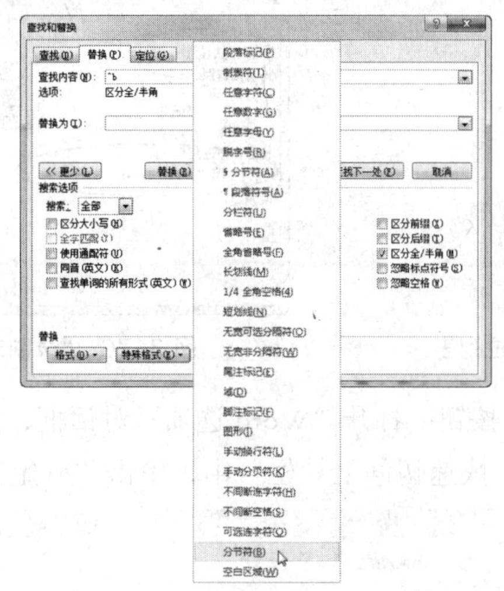

图 3-73 查找和替换“分节符”

步骤 3 单击“全部替换”按钮，单击“关闭”按钮，替换后的文档如图 3-74 所示。

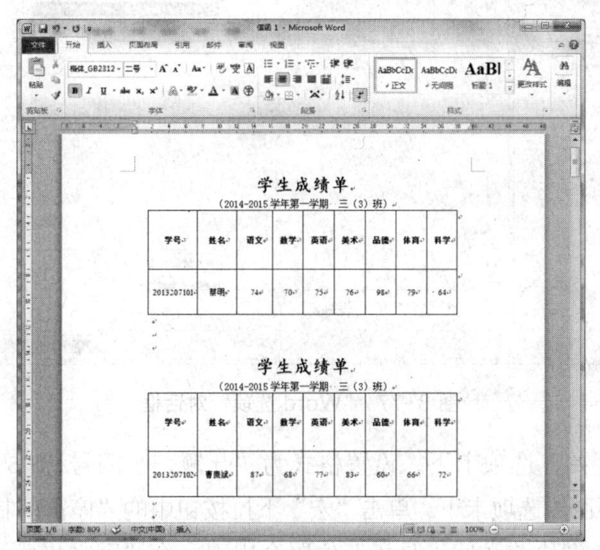

图 3-74 “学生成绩单”最终效果图

【拓展训练】

巧用 Word 宏命令设置文字效果

许多教师和企业白领，由于工作和学习的需要，经常会在网上阅读或下载一些文章，但我们发现将网上的文字复制粘贴到 Word 文档中后，其字体看上去很不舒服，每次都需要进行设置后阅读，非常麻烦。那么如果借助 Word 里的宏命令，就可以轻松搞定。具体步骤如下。

步骤 1 用 Word 打开任意一篇文档，用鼠标任选一段文字。

步骤 2 在“视图”选项卡中，单击“宏”组中的“宏”下拉按钮，在下拉列表中选择“录制宏”命令，如图 3-75 所示。

步骤 3 在打开的“录制宏”对话框中，宏名设置为“网文格式设置”，在“将宏保存在”下拉列表框中选择“所有文档（Normal.dotm）”选项，如图 3-76 所示。

图 3-75 “宏”下拉列表

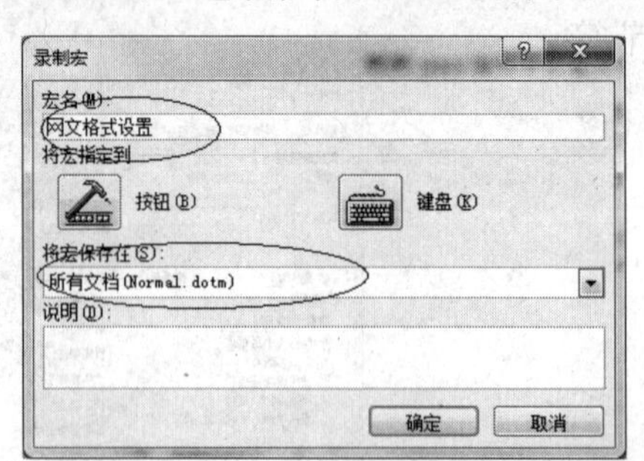

图 3-76 “录制宏”对话框

步骤 4 单击“按钮”按钮，打开“Word 选项”对话框，如图 3-77 所示，将左边列表中的宏名添加到右边的“快速访问工具栏”中，单击“确定”按钮。

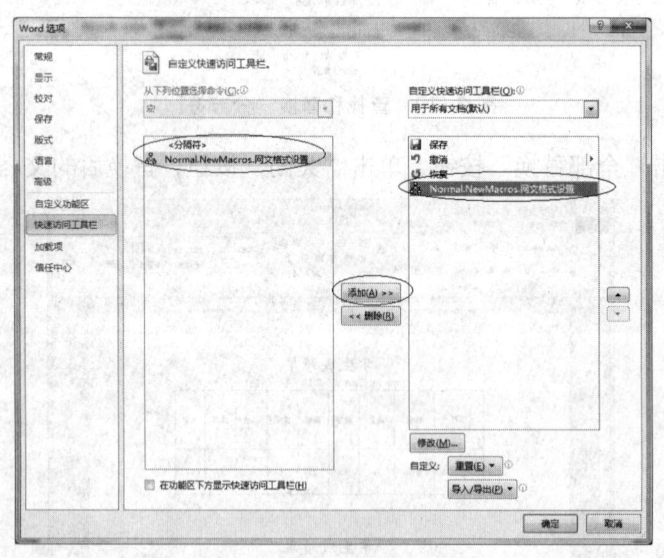

图 3-77 “Word 选项”对话框

步骤 5 在“开始”选项卡下，设置格式为“开题，小四号，1.5 倍行距”。

步骤 6 在“视图”选项卡下，单击“宏”下拉按钮中的“停止录制”命令，结束录制。此时，在文档的“快速访问工具栏”位置会出现一个“网文格式设置”按钮，要阅读文字材料，只需要将其复制到 Word 中，全部选中后，单击“快速访问工具栏”上的“网文格式设置”按钮，就可以很舒服地进行阅读了。

3.5 情境案例 5——制作购销合同（经济类专业适用）

【情境描述】

李想从某大专院校毕业后进入到一家不错的建筑公司任职，经过几年的奋斗和打拼，刚刚荣升成为该公司的采购部门主管。近期，公司计划购买一批施工材料，由他负责与乙单位谈判并签订一批货物的采购合同。如何设计一份缜密而又精美的合同书成为李想一周以来一直在思索的问题。根据他上网的了解和自身的经验，发现制作购销合同需要注意以下几点：

① 合同内容条款清晰、客观，准确无误；

② 合同的应用文体格式恰当；

③ 合同的排版简洁大方。

【案例分析】

购销合同是企业或者公司最常见的一种契约形式，双方可根据自身的利益，在友好协商的环境下达成协议，形成合作关系，通过合同加以法律层面的约束。Word 作为应用颇为广泛的现代化办公软件，提供了多个层面的应用问题模板，如图 3-78 所示。我们可以借助 Word 2010 中的模板，快速地制作出一份规范的购销合同。

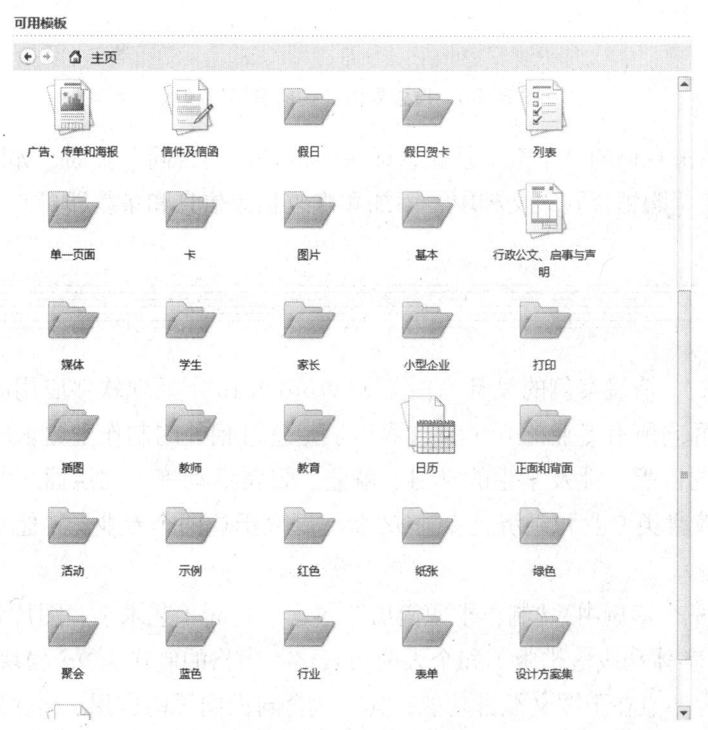

图 3-78 Word 2010 模板

【相关知识】

模板：Word 2010 为我们提供了覆盖各个领域的模板，包括教育、企业、公司、媒体甚至同学聚会，使用对象包括教师、家长、学生、员工乃至任何人，尤其是对于格式的规范性要求较高的应用问题，采用模板来完成制作，既快捷又不容易出错。

【案例实施】

步骤 1　在“文件”选项卡下，单击“新建”命令，在打开的新建窗口中，在 Office.com 模板中的搜索框中输入“购销合同”，如图 3-79 所示。

图 3-79　搜索“购销合同”模板

步骤 2　单击右侧的“➔”按钮，可搜索到 Word 2010 中的“购销合同”模板，如图 3-80 所示。

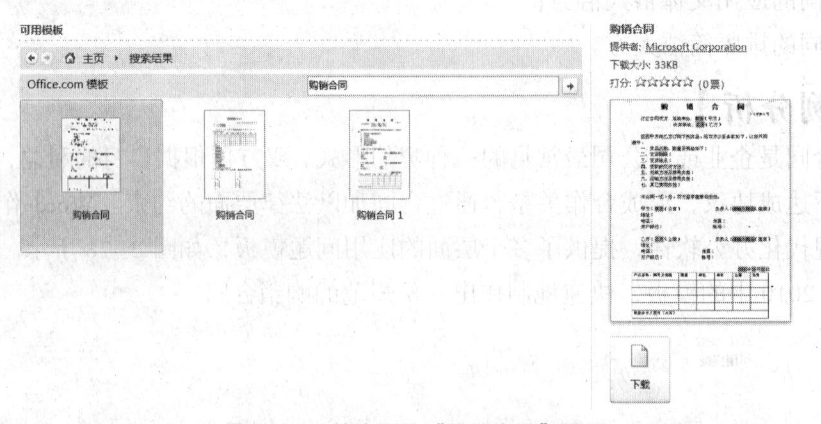

图 3-80　搜索到的“购销合同”模板

步骤 3　单击右侧的“下载”按钮，即可生成“购销合同”页面，如图 3-81 所示。

步骤 4　在“购销合同”文档中，添加和修改相应信息和条款即可。

本章小结

本章通过 5 个情境案例的设计，覆盖了 Word 2010 字处理软件应用的各个方面。其中前 3 个案例面向所有专业的学生，选取与学生息息相关的制作主题求职简历和校园杂志和毕业论文的排版，涉及学生的学习、就业、日常活动等不同层面。两个特色案例面向特定专业（教育类专业和经济类专业），而不局限于这两个专业，其他专业可以举一反三，加以应用。

在本章的 5 个案例中，“制作求职简历”包含了封面（艺术字、图片和文字的简单操作）、自荐书（字体和段落排版）和个人简历表格（表格的制作）3 个模块；“制作校园杂志”案例的内容要点在于图文混排功能，其中包含封面向导的应用、格式刷的应用、文本框的应用、图片的设置、分栏设置等诸多应用；“毕业论文排版”案例是典型的长文档编辑案例，设计到的内容也比较多，如样式的创建和应用、自动生成目录、添加题注、插入分节符及页眉页脚的设置等；“批量制作学生成绩单”案例是典型的邮件合并功能的应用案例，其中还穿插了查找和替换功能的运用；“制作购销合同”案例是Word模板的应用，熟练运用模板，可以大大减少文档的编排工作，提升效率。

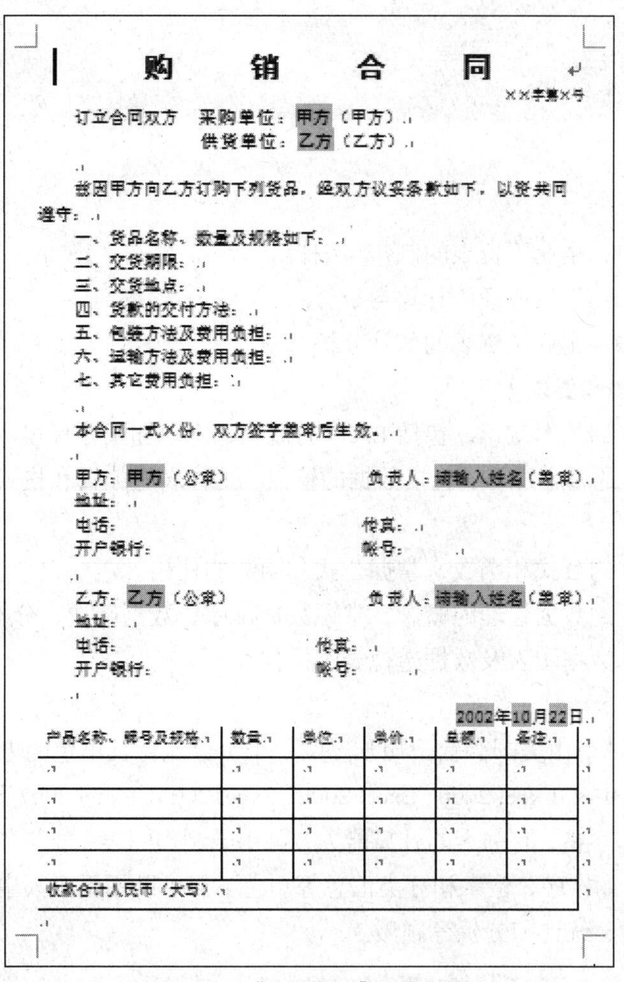

购　销　合　同

××字第×号

订立合同双方　采购单位：甲方（甲方）

供货单位：乙方（乙方）

兹因甲方向乙方订购下列货品，经双方议妥条款如下，以资共同遵守：

一、货品名称、数量及规格如下：

二、交货期限：

三、交货地点：

四、货款的交付方法：

五、包装方法及费用负担：

六、运输方法及费用负担：

七、其它费用负担：

本合同一式×份，双方签字盖章后生效。

甲方：甲方（公章）　负责人：请输入姓名（盖章）

地址：

电话：　传真：

开户银行：　帐号：

乙方：乙方（公章）　负责人：请输入姓名（盖章）

地址：

电话：　传真：

开户银行：　帐号：

2002年10月22日

产品名称、牌号及规格	数量	单位	单价	总额	备注
收款合计人民币（大写）					

图3-81 “购销合同”模板效果

PART 4

第4章 Excel 2010电子表格

【本章内容】

1. 情境案例1：企业工资表的制作与编辑。
2. 情境案例2：学生成绩的计算与统计。
3. 情境案例3：企业工资表的统计分析。

【本章学习目的和要求】

1. 了解Excel的基本知识，包括Excel的概念、术语和工作环境。
2. 掌握Excel的基本操作，包括数据的输入、工作表的编辑和格式化、工作表的管理操作。
3. 理解Excel的公式和函数，掌握公式和函数的使用。
4. 理解Excel的数据管理的概念，掌握数据排序、数据筛选、分类汇总的使用。
5. 掌握Excel数据图表及数据透视表的操作。

Microsoft Excel是由美国微软公司开发的一个十分流行且出色的电子表格处理软件。目前常用的版本有中文Excel 2000、Excel 2002、Excel 2003、Excel 2007和Excel 2010。Excel 2010能方便地制作表格，有强大的计算能力，可用于制作图表，能与外界交换数据，具备部分数据库功能，如排序、检索和分类汇总等。它不但可以用于个人事务的处理，而且被广泛地应用于财务、统计和分析等领域。

4.1 情境案例1——企业工资表的制作与编辑

本案例以“企业工资表的制作与编辑”为例，通过3个任务介绍了与Excel 2010使用相关的一些基本概念及工作表的基本操作，数据表创建与格式化，数据录入中的小技巧，数据数值、格式修改的基本方法以及工作表的编辑等知识。

【情境描述】

工资管理是企业管理的重要组成部分，是每个单位财会部门最基本的业务之一。作为企业财务人员每个月都要计算员工工资，并向企业领导提供准确、直观的数据信息，以供企业领导参考。在信息社会，传统的账本已经远远不能满足财会人员的上述需求，且用手工进行工资核算需要占用财务人员大量的精力和时间，并且容易出错，而采用计算机进行工资核算却可以有效提高工资核算的准确性和及时性。

本案例由 2 个任务组成，首先输入不同类型的数据，然后对工作表数据进行格式化处理，完成“企业工资表”的制作与编辑。

【案例分析】

1. 输入数据，完成如图 4-1 所示表格。
2. 对图 4-1 所示表格进行格式化设置，生成如图 4-2 所示表格。

员工编号	员工姓名	性别	身份证号码	参加工作时间	所在部门	基本工资	奖金	住房补助	车费补助	应发工资	实发工资
1	袁振业	男	410010198806051013	2012/5/15	人事科	2100	700	600	300		
2	石晓珍	女	410010197611010201	1999/9/5	人事科	4000	500	1600	250		
3	杨圣滔	男	410010198410220113	2009/5/13	教务科	2750	620	900	310		
4	杨建兰	女	410010198701051024	2000/3/18	财务科	2800	680	1100	340		
5	石卫国	男	410010198803051193	2012/1/1	财务科	2230	460	700	230		
6	石根达	男	410010197206121023	1995/12/8	财务科	4550	600	1200	300		
7	杨宏盛	男	410010197703162026	1998/2/6	人事科	4200	320	1400	160		
8	杨云帆	男	410010198011020317	2006/8/25	人事科	3080	610	1000	310		
9	石和平	男	410010198811020235	2011/7/3	人事科	2370	200	800	100		
10	石晓桃	女	410010197408030562	1996/6/15	财务科	4360	500	2000	270		
11	符晓	男	410010197410220113	2000/5/13	财务科	2650	580	800	290		
12	朱江	男	410010197701051024	2002/3/18	财务科	2700	640	1000	320		
13	周丽萍	女	410010197803051193	2002/1/1	人事科	2130	430	600	210		
14	张耀炜	男	410010198206121023	2005/12/8	人事科	4450	570	1100	280		

图 4-1 企业工资表数据

工资表（单位：元）

员工编号	员工姓名	性别	身份证号码	参加工作时间	所在部门	基本工资	奖金	住房补助	车费补助	应发工资	实发工资
1	袁振业	男	410010198806051013	2012年5月15日	人事科	¥2,100.00	¥700	¥600	¥300		
2	石晓珍	女	410010197611010201	1999年9月5日	人事科	¥4,000.00	¥500	¥1,600	¥250		
3	杨圣滔	男	410010198410220113	2009年5月13日	教务科	¥2,750.00	¥620	¥900	¥310		
4	杨建兰	女	410010198701051024	2000年3月18日	财务科	¥2,800.00	¥680	¥1,100	¥340		
5	石卫国	男	410010198803051193	2012年1月1日	财务科	¥2,230.00	¥460	¥700	¥230		
6	石根达	男	410010197206121023	1995年12月8日	财务科	¥4,550.00	¥600	¥1,200	¥300		
7	杨宏盛	男	410010197703162026	1998年2月6日	人事科	¥4,200.00	¥320	¥1,400	¥160		
8	杨云帆	男	410010198011020317	2006年8月25日	人事科	¥3,080.00	¥610	¥1,000	¥310		
9	石和平	男	410010198811020235	2011年7月3日	人事科	¥2,370.00	¥200	¥800	¥100		
10	石晓桃	女	410010197408030562	1996年6月15日	教务科	¥4,360.00	¥500	¥2,000	¥270		
11	符晓	男	410010197410220113	2000年5月13日	教务科	¥2,650.00	¥580	¥800	¥290		
12	朱江	男	410010197701051024	2002年3月18日	教务科	¥2,700.00	¥640	¥1,000	¥320		
13	周丽萍	女	410010197803051193	2002年1月1日	财务科	¥2,130.00	¥430	¥600	¥210		
14	张耀炜	男	410010198206121023	2005年12月8日	人事科	¥4,450.00	¥570	¥1,100	¥280		

图 4-2 格式化设置后的企业工资表数据

3. 对表格中的行、列和数据进行编辑。

【相关知识】

1．基本术语

（1）列标号：Excel 中给每一列编的序号，用英文字母表示（例：A、B、C……IV）。

（2）行标号：Excel 中给每一行编的序号，用数字表示（例：1、2、3……65536）。

（3）单元格：是组成工作表的最基本单位，不能再拆分。

单元格地址=列标号+行编号（如 A1、B5、C8 等），第 3 行第 3 列的单元格地址为：C3。

（4）活动单元格：当前可以直接输入内容的单元格。在屏幕中表示为用粗黑框围住的区域。

（5）工作簿：就是 Excel 文件，Excel 2003 中其扩展名为“.xls”，Excel 2010 中其扩展名为“.xlsx”。

（6）工作表：由多个单元格连续排列形成的一张表格。

在 Excel 2010 中，每张工作表中最多可以有 2^20=1 048 576 行，2^14=16 384 列组成。一个工作薄默认带 3 张工作表，分别为 Sheet1、Sheet2 和 Sheet3，可以随意对工作表进行添加、删除、改名等操作，在一个工作簿中应至少有一张工作表。

2．输入不同类型的数据

（1）数据的类型。

数据的类型有：数值型、序列型、日期和时间（一种特殊的数值）及文本类型（包括文字、身份证号、银行卡号和手机号）。

（2）输入文本。

单击单元格输入：单击需输入文本的单元格，输入文本，按“Enter”键或单击其他单元格即可；

双击单元格输入：双击需要输入文本的单元格，然后在单元格的文本插入点处输入文本，完成后按 Enter 键确认输入；

在编辑栏中输入：选取需要输入文本的单元格，然后将鼠标光标移至编辑栏中并单击，在文本插入点处输入所需的数据，完成后按“Enter”键或单击“√”输入按钮。

（3）输入日期。

先设置日期格式再输入日期（在“开始”栏中）。

在输入日期时，为了方便可以用符号来分隔年、月、日，如“-”符号或“/”符号，完成输入后，按 Enter 键或选择其他单元格，系统自动将格式转化为预先设置的日期格式。

（4）输入分数。

直接输入 1/2 会变为 2 月 1 号，可以输入 0 1/2，如果要输入 1 又 1/2，则输入 1 1/2（1 空格 1/2）；

选中区域，将数字格式改为分数，直接输入 0.5 则会变为 1/2。

如果输入数据不需要计算，则可以将格式改为文本输入。

（5）小数的输入。

相同位数的小数：选择“文件—选项—高级”，勾选“自动插入小数点”，选择好位数，如 3，直接输入 1234，则会变为 1.234（Tip：在输入结束后将所做修改改回）。

自定义格式：选中区域，选择“数字—自定义”，输入 0！000（3 位小数）（只针对当前选中区域，更灵活）。

（6）身份证号的输入。

输入数字超过 12 位，自动转换为科学计数法，超过 15 位，后面的会自动转换为 0。

输入身份证号时应将身份证号作为文本输入。

输入英文单引号“'”，转换为文本，或者选中区域，将其数字格式改为文本。

3．设置单元格格式

（1）通过“设置单元格格式”对话框设置。

（2）通过开始选项卡的“字体”“对齐方式”“数字”等选项组来设置。

4．工作表行/列的操作

（1）行列的插入、删除、移动。

（2）行高和列宽的设置。

5．条件格式的设置和删除

（1）条件格式的设置。

（2）格式的清除。

【案例实施】

任务1　输入工资表数据

1．输入列标题及员工姓名、基本工资、奖金、住房补助和车费补助的数据

步骤1　启动 Excel 2010，在 Excel 工作簿 Sheet1 工作表中的 A1:L1 区域中依次录入“员工编号、员工姓名、性别、身份证号码、参加工作时间、所在部门、基本工资、奖金、住房补助、车费补助、应发工资、实发工资”。

步骤2　在 B1:B15 区域中输入每个员工的姓名，文本型数据会自动左对齐；在 G2:J15 中依次输入每个员工的基本工资、奖金、住房补助和车费补助，数字型数据会自动右对齐。

2．输入员工编号——数据填充

步骤1　选择 A2 单元格，并输入数字“1”。

步骤2　将鼠标光标移到 A2 单元格右下角黑色小方块（填充柄按钮），如图 4-3 左图所示，当光标由空心十字形变成黑色的十字形时，按住鼠标左键向下拖动，直到最后一个单元格 A15，则区域 A2:A15 填充的数据都是“1”。

步骤3　A15 右下角会出现“自动填充选项”按钮，单击“自动填充选项”按钮，选择快捷菜单上的“填充序列”，如图 4-3 右图所示。则 A2:A15 填充的数据变成了 1～14 的序列。

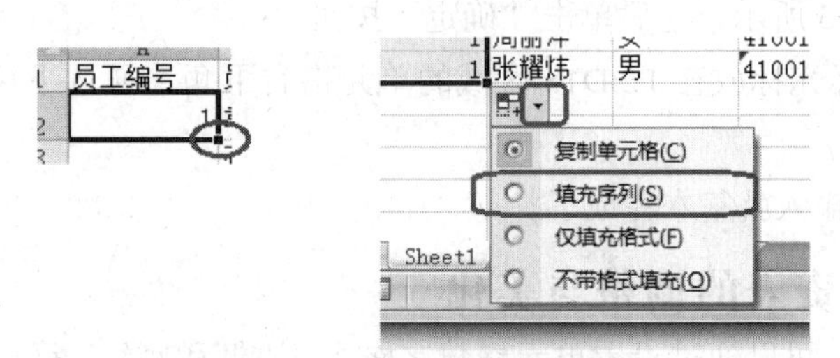

图 4-3　填充序列

3．输入性别——使用“Ctrl+Enter”组合键让多单元格填充相同数据

步骤1　选择 C2 单元格，输入“男”，然后将鼠标光标移到 C2 单元格右下角黑色小方块上（填充柄按钮），当鼠标光标变成黑色的十字形时，按住鼠标左键向下拖动，直到最后一行 C15 时松开鼠标右键，这时 C2:C15 区域都填充为“男”。

步骤 2 单击单元格 C3，按住“Ctrl”键，再单击单元格 C5、C11 和 C14，松开“Ctrl”键，如图 4-4 所示。

步骤 3 在 C14 中输入“女”，然后使用“Ctrl+Enter”组合键（按住 Ctrl 键，再按下回车键）填充，这样四个单元格都填充为“女”。

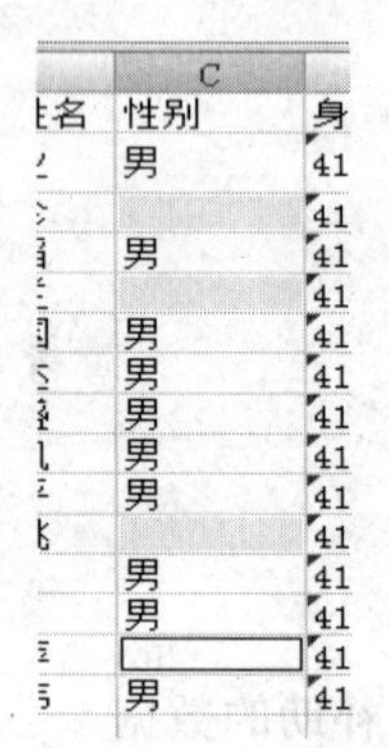

图 4-4 多单元格填充

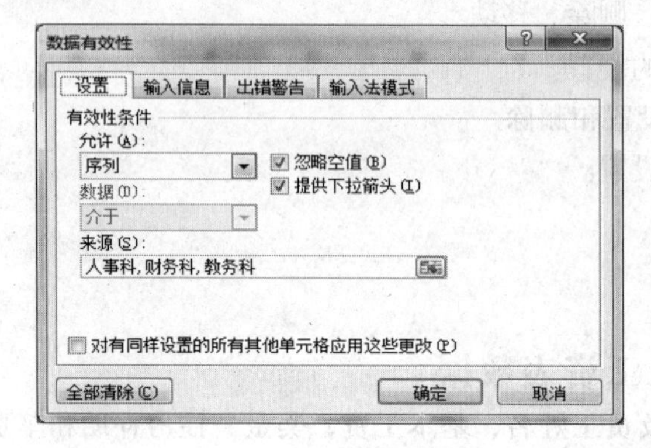

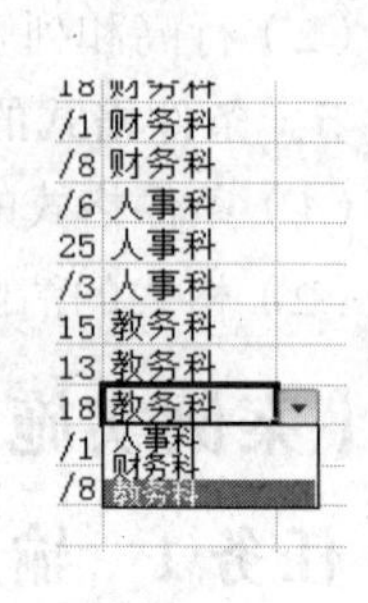

图 4-5 设置数据有效性

4．输入身份证号码和参加工作时间

步骤 1 用鼠标左键单击单元格 D2，先输入一个半角单引号，再输入身份证号，则单元格中显示“'410010198806051013”，依次输入其他人的身份证号。

步骤 2 选定 D2:D15 区域，切换到“开始”选项卡，将“数字格式”下拉列表框设置为“文本”选项，然后再输入员工的身份证号号码。

步骤 3 用鼠标单击单元格 E2，输入“2012-5-5”或“2012/5/5”，再依次输入其他员工的参加工作时间。

5．输入所在部门——设置序列。

步骤 1 选定 F2:D15 区域，切换到“数据”选项卡，在“数据工具”选项组中单击“数据有效性”按钮，打开“数据有效性”对话框。

步骤 2 在“设置”选项卡“有效性条件”的“允许”列表中选择“序列”。

步骤 3 在“来源”中输入每个部门的名称，并用半角逗号隔开，即“人事科，财务科，教务科”，如图 4-5 所示，之后单击“确定”按钮。

步骤 4 将鼠标光标放在 F2:D15 区域的单元格右下角，通过下拉按钮选择员工所在部门。

至此，数据的输入就基本完成了。

任务 2 工资表的调整与美化

输入数据以后，可以通过设置单元格数字格式、边框和底纹、行高和列宽、对齐方式、字体格式、条件格式等，使表格更加实用、美观。

1．设置行高为 20 和列宽自行调整

步骤 1 选中行号 1～15 表格，然后单击鼠标右键，在快捷菜单中选择“行高”，可弹出“行高”对话框，在对话框中输入数字“20”后，单击“确定”按钮，如图 4-6 所示，则表格 1～15 行的行高都设置为 20。同样选中需要调整的列号后，单击鼠标右键，在快捷菜单中选择“列宽”，可以设置统一的列宽。

图 4-6 设置行高

步骤 2 移动鼠标光标到需要调整列宽的列的右侧分割线处，使鼠标光标呈带左右箭头的黑十字状。按住鼠标左键左右拖动，直到调整到需要的列宽时，松开鼠标左键。同样将鼠标光标放在行号之间的分隔线上，上下拖动鼠标，可以设置行高。

2．添加并设置表标题格式

步骤 1 在第 1 行上面插入 2 行，在第 1 行第 1 列中输入表标题“工资表(单位:元)”。

（1）选择行号 1、2，选择“插入”，如图 4-7 所示，则会在列标题上面插入 2 行。

（2）选定 A1 单元格，输入表标题“工资表（单位：元）”。

图 4-7 插入行

步骤 2 合并第 1 行与表格等宽的所有单元格，内容居中。

（1）选择区域 A1:L1，即第 1 行中黑框所示部分。

（2）单击工具栏上的“合并及居中”按钮。

步骤 3 标题“工资表（单位：元）”字体设置为“黑体 22 号”。

选择表标题“工资表（单位：元）”所在单元格，直接在“开始”选项卡中的“字体”选项组中设置字体为“黑体”、大小为“22”。

步骤 4 调整标题“工资表（单位：元）”行行高为“30”。

（1）选择需要设置的行号，单击“开始”选项卡的“单元格”选项组中的“格式”按钮，在弹出的下拉菜单中选择“行高”命令，即可弹出行高设置窗口，输入数值“30”，单击“确定”按钮。

（2）向上拖动 2、3 行的间隔线，适当减小第 2 行的行高。

3. 设置单元格数据的数字格式

步骤 1 设置“参加工作时间”列格式，将“2012/5/15”变为“2012 年 5 月 15 日”。用鼠标选定 E2:E15 区域，单击“开始”选项卡上“常规”旁的小黑三角形，选择其中的“长日期”，如图 4-8 所示。

图 4-8 设置日期格式为长日期

步骤 2 设置“基本工资”“奖金”“住房补助”“车费补助”列格式，在数字前添加货币符号 ¥ 表示。

（1）用鼠标选定 G2:J15 区域，单击“开始”选项卡“数字”选项组中“常规”旁的小黑三角形，选择基中的“货币”。它对应的格式货币符号用 ¥ 表示，小数点位数为 2 位。

（2）设置“货币格式”后，单元格中的数据如图 4-9 所示，适当增加列宽即可。

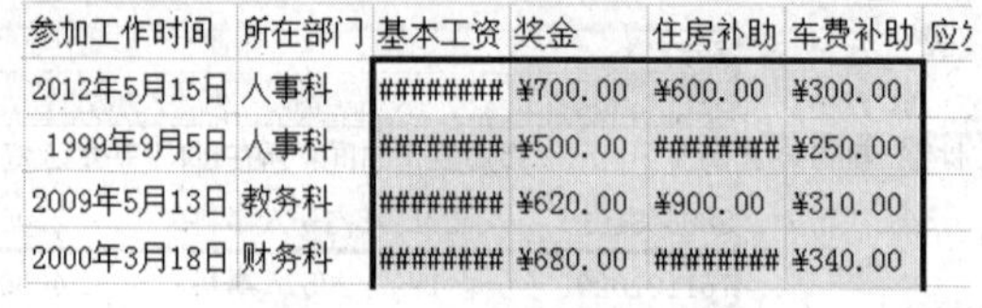

参加工作时间	所在部门	基本工资	奖金	住房补助	车费补助	应
2012年5月15日	人事科	########	¥700.00	¥600.00	¥300.00	
1999年9月5日	人事科	########	¥500.00	########	¥250.00	
2009年5月13日	教务科	########	¥620.00	¥900.00	¥310.00	
2000年3月18日	财务科	########	¥680.00	########	¥340.00	

图 4-9 货币格式设置后

说明：数据格式的设置也可在“开始”选项卡进行，单击“数字”样式组右下角的“设置单元格格式”对话框按钮，打开如图 4-10 所示的“设置单元格格式”对话框，进行各种数字格式的设置。

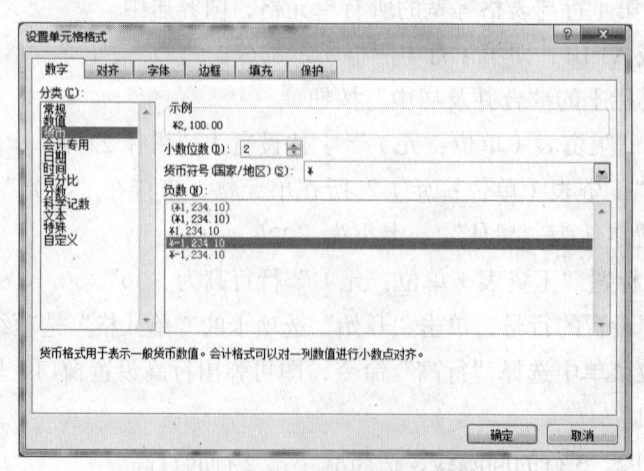

图 4-10 货币型数据设置窗口

步骤 3 用鼠标选定 H2:I15 区域，在“常规”按钮下面有“减少小数点位数”按钮，单击即可增加减少小数位数至 0 位小数，如图 4-11 所示，数值是四舍五入的。

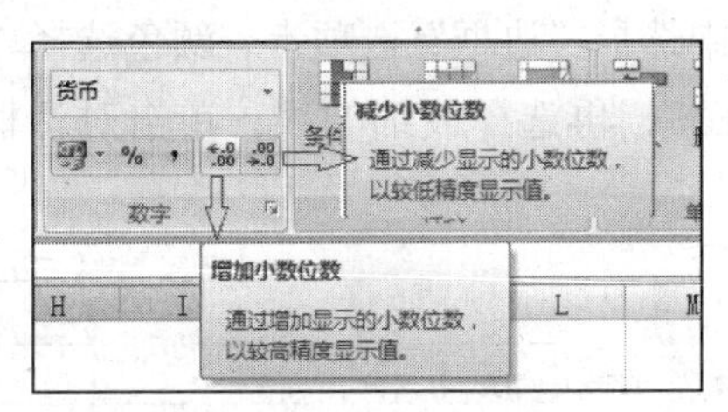

图 4-11 通过增减按钮改变小数位数

步骤 4 选中 A3:L17 区域，单击“开始”—“对齐方式”中的垂直居中和水平居中按钮。

4．设置单元格的边框和底纹

步骤 1 给标题“工资表（单位：元）”所在的单元格添加浅蓝色底纹。

选中标题“工资表（单位：元）”所在单元格 A1，单击“开始”选项卡“字体”选项组中的油漆桶工具右侧箭头，在标准色中选择“浅蓝”，如图 4-12 所示。

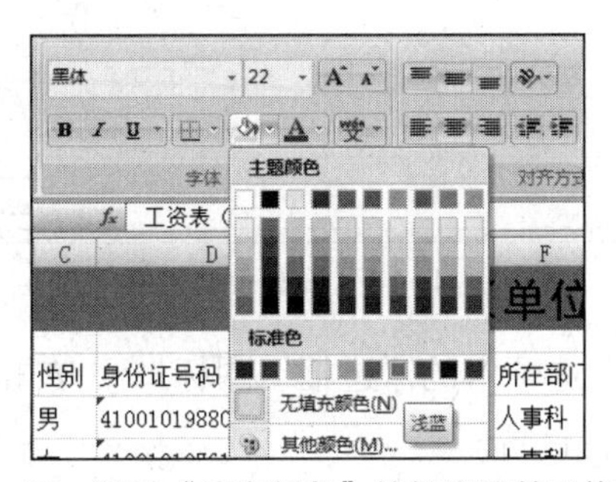

图 4-12 通过“填充颜色”按钮设置单元格底纹

说明：也可用鼠标右键单击单元格 A1，在弹出菜单中选择“设置单元格格式”，在“设置单元格格式”对话框中选择“填充”选项卡，在背景色中选择“浅蓝”，如图 4-13 所示。

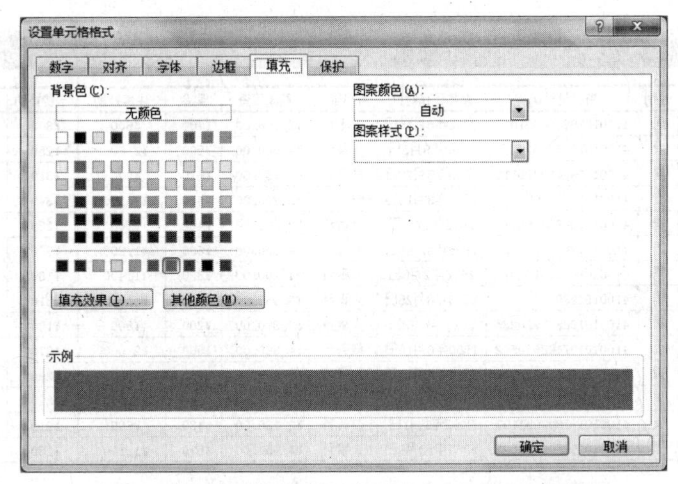

图 4-13 通过“设置单元格格式”对话框设置底纹

步骤 2 为表格部分 A3:L17 区域加上边框，要求边框为“外粗内细”，颜色为“蓝色”。

（1）选中有数据的单元格 A3:L17 区域，单击鼠标右键，从弹出的快捷菜单中选择“设置单元格格式”，在对话框中选择“边框”选项卡，颜色选择“蓝色”，样式选择粗的线，单击对话框左边的“外边框”，再选择较细的线，单击对话框左边的“内边框”，如图 4-14 所示。

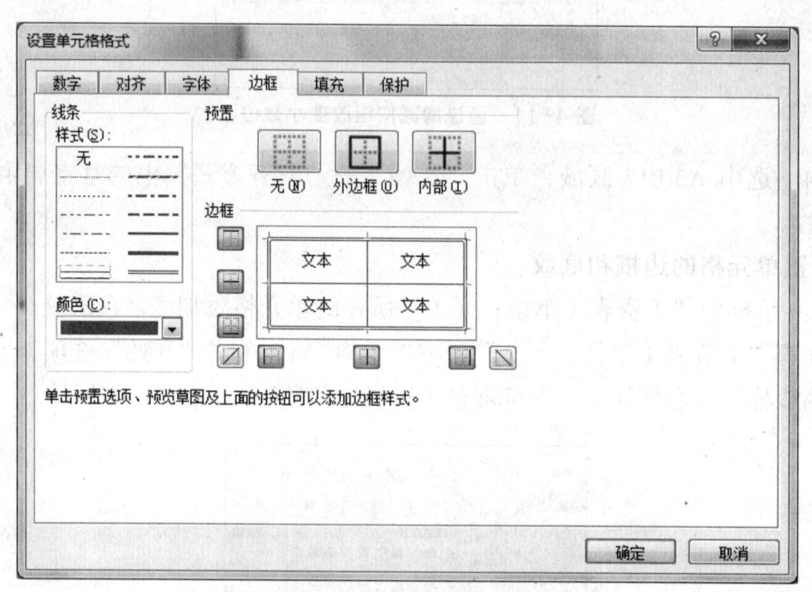

图 4-14 设置表格边框

（2）也可以利用“开始”选项卡的“边框”图标，单击该图标，从弹出的下拉窗口中选择“其他边框”命令进行设置。

步骤 3 设置列标题行 A3:L3 的下框线和表格外框线一样的粗实线。

选中区域 A3:L3，参考步骤 2，在设置单元格格式对话框中选择粗实线、颜色后单击右侧的边框的下线即可。

通过以上设置可以得到如图 4-15 所示表格。

工资表（单位：元）

员工编号	员工姓名	性别	身份证号码	参加工作时间	所在部门	基本工资	奖金	住房补助	车费补助	应发工资	实发工资
1	袁振业	男	410010198806051013	2012年5月15日	人事科	¥2,100.00	¥700	¥600	¥300		
2	石晓珍	女	410010197611010201	1999年9月5日	人事科	¥4,000.00	¥500	¥1,600	¥250		
3	杨圣滔	男	410010198410220113	2009年5月13日	教务科	¥2,750.00	¥620	¥900	¥310		
4	杨建兰	女	410010198701051024	2000年3月18日	财务科	¥2,800.00	¥680	¥1,100	¥340		
5	石卫国	男	410010198803051193	2012年1月1日	财务科	¥2,230.00	¥460	¥700	¥230		
6	石根达	男	410010197206121023	1995年12月8日	财务科	¥4,550.00	¥600	¥1,200	¥300		
7	杨宏盛	男	410010197703162026	1998年2月6日	人事科	¥4,200.00	¥320	¥1,400	¥160		
8	杨云帆	男	410010198011020317	2006年8月25日	人事科	¥3,080.00	¥610	¥1,000	¥310		
9	石和平	男	410010198811020235	2011年7月3日	人事科	¥2,370.00	¥200	¥800	¥100		
10	石晓桃	女	410010197408030562	1996年6月15日	教务科	¥4,360.00	¥500	¥2,000	¥270		
11	符晓	男	410010197410220113	2000年5月13日	教务科	¥2,650.00	¥580	¥800	¥290		
12	朱江	男	410010197701051024	2002年3月18日	教务科	¥2,700.00	¥640	¥1,000	¥320		
13	周丽萍	女	410010197803051193	2002年1月1日	财务科	¥2,130.00	¥430	¥600	¥210		
14	张耀炜	男	410010198206121023	2005年12月8日	人事科	¥4,450.00	¥570	¥1,100	¥280		

图 4-15 设置格式后表格

5．设置样式之“条件格式”

将基本工资在 2 000 到 3 000 之间的数据用红色显示出来。

步骤 1 选中“基本工资”G3:G7 区域。在“开始”选项卡中选择“样式”选项组，单击“条件格式”按钮。

步骤 2 在下拉菜单中选择“突出显示单元格规则”中的“介于”选项，如图 4-16 所示。

图 4-16 条件格式的选择

步骤 3 然后弹出的“介于”对话框中分别输入 2 000 和 3 000，在“设置为”下拉列表框中选择“红色文本”，如图 4-17 所示。

基本工资	奖金	住房补助	车费补助	应发工资	实发工资
¥2,100.00	¥700	¥600	¥300		
¥4,000.00	¥500	¥1,600	¥250		
¥2,750.00					
¥2,800.00					
¥2,230.00					
¥4,550.00					
¥4,200.00					
¥3,080.00	¥610	¥1,000	¥310		
¥2,370.00	¥200	¥800	¥100		

介于
为介于以下值之间的单元格设置格式:
¥2,000 到 ¥3000 设置为 红色文本
浅红填充色深红色文本
黄填充色深黄色文本
绿填充色深绿色文本
浅红色填充
红色文本
红色边框
自定义格式...

图 4-17 条件格式的设置

步骤 4 单击图 4-16“介于”对话框中的“确定”按钮，则设置完成，选中的数据区域中所有介于 2000 至 3000 的数据均变成红色。

6．利用“套用表格格式”，将 A3:L17 设置为“表样式浅色 20”

步骤 1 选中 A3:L17 区域，单击“开始”选项卡选择“样式”选项组，单击“套用表格格式”按钮，选择浅色样式中的“表样式浅色 20”后，出现“套用表格式”对话框，单击“确定”按钮，如图 4-18 所示。

步骤 2 在出现的“表工具”—“设计”选项卡—“工具”选项组中单击“转换为区域”按钮，然后在出现的提示框中单击“是”按钮，如图 4-19 所示。设置完毕后的结果如图 4-20 所示。

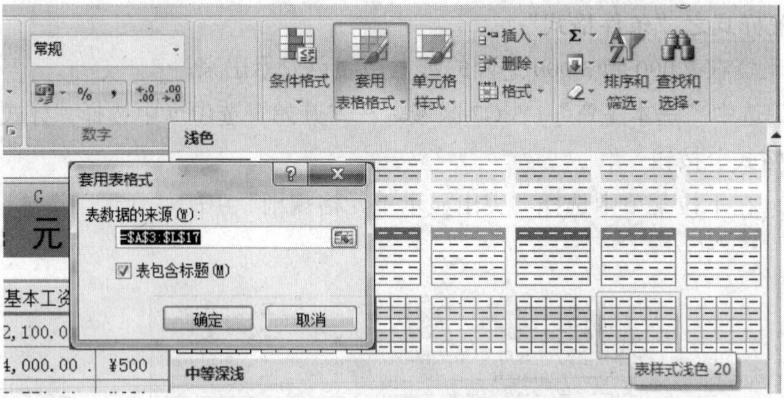

图 4-18　套用表格格式的设置

图 4-19　将表转换为普通区域

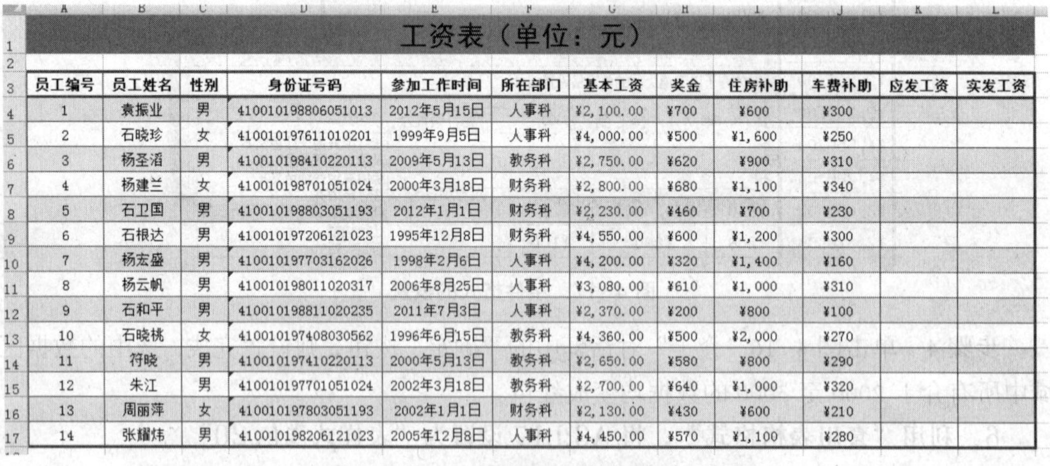

工资表（单位：元）

员工编号	员工姓名	性别	身份证号码	参加工作时间	所在部门	基本工资	奖金	住房补助	车费补助	应发工资	实发工资
1	袁振业	男	410010198806051013	2012年5月15日	人事科	¥2,100.00	¥700	¥600	¥300		
2	石晓珍	女	410010197611010201	1999年9月5日	人事科	¥4,000.00	¥500	¥1,600	¥250		
3	杨圣滔	男	410010198410220113	2009年5月13日	教务科	¥2,750.00	¥620	¥900	¥310		
4	杨建兰	女	410010198701051024	2000年3月18日	财务科	¥2,800.00	¥680	¥1,100	¥340		
5	石卫国	男	410010198803051193	2012年1月1日	财务科	¥2,230.00	¥460	¥700	¥230		
6	石根达	男	410010197206121023	1995年12月8日	财务科	¥4,550.00	¥600	¥1,200	¥300		
7	杨宏盛	男	410010197703162026	1998年2月6日	人事科	¥4,200.00	¥320	¥1,400	¥160		
8	杨云帆	男	410010198011020317	2006年8月25日	人事科	¥3,080.00	¥610	¥1,000	¥310		
9	石和平	男	410010198811020235	2011年7月3日	人事科	¥2,370.00	¥200	¥800	¥100		
10	石晓桃	女	410010197408030562	1996年6月15日	教务科	¥4,360.00	¥500	¥2,000	¥270		
11	符晓	男	410010197410220113	2000年5月13日	教务科	¥2,650.00	¥580	¥800	¥290		
12	朱江	男	410010197701051024	2002年3月18日	教务科	¥2,700.00	¥640	¥1,000	¥320		
13	周丽萍	女	410010197803051193	2002年1月1日	财务科	¥2,130.00	¥430	¥600	¥210		
14	张耀炜	男	410010198206121023	2005年12月8日	人事科	¥4,450.00	¥570	¥1,100	¥280		

图 4-20　设置样式后的表格

7．工作表的页面设置和打印

因表格栏目较多，将纸张设为横向，页边距为上下 2.5 厘米，左 3.5 厘米，右 0.5 厘米。调整页边距和表格列宽，尽量让表格所有栏目在一页显示完。如图 4-21 中的红色竖框在普通视图中是分页的表示，意味着该表宽度较宽，需要两页才能显示完毕。

步骤 1　在图 4-21 中，单击“页边距”按钮，选择“自定义边距”，打开“页面设置”对话框，如图 4-22 所示。设置左为“3”，上、下、右均为“2.5”。一般左边距要大于右边距。

图 4-21　页面布局

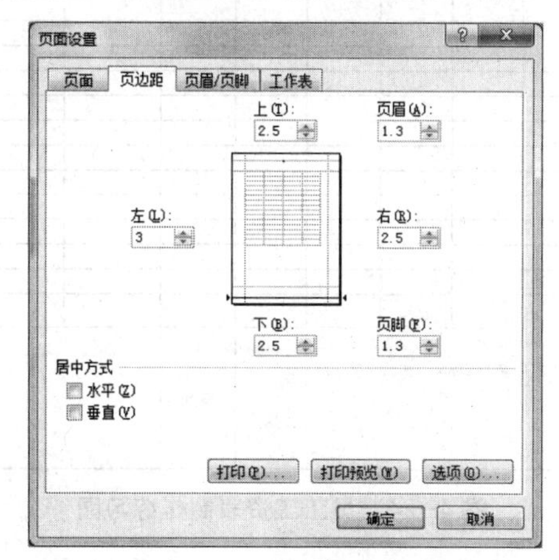

图 4-22　页面设置对话框

步骤 2　在图 4-21 中，在“纸张方向”中选择“横向”。

步骤 3　页面设置后，单击“文件”选项卡中的“打印”命令，设置好打印参数，就可以打印了，打印效果如图 4-23 所示。

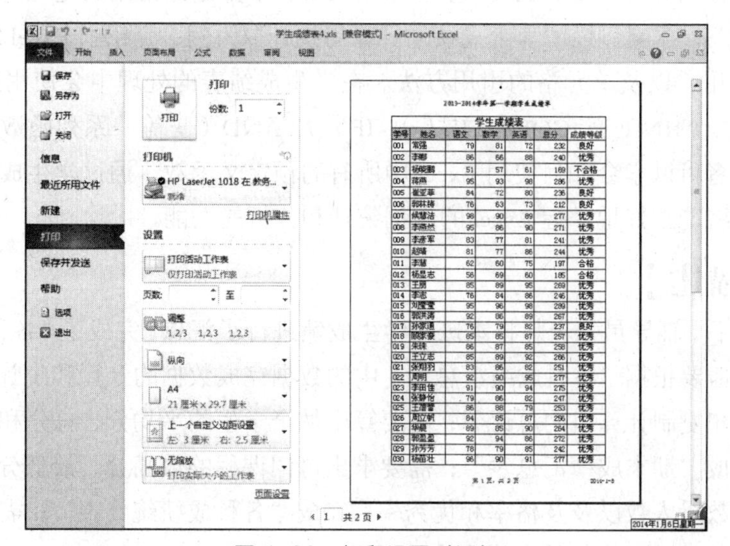

图 4-23　打印设置对话框

【拓展训练】

打开 Excel 2010，在 Sheet1 中完成如图 4-24 所示的表格框架的设置。

XXXX公司员工工资表

部门：　　　　　　　　　　　　　　　　　　　时间：20　年　月

序号	姓名	应发项目										应扣项目				实发工资
		基本工资	岗位工资	学历工资	工龄工资	加班工资	通讯补贴	住房补贴	伙食补贴	奖金	小计	代扣代缴个人所得税	社会保险（个人部分）	缺勤	其他	
1																
2																
3																
4																
5																
6																
7																
8																
9																
10																
11																
12																
13																
14																
15																
16																
17																
18																
19																
20																
合计																
1. 社会保险个人承担部分包括：养老保险（8%）；医疗保险（6%）；失业保险（2%）. 2. 缺勤包括：迟到；早退；旷工；事假. 3. 一个月按30天计算.										备注						

图 4-24　员工工资表制作练习图

4.2　情境案例 2——学生成绩的计算与统计

数据的统计和分析以及数据转换为图表在 Excel 中都是最常用的处理之一，也是 Excel 的核心功能之一。本案例以“学生成绩的计算与统计”为例，介绍了 Excel 2010 中基本公式和函数的应用，以及单元格的引用方法。在学生成绩表的处理中会使用到 SUM（）、AVERAGE（）、MIN（）、COUNTIF（）、IF（）、AND（）等一系列函数，通过这些函数的使用，读者可以学会如何使用 Excel 中所有的预定义函数。通过学生成绩表的统计和分析操作，读者能很好地掌握 Excel 的数据统计和分析的功能。

【情境描述】

学期结束后，辅导员张老师将本班的学生成绩进行了汇总，完成了“各科成绩汇总表”的制作。现在他要根据“各科成绩汇总表”中的数据完成数据的计算和统计，他的工作包括：需要计算和复制计算机的总评分；需要算出每个学生的平均分、总分和名次以及奖学金的等级，完成“期末成绩汇总表”；需要求出每门课程的最高分、最低分、平均分、考试人数、各分数段人数以及及格率和优秀率，完成“各科成绩统计表”；需要求出男女生平均分以及成绩差，完成“男女学生成绩对比表”。

【案例分析】

根据“各科成绩汇总表”中的数据完成数据的计算和统计。

（1）首先使用公式计算计算机课程的总评分，然后使用选择性粘贴复制计算机成绩。

（2）使用 AVERAGE 函数计算出每个学生的平均分，使用 SUM 函数计算出总分，使用 RANK 函数计算出名次以及使用 IF 函数计算奖学金的等级，完成“期末成绩汇总表”

（3）分别使用 MAX、MIN、AVERAGE、COUNT 函数求出每门课程的最高分、最低分、平均分、考试人数；使用 COUNTIF 计算出各分数段人数；使用公式计算出及格率和优秀率，并设置为百分比格式，完成“各科成绩统计表”。

（4）使用 COUNIIF 计算出男女生人数，使用 SUMIF 计算出男女生成绩总和，使用公式计算出男女生平均分，使用函数 ABS 计算出男女成绩差，完成“男女学生成绩对比表”。

【相关知识】

1．公式中的运算符

Excel 中包含 4 种类型的运算符：算术运算符、比较运算符、文本连接符和引用运算符。公式中的各运算符及其运算顺序如表 4-1 所示。

表 4-1　公式中的运算符

运算符	说明	运算顺序
区域（:）　联合（,）　交叉（空格）引用	引用运算符	↓
( )	括号	
∧	乘方	
*和/	算术运算符	
+和−		
&	文本连接符	
=　>　<　>=　<=　<>	比较运算符	

2．创建公式

输入公式时应以一个等号“=”作为开头。

（1）直接输入公式。

（2）选择单元格地址输入公式。

3．编辑公式

公式和一般的数据一样都可以进行编辑，与编辑普通单元格的数据类似，也包括修改内容、删除、移动与复制，但方法有所不同，这里重点介绍修改、复制。

4．单元格的相对、绝对与混合引用

计算公式中的单元格地址有 3 种表示方法，分别是相对地址、绝对地址和混合地址。

相对地址：直接由列号和行号组成，如 C4、C8 等。如果公式中使用了相对地址，在公式被复制到其单元格时，地址将发生变化。

绝对地址：在列号和行号前分别加上字符$，如$C$9。公式中使用了绝对地址，在公式被复制时，此类地址将不会发生变化。

混合地址：在列号或行号前加字符$，如$F4、E$3 等。在公式复制时，如果行号为绝对地址，则只有行地址不变；若列号设为绝对地址，则列地址不变。

【案例实施】

任务 1　计算机成绩的计算与复制

1．使用公式计算计算机成绩

步骤 1　打开素材文件“情景 2 素材.xlsx”，选择“计算机”工作表标签，使该工作表成为当前工作表，在 F3 单元格中输入公式“=C3*20%+D3*30%+E3*50%”，单击编辑栏上的“输入”按钮或按下“回车键”，则求出第一个学生的计算机总评分，如图 4-25 所示。

SUM　=C3*20%+D3*30%+E3*50%

计算机成绩表

学号	姓名	学习表现（20%）	平时成绩（30%）	期末考试（50%）	总评分
14124101	常强	83	78	79	=C3*20%+D3*30%+E3*50%
14124102	李娜	84	90	88	
14124103	杨晓鹏	91	88	90	
14124104	蒋燕	78	82	76	
14124105	崔亚菲	68	80	83	
14124106	郭林铸	93	79	80	

图 4-25　计算计算机总评分

步骤 2　将鼠标光标移动到 F3 单元格右下角的小黑方块（填充柄）处，当鼠标箭头变成实心十字的时候，双击填充柄或按住鼠标左键并拖动到 F40 单元格，则所有学生的计算机成绩都计算出来了。

2．使用选择性粘贴复制计算机成绩

步骤 1　选择 F3:F40 区域，单击鼠标右键，在弹出的快捷菜单中选择“复制”。

步骤 2　选择“成绩汇总表”工作表标签，选定 G3 单元格，单击鼠标右键，在弹出的快捷菜单中选择“选择性粘贴”，则弹出“选择性粘贴”对话框。

步骤 3　在“选择性粘贴”对话框中选择粘贴“数值”后，单击“确定”按钮，如图 4-26 所示。则所有的计算机成绩就被复制到 G3:G40 区域。

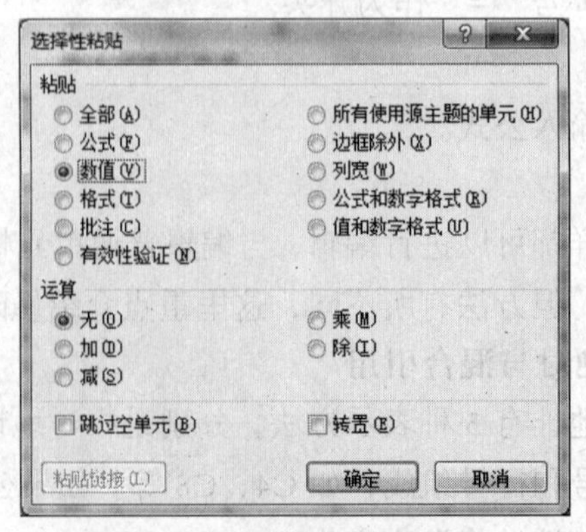

图 4-26　计算机成绩的复制

任务2　利用函数完成期末汇总表的计算

1. 利用SUM函数计算学生总分

步骤1　选择“成绩汇总表”工作表标签，选择H3单元格后，单击“开始”选项卡的“编辑”选项组中的“Σ自动求和”按钮，在H3单元格自动填入“=SUM(D3:G3)”，确认函数参数正确无误后，按回车键或单击编辑栏上的“输入”按钮，从而计算出第一个学生的总分。

步骤2　使用鼠标左键拖动H3单元格的填充柄到H40单元格或双击H3单元格的填充柄，则计算出其他同学的总分。

2. 利用AVERAGE函数计算学生平均分，并保留零位小数

步骤1　选择I3单元格后，单击“开始”选项卡的“编辑”选项组中的“Σ自动求和”下拉按钮，在打开的下拉列表中选择“平均值”选项，在I3单元格自动填入“=AVERAGE(D3:H3)”，修改函数的参数，将其中的H3改为G3后，单击“回车键”或编辑栏上的“输入”按钮，从而计算出第一个学生的平均分。

步骤2　使用鼠标左键拖动I3单元格的填充柄到I40单元格或双击I3单元格的填充柄，则计算出其他同学的平均分。

步骤3　选中I3:I40单元格区域，单击鼠标右键，在弹出的快捷菜单中选择“设置单元格格式”，打开“设置单元格格式对话框”。在“数字”选项卡的“分类”列表框中选择“数值”选项，调整小数位数为“0”，单击“确定”按钮。

3. 利用RANK函数根据总分计算学生名次

步骤1　选择J3单元格后，单击编辑栏上的插入函数按钮 *fx*，弹出“插入函数”对话框，在“或选择类别”下拉列表框中选择“全部”，在“选择函数”列表框中找到RANK后选中，如图4-27所示（也可以在搜索函数框中输入函数RANK，单击“转到”按钮，在选择函数框中选择RANK）。单击“确定”按钮，则弹出“函数参数”对话框，如图4-28所示。

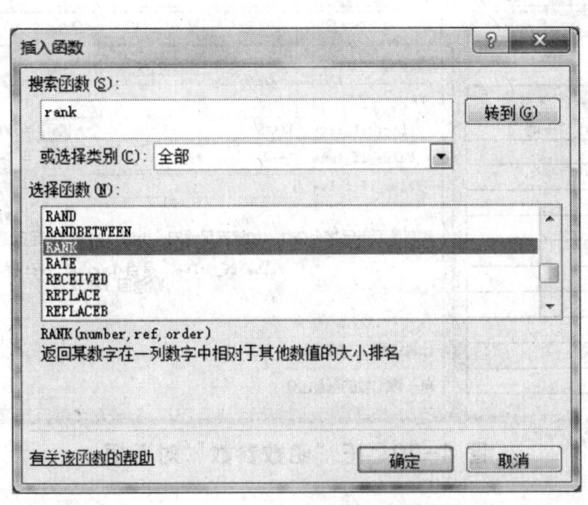

图4-27　插入函数对话框

步骤2　在RANK函数参数对话框的“Nunber”后的文本框中输入“G3”或选择G3单元格。

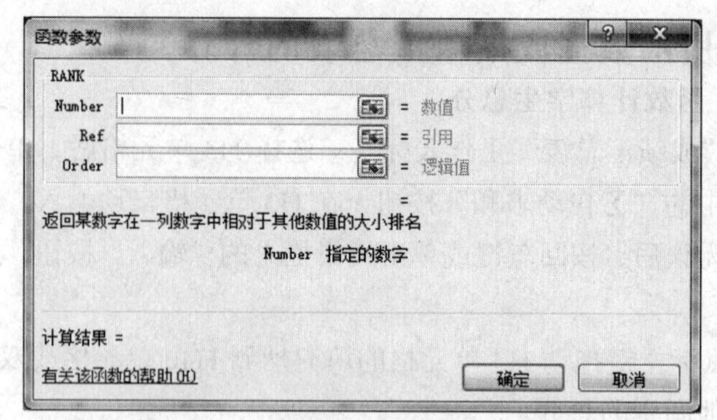

图 4-28　RANK“函数参数”对话框

步骤 3　在 RANK 函数参数对话框的“Ref”后的文本框中输入“G3:G40”或选择 G3:G40 单元格区域。然后在数字 3 和 40 前加上美元符号“$”，则引用变为“G$3:G$40”。选中 G3:G40 单元格区域，单击“F4”键可以在“$G$3:$G$40”“G$3:G$40”“$G3:$G40”和“G3:G40”四种引用之间切换。

步骤 4　在 RANK 函数参数对话框的“Order”后的文本框中什么也不用输入，或者输入“0”，则名次按降序排列。单击“确定”按钮即可求出第一个人的名次。

也可以直接在 J3 单元格中输入“=RANK(G3,G$3:G$40)”后按“回车键”确定。

步骤 5　使用鼠标左键拖动 J3 单元格的填充柄到 J40 单元格或双击 J3 单元格的填充柄，则计算出其他同学的名次。

4．利用 IF 函数计算学生奖学金等级（1～5 名，一等；6～15 名，二等；16～30，三等）

步骤 1　选择 K3 单元格后，单击编辑栏上的插入函数按钮，弹出“插入函数”对话框中，在“或选择类别”下拉列表框中选择“常用函数”，在“选择函数”列表框中找到 IF 后选中，按“确定”按钮，则弹出 IF“函数参数”对话框，如图 4-29 所示。

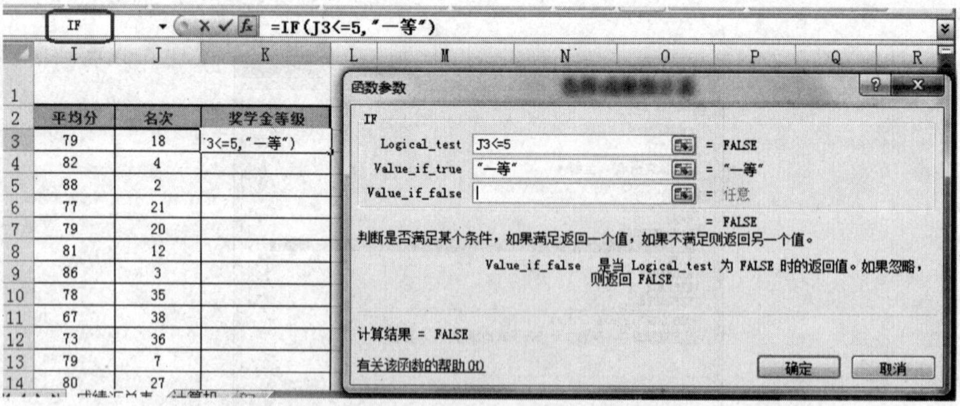

图 4-29　IF“函数参数”对话框

步骤 2　在 Logical_test 后的文本框中输入“J3<=5”，在 Value_if_true 后的文本框中输入“一等”，单击 Value_if_false 后的文本框，之后再单击名称框中的 IF 函数，则在原来 IF 函数中嵌套了一个 IF 函数，如图 4-30 所示。

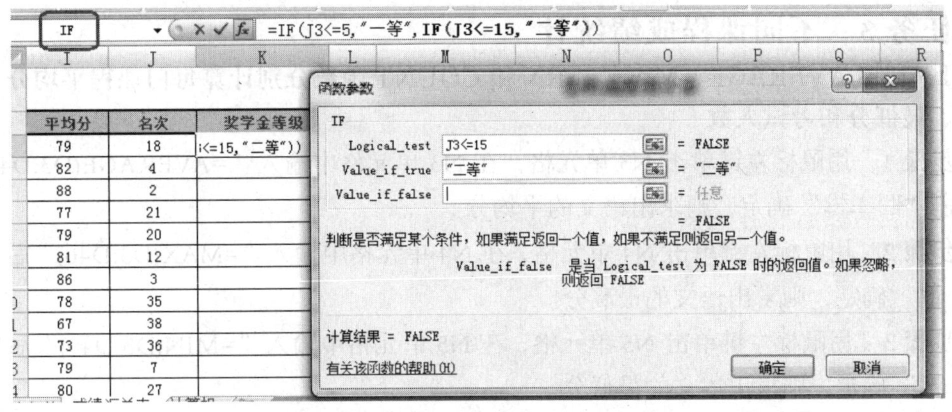

图 4-30　IF“函数参数”嵌套第一个 IF

步骤 3　在第二个 IF 的函数参数 Logical_test 后的文本框中输入“J3<=15”，在 Value_if_true 后的文本框中输入“二等”，单击 Value_if_false 后的文本框后，再单击名称框中的 IF 函数，则在第二个 IF 函数中嵌套了第三个 IF 函数。

步骤 4　在第三个 IF 的函数参数 Logical_test 后的文本框中输入“J3<=30”，在 Value_if_true 后的文本框中输入“三等”，在 Value_if_false 后的文本框中输入“”或按空格键，单击“确定”按钮，则求出第一个学生的奖学金等级。

也可以直接在 K3 单元格中输入“=IF(J3<=5,"一等",IF(J3<=15,"二等",IF(J3<=30,"三等",""))）”后单击“回车键”。

步骤 5　使用鼠标左键拖动 K3 单元格的填充柄到 K40 单元格或双击 K3 单元格的填充柄，则计算出其他同学的奖学金等级。

期末学生成绩汇总表最后的计算结果如图 4-31 所示。

期末成绩汇总表

学号	姓名	性别	语文	数学	英语	计算机	总分	平均分	名次	奖学金等级
14124101	常强	女	80	75	82	80	316	79	18	三等
14124102	李娜	女	88	85	68	88	329	82	4	一等
14124103	杨晓鹏	女	90	87	87	90	353	88	2	一等
14124104	蒋燕	女	78	73	80	78	309	77	21	三等
14124105	崔亚菲	女	79	78	80	79	316	79	20	三等
14124106	郭林铸	女	82	85	75	82	324	81	12	二等
14124107	候慧洁	男	89	75	91	89	343	86	3	一等
14124108	李燕然	女	74	82	83	74	312	78	35	
14124109	李彦军	女	63	73	70	63	269	67	38	
14124110	赵晴	女	66	78	82	66	292	73	36	
14124111	李慧	女	86	75	68	86	315	79	7	二等
14124112	杨显志	男	77	79	89	77	322	80	27	三等
14124113	王朋	女	85	83	88	85	341	85	8	二等
14124114	李志	女	77	88	77	77	318	80	27	三等
14124115	刘莹莹	女	63	84	80	63	289	72	37	
14124116	郭洪涛	女	77	76	75	77	305	76	25	三等
14124117	孙家通	男	77	67	85	77	307	77	24	三等
14124118	顾家豪	男	76	88	82	76	321	80	30	三等
14124119	朱珠	男	87	76	86	87	335	84	6	二等
14124120	王立志	男	82	69	84	82	317	79	14	二等
14124121	张翔羽	男	74	70	84	74	302	76	34	
14124122	周明	男	80	86	77	80	323	81	15	二等
14124123	[illegible]	女	[illegible]	[illegible]	[illegible]	[illegible]	[illegible]	[illegible]	[illegible]	[illegible]

图 4-31　期末学生成绩汇总表计算结果

任务3　不同课程成绩统计

1．利用AVERAGE、MAX、MIN和COUNT函数分别计算每门课程平均分、最高分、最低分和考试人数

步骤1　用鼠标左键单击N3单元格，在N3单元格中输入“=AVERAGE(D3:D40)”后单击“回车键”确定，则求出语文的平均分。

步骤2　用鼠标左键单击N4单元格，在N4单元格中输入“=MAX(D3:D40)”后单击“回车键”确定，则求出语文的最高分。

步骤3　用鼠标左键单击N5单元格，在N5单元格中输入“=MIN(D3:D40)”后单击“回车键”确定，则求出语文的最低分。

步骤4　用鼠标左键单击N6单元格，在N6单元格中输入“=COUNT(D3:D40)”后单击“回车键”确定，则求出语文的考试人数。

步骤5　选定区域N3:N6，用鼠标左键向右拖动区域右下角的填充柄，一直到Q3:Q6区域，则计算出其他三门课程的平均分、最高分、最低分和考试人数。

2．利用COUNTIF函数计算每门课程不同分数段的学生人数

步骤1　选择N7单元格后，单击插入函数按钮，则弹出“插入函数”对话框，在“选择函数”列表框中找到COUNTIF后选中，单击“确定”按钮，则弹出COUNTIF“函数参数”对话框，如图4-32所示。

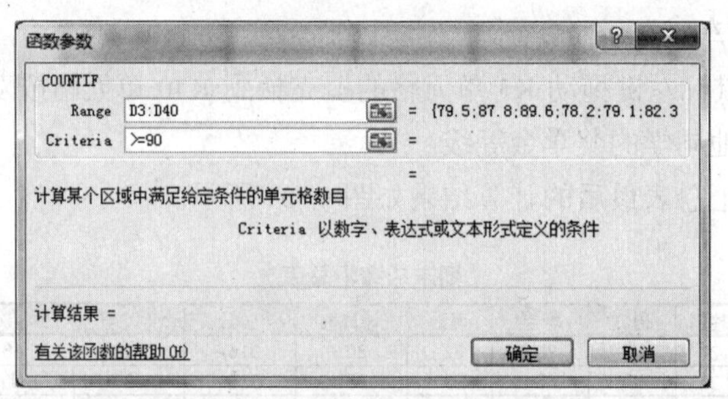

图4-32　COUNTIF函数参数

步骤2　在Range后的文本框中输入“D3:D40”，在Criteria后的文本框中输入“>=90”。单击“确定”按钮，则求语文90分以上的人数。

也可以在N7单元格中输入“=COUNTIF(D3:D40,">=90")”后单击“回车键”。

步骤3　选择N8单元格，输入“=COUNTIF(D3:D40,">=80")−COUNTIF(D3:D40,">=90")”后单击“回车键”确定，则求出语文80～90分之间的人数（不包括90）。

步骤4　选择N9单元格，输入“=COUNTIF(D3:D40,">=70")−COUNTIF(D3:D40,">=80")”后单击“回车键”确定，则求出70～80分之间的人数（不包括80）。

步骤5　选择N9单元格，输入“=COUNTIF(D3:D40,">=60")−COUNTIF(D3:D40,">=70")”后单击“回车键”确定，则求出语文60～70分之间的人数（不包括70）。

步骤6　选择N10单元格，输入“=COUNTIF(D3:D40,"<60")”后单击“回车键”确定，则求出语文60分以下的人数。

步骤7 选定区域N7:N10,用鼠标左键向右拖动区域右下角的填充柄,一直到Q8:Q10区域，则计算出其他三门课程的各个分数段的人数。

3．利用公式函数计算每门课程的及格率和优秀率

步骤1 选择N11单元格后，直接在N11单元格中输入“=SUM(N7:N10)/N6”后单击“回车键”确定，则求出语文成绩的及格率。

步骤2 选择N12单元格后，直接在N12单元格中输入“=(N7+N8)/N6”后单击“回车键”确定，则求出语文成绩的优秀率。

步骤3 选定区域N11:N12，用鼠标左键向右拖动区域右下角的填充柄，一直到Q11:Q12区域，则计算出其他三门课程的及格率和优秀率。

步骤4 选定区域N11:Q12，在数字格式中选择百分比样式，则以百分比样式显示及格率和优秀率，并保留2位小数。完成各科成绩表的计算，如图4-33所示。

各科成绩统计表

课程	语文	数学	英语	计算机
平均分	79	77	81	77
最高分	93	98	98	90
最低分	55	44	68	33
考试人数	38	38	38	38
90-100(人)	1	2	2	0
≥80且<90(人)	15	12	18	16
≥70且<80(人)	18	18	17	17
≥60且<70(人)	3	4	1	3
<60(人)	1	2	0	2
及格率	97.37%	94.74%	100.00%	94.74%
优秀率	42.11%	36.84%	52.63%	42.11%

图4-33 各科成绩表计算结果

任务4 不同性别学生成绩的统计

1．利用COUNTIF函数计算每门课程参加考试的男女生人数

步骤1 选择N18单元格后，直接在N18单元格中输入“=COUNTIF($C3: $C40,"男")”或“=COUNTIF($C$3:$C$40,"男")”后单击“回车键”确定，则求出男生考试语文人数。

步骤2 选择N19单元格后，直接在N19单元格中输入“=COUNTIF($C3:$C40,"女")”或“=COUNTIF($C$3:$C$40,"女")”后单击“回车键”确定，则求出女生考试语文人数。

步骤3 选定区域N18:N19，按住鼠标左键向右拖动区域右下角的填充柄，一直到Q18:Q19区域，则计算出其他三门课程的男女生考试人数。

2．利用SUMIF函数计算每门课程男女生总分

步骤1 选择N20单元格后，直接在N20单元格中输入“=SUMIF($C3:$C40,"男",D3:D40)”或“=SUMIF($C$3:$C$40,"男",D3:D40)”后单击“回车键”确定，则求出男生考试语文总分。

步骤2 选择N21单元格后，直接在N21单元格中输入“=SUMIF($C3:$C40,"女

",D3:D40")"”或“=SUMIF($C3$:$C$40,"女",D3:D40)”后单击“回车键”确定，则求出女生考试语文总分。

步骤 3 选定区域 N20:N21，按住鼠标左键向右拖动区域右下角的填充柄，一直到 Q20:Q21 区域，则计算出其他三门课程的男女生考试的总分。

3．利用公式计算每门课程男女生平均成绩

步骤 1 选择 N22 单元格后，直接在 N20 单元格中输入“=N20/N18”后单击“回车键”确定，则求出男生考试语文平均分。(直接在 N20 单元格中输入“=AVERAGEIF($C3:$C40,"男",D3:D40)”或“=AVERAGEIF($C3$:$C$40,"女",D3:D40)”)

步骤 2 选择 N23 单元格后，直接在 N23 单元格中输入“=N21/N19”后单击“回车键”确定，则求出女生考试语文平均分。(直接在 N23 单元格中输入“=AVERAGEIF$C3:$C40,"女",D3:D40)")”或“=AVERAGEIF($C3$:$C$40,"女",D3:D40)”)

步骤 3 选定区域 N22:N23，按住鼠标左键向右拖动区域右下角的填充柄，一直到 Q22:Q23 区域，则计算出其他三门课程的男女生考试的平均分。

4．利用 ABS 函数计算每门课程男女生成绩差

步骤 1 选择 N24 单元格后，直接在 N24 单元格中输入“=ABS(N22−N23)”后单击“回车键”确定，则求出语文男女生成绩差。

步骤 2 选定单元格 N24，按住鼠标左键向右拖动区域右下角的填充柄，一直到 Q24 单元格，则计算出其他三门课程的男女生考试的成绩差。

步骤 3 选定区域 N20:N21，在数字格式中选择其他数字格式，在“设置单元格格式”对话框中选择“数字”选项卡，然后在“分类”列表框中选择“数值”，将小数位数设置为“0”。

步骤 4 选定区域 N22:N24，在数字格式中选择“数字”，则选中区域的数字保留 2 位小数。现在男女成绩对比表完成，如图 4-34 所示。

男女学生成绩对比表

课程	语文	数学	英语	计算机
男生考试人数:	14	14	14	14
女生考试人数:	24	24	24	24
男生总成绩:	1118.2	1079.2	1164.0	1095.5
女生总成绩:	1872.0	1859.0	1921.0	1832.6
男生平均成绩:	79.87	77.09	83.14	78.25
女生平均成绩:	78.00	77.46	80.04	76.36
男女生成绩差:	1.87	0.37	3.10	1.89

图 4-34 男女成绩对比表计算结果

【拓展训练】

常见函数扩展性领域中的应用

1．IF 函数使用

函数格式：IF（条件，值 1，值 2）

功能：执行真假值判断，根据条件的成立与不成立得到不同的结果。如果“条件”成

立，函数结果为“值 1”；如果“条件”不成立，函数结果为“值 2”。

例题：如图 4-35 所示，“Word、PowerPoint、OutLook”培训科目的培训师是陈霞，“Excel、Access”培训科目的培训师是苏雄，请将培训师的姓名输入到表中相应单元格里。

步骤 1 启动 Excel 应用程序，打开“培训管理系统.xlsx”。

步骤 2 选中 H4 单元格，找到 IF 函数，单击“确定”按钮，函数窗口具体内容填写如图 4-36 所示。

员工培训管理系统

员工编号	员工姓名	培训科目	开始日期	结束日期	培训基本内容	培训师	培训说明
0001	苏婧涵	Word文字处理	38777	38781	文书、排版		考试日期为3月15号
0001	苏婧涵	Excel电子表格分析	38777	38781	统计分析		考试日期为3月15号
0001	苏婧涵	PowerPoint幻灯片演示	38782	38786	商务演示		考试日期为3月15号
0001	苏婧涵	Access数据库开发	38782	38786	初级数据库应用		考试日期为3月15号
0001	苏婧涵	OutLook邮件管理	38787	38789	邮件收发		考试日期为3月15号
0002	陈春霞	Word文字处理	38777	38781	文书、排版		考试日期为3月15号
0002	陈春霞	Excel电子表格分析	38777	38781	统计分析		考试日期为3月15号
0002	陈春霞	PowerPoint幻灯片演示	38782	38786	商务演示		考试日期为3月15号
0002	陈春霞	Access数据库开发	38782	38786	初级数据库应用		考试日期为3月15号
0002	陈春霞	OutLook邮件管理	38787	38789	邮件收发		考试日期为3月15号
0003	舒靖安	Word文字处理	38777	38781	文书、排版		考试日期为3月15号
0003	舒靖安	Excel电子表格分析	38777	38781	统计分析		考试日期为3月15号
0003	舒靖安	PowerPoint幻灯片演示	38782	38786	商务演示		考试日期为3月15号
0003	舒靖安	Access数据库开发	38782	38786	初级数据库应用		考试日期为3月15号
0003	舒靖安	OutLook邮件管理	38787	38789	邮件收发		考试日期为3月15号
0004	涂源云	Word文字处理	38777	38781	文书、排版		考试日期为3月15号
0004	涂源云	Excel电子表格分析	38777	38781	统计分析		考试日期为3月15号
0004	涂源云	PowerPoint幻灯片演示	38782	38786	商务演示		考试日期为3月15号
0004	涂源云	Access数据库开发	38782	38786	初级数据库应用		考试日期为3月15号

图 4-35 员工培训管理系统

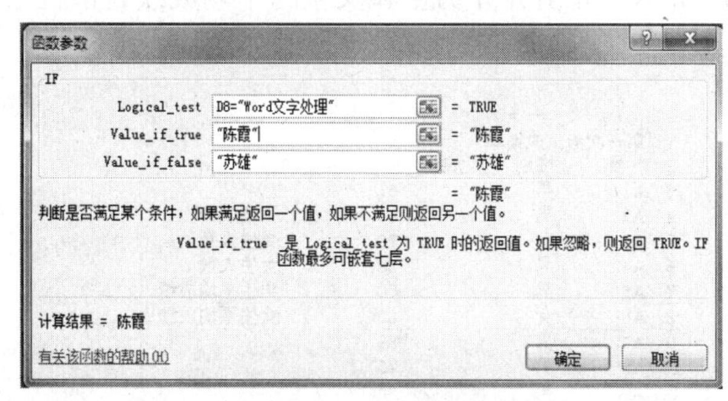

图 4-36 IF 函数的使用

步骤 3 条件部分嵌套“OR”函数，替换步骤 2 中的条件，函数窗口具体内容填写如图 4-37 所示。

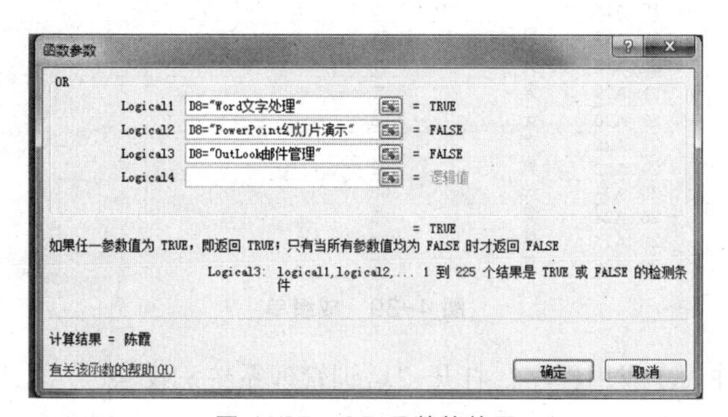

图 4-37 OR 函数的使用

步骤 4 最终效果图如图 4-38 所示。

	A	B	C	D	E	F	G	H	I
1				员工培训管理系统					
2									
3		员工编号	员工姓名	培训科目	开始日期	结束日期	培训基本内容	培训师	培训说明
4		0001	苏婧涵	Word文字处理	38777	38781	文书、排版	陈霞	考试日期为3月15号
5		0001	苏婧涵	Excel电子表格分析	38777	38781	统计分析	苏雄	考试日期为3月15号
6		0001	苏婧涵	PowerPoint幻灯片演示	38782	38786	商务演示	陈霞	考试日期为3月15号
7		0001	苏婧涵	Access数据库开发	38782	38786	初级数据库应用	苏雄	考试日期为3月15号
8		0001	苏婧涵	OutLook邮件管理	38787	38789	邮件收发	陈霞	考试日期为3月15号
9		0002	陈春霞	Word文字处理	38777	38781	文书、排版	陈霞	考试日期为3月15号
10		0002	陈春霞	Excel电子表格分析	38777	38781	统计分析	苏雄	考试日期为3月15号
11		0002	陈春霞	PowerPoint幻灯片演示	38782	38786	商务演示	陈霞	考试日期为3月15号
12		0002	陈春霞	Access数据库开发	38782	38786	初级数据库应用	苏雄	考试日期为3月15号
13		0002	陈春霞	OutLook邮件管理	38787	38789	邮件收发	陈霞	考试日期为3月15号
14		0003	舒靖安	Word文字处理	38777	38781	文书、排版	陈霞	考试日期为3月15号
15		0003	舒靖安	Excel电子表格分析	38777	38781	统计分析	苏雄	考试日期为3月15号
16		0003	舒靖安	PowerPoint幻灯片演示	38782	38786	商务演示	陈霞	考试日期为3月15号
17		0003	舒靖安	Access数据库开发	38782	38786	初级数据库应用	苏雄	考试日期为3月15号
18		0003	舒靖安	OutLook邮件管理	38787	38789	邮件收发	陈霞	考试日期为3月15号
19		0004	涂源云	Word文字处理	38777	38781	文书、排版	陈霞	考试日期为3月15号
20		0004	涂源云	Excel电子表格分析	38777	38781	统计分析	苏雄	考试日期为3月15号
21		0004	涂源云	PowerPoint幻灯片演示	38782	38786	商务演示	陈霞	考试日期为3月15号
22		0004	涂源云	Access数据库开发	38782	38786	初级数据库应用	苏雄	考试日期为3月15号
23		0004	涂源云	OutLook邮件管理	38787	38789	邮件收发	陈霞	考试日期为3月15号

图 4-38 IF 函数的嵌套

2. SUMIF 函数使用

函数格式：SUMIF（区域，条件，计算区域）

功能：对满足条件的单元格求和。

例题：如图 4-39 所示，分别计算男生和女生的平均成绩，请将结果输入到表 F7、F8 单元格中。

	A	B	C	D	E	F
1	第一次考试成绩单					
2	学号	性别	成绩			
3	A1	男	61			
4	A2	男	69		平均成绩	
5	A3	女	79		男生人数	
6	A4	男	88		女生人数	
7	A5	男	70		男生平均成绩	
8	A6	女	80		女生平均成绩	
9	A7	男	89			
10	A8	男	75			
11	A9	男	84			
12	A10	女	60			
13	A11	男	93			
14	A12	男	45			
15	A13	女	68			
16	A14	男	85			
17	A15	男	93			
18	A16	女	89			
19	A17	男	65			
20	A18	女	97			
21	A19	男	87			
22	A20	女	86			
23	A21	男	56			
24	A22	男	92			
25	A23	女	68			
26	A24	男	83			
27	A25	男	84			
28	A26	男	77			

图 4-39 成绩单

步骤 1 启动 Excel 应用程序，打开“培训管理系统.xlsx”。

步骤 2 选中 F5 单元格，找到 COUNTIF 函数，单击“确定”按钮，函数窗口具体内容填写如图 4-40 所示，同理，计算出女生人数为 8 人。

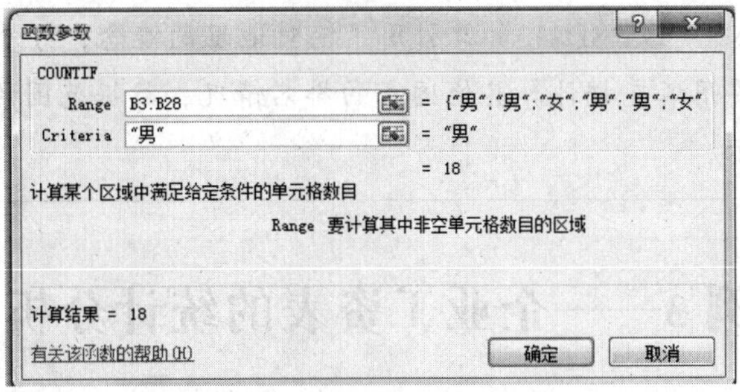

函数参数
COUNTIF
Range B3:B28
= {"男":"男":"女":"男":"男":"女"
Criteria "男"
= "男"
= 18
计算某个区域中满足给定条件的单元格数目
Range 要计算其中非空单元格数目的区域
计算结果 = 18
有关该函数的帮助(H)
确定
取消

图 4-40　COUNTIF 函数的使用

步骤 3　选中 F7 单元格，找到 SUMIF 函数，单击“确定”按钮，函数窗口具体内容填写如图 4-41 所示。

函数参数
SUMIF
Range B3:B28
= {"男":"男":"女":"男":"男":"女"...
Criteria "男"
= "男"
Sum_range C3:C28
= {61;69;79;88;70;80;89;75;84;60;93
= 1396
对满足条件的单元格求和
Range 要进行计算的单元格区域
计算结果 = 1396
有关该函数的帮助(H)
确定
取消

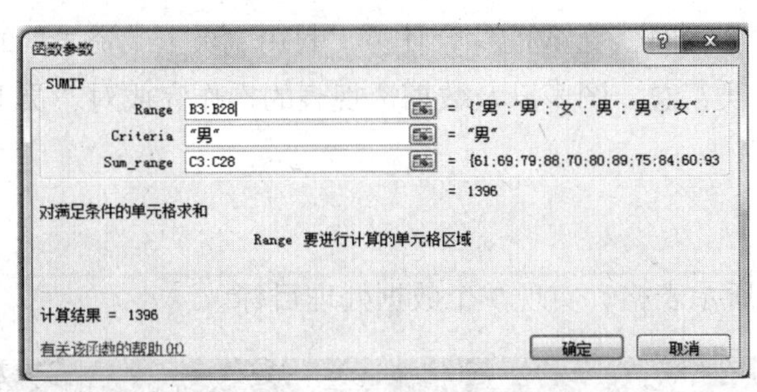

图 4-41　SUMIF 函数的使用

步骤 4　再次选中 F7 单元格，在编辑栏中输入公式。

步骤 5　重复步骤 4 计算女生平均成绩，并将结果保留 1 位小数，最终效果图如图 4-42 所示。

	A	B	C	D	E	F
1	第一次考试成绩单					
2	学号	性别	成绩			
3	A1	男	61			
4	A2	男	69		平均成绩	
5	A3	女	79		男生人数	18
6	A4	男	88		女生人数	8
7	A5	男	70		男生平均成绩	77.6
8	A6	女	80		女生平均成绩	78.4
9	A7	男	89			
10	A8	男	75			
11	A9	男	84			
12	A10	女	60			
13	A11	男	93			
14	A12	男	45			
15	A13	女	68			
16	A14	男	85			
17	A15	男	93			
18	A16	女	89			
19	A17	男	65			
20	A18	女	97			
21	A19	男	87			
22	A20	女	86			
23	A21	男	56			
24	A22	男	92			
25	A23	女	68			
26	A24	男	83			
27	A25	男	84			
28	A26	男	77			

图 4-42　SUMIF 函数应用

注　意

无论是公式计算还是函数计算，都应特别注意绝对地址符的使用，公式编辑输入“=G3*$D$13”就引用了绝对地址的概念；另外，在任务二步骤10中，若要用填充柄计算其他国家的排名情况，数据范围的引用也必须用绝对地址表示。

4.3　情境案例3——企业工资表的统计分析

使用Excel表格的目的是对数据进行处理和分析，例如，往往需要查看分析某种特定的数据，需要对数据进行排序和汇总等。本案例将学习多种处理数据的方法。

【情境描述】

本案例是一个由5个任务组成的综合任务，利用“员工工资表”的原始数据，通过计算、排序、筛选、分类汇总、图表以及数据透视表的操作完成对“员工工资表”的数据处理和分析。

【案例分析】

针对如图4-43所示表格，实现7个数据处理目标。

员工工资表											
员工编号	员工姓名	性别	所在部门	基本工资	奖金	住房补助	车费补助	应发工资	公积金	税款	实发工资
001	袁振业	男	人事科	2100	700	600	300				
002	石晓珍	女	人事科	4000	500	1600	250				
003	杨圣滔	男	教务科	2750	620	900	310				
004	杨建兰	女	财务科	2800	680	1100	340				
005	石卫国	男	财务科	2230	460	700	230				
006	石根达	男	人事科	4550	600	1200	300				
007	杨宏盛	男	人事科	4200	320	1400	160				
008	杨云帆	男	财务科	3080	610	1000	310				
009	石平和	男	人事科	2370	200	800	100				
010	石晓桃	女	教务科	4360	500	2000	270				
011	符晓	男	人事科	2650	580	800	290				
012	朱江	男	教务科	2700	640	1000	320				
013	周丽萍	女	财务科	2130	430	600	210				
014	张耀炜	男	教务科	4450	570	1100	280				
015	张艳	女	财务科	2980	510	900	250				
016	符瑞聪	男	教务科	3370	400	1000	270				
			税率	0.08							

图4-43　员工工资表

（1）计算每个人的应发工资和实发工资。

（2）按所在部门为主要关键字（升序）和实发工资为次要关键字（降序）进行排序。

（3）建立表格自动筛选器，筛选出人事科所有员工实发工资大于3 000并且小于4 000的记录。

（4）使用高级筛选筛选出基本工资大于4 000或者奖金大于等于600的记录，条件区域应设置在数据区域的顶端（注意：条件区域和数据区域之间留一个空行），在新的区域显示筛选结果。

（5）用分类汇总的方法计算各部门的实发工资合计值。

（6）把员工袁振业的各项工资分布用“三维饼图”表示出来（应发工资、实发工资除外）。

（7）用数据透视表统计各部门的人数。

【相关知识】

1．排序

顾名思义，排序就是按照某种设置好的顺序将数据显示出来。排序的方向包括升序和降序。升序是数字由小到大，字母由A到Z，汉字根据其拼音字母由A到Z，降序与升序正好相反。排序是数据库中的一项重要操作，对数据清单中的数据以不同的字段来进行排序可以满足不同的数据分析要求。

2．数据筛选

数据筛选就是只显示符合条件的记录，不符合条件的记录暂时隐藏。筛选分为自动筛选和高级筛选两种，自动筛选简单明了，操作的过程中轻松易懂，高级筛选由于需要添加筛选条件，设置筛选结果的存放位置，相对复杂些。

3．分类汇总

“分类汇总”就是把数据分类别进行统计，便于对数据的分析管理。分类汇总前要先对分类字段进行排序操作，再进行分类汇总操作。

4．图表

图表是数据的一种形象化表现，主要有两种方式进行体现，一种是图表形式，另一种就是数据透视图与透视表。

【案例实施】

任务1　使用公式和函数完成“员工工资表”的计算

利用Excel公式计算的方法对员工的应发工资、扣款和实发工资进行统计，其中应发工资=基本工资＋奖金+住房补助+车费补助；公积金=基本工资×10%；如果基本工资大于3 000元，税款＝（基本工资－3 000）×税率，否则税款为0；实发工资＝应发工资－公积金－税款，最终效果如图4-44所示。

操作步骤如下。

步骤1　求应发工资。

（1）启动Excel应用程序，打开“情境3素材.xlsx”。

（2）用鼠标右键单击“工资表”工作表标签，选择“移动或复制工作表”，选择“（移至最后）”，并选中“建立副本”。

（3）双击“工资表（2）”，并将其改名为“计算后工资表”。

（4）在“计算后工资表”中选中区域E3:I18，单击“开始”选项卡，在“编辑”选项组中单击“Σ自动求和”命令按钮，则计算出全部“应发工资”。

员工工资表											
员工编号	员工姓名	性别	所在部门	基本工资	奖金	住房补助	车费补助	应发工资	公积金	税款	实发工资
001	袁振业	男	人事科	2100	700	600	300	3700	210	0	3490
002	石晓珍	女	人事科	4000	500	1600	250	6350	400	80	5870
003	杨圣滔	男	教务科	2750	620	900	310	4580	275	0	4305
004	杨建兰	女	财务科	2800	680	1100	340	4920	280	0	4640
005	石卫国	男	财务科	2230	460	700	230	3620	223	0	3397
006	石根达	男	人事科	4550	600	1200	300	6650	455	124	6071
007	杨宏盛	男	人事科	4200	320	1400	160	6080	420	96	5564
008	杨云帆	男	财务科	3080	610	1000	310	5000	308	6	4686
009	石平和	男	人事科	2370	200	800	100	3470	237	0	3233
010	石晓桃	女	教务科	4360	500	2000	270	7130	436	109	6585
011	符晓	男	人事科	2650	580	800	290	4320	265	0	4055
012	朱江	男	教务科	2700	640	1000	320	4660	270	0	4390
013	周丽萍	女	财务科	2130	430	600	210	3370	213	0	3157
014	张耀炜	男	教务科	4450	570	1100	280	6400	445	116	5839
015	张艳	女	财务科	2980	510	900	250	4640	298	0	4342
016	符瑞聪	男	教务科	3370	400	1000	270	5040	337	30	4673
			税率	0.08							

图 4-44 工资表计算结果

步骤 2 求实发工资。

（1）求公积金：单击 J3 单元格，在公式编辑输入“=E3*10%”，单击“回车键”求出第一个员工的“公积金”，再利用自动填充功能，按下 J3 单元格的填充柄拖动至 J18 单元格，求出每位员工的“公积金”。

（2）求税款：单击 K3 单元格，在公式编辑框中输入“=IF(E3>=3000,(E3-3000)*$E$19,0)”，回车求出第一个员工的“税款”，再利用自动填充功能，按下 K3 单元格的填充柄拖动至 K18 单元格，求出每位员工的“税款”。

（3）求实发工资：单击 L3 单元格，在公式编辑框中输入“=E3-J3-K3”，单击“回车键”求出第一个员工的“实发工资”，再利用自动填充功能，按住 L3 单元格的填充柄拖动至 L18 单元格，求出每位员工的“实发工资”。

（4）选中区域 K3:L18，利用单击“开始”选项卡，在“数字”选项组中增加小数位数按钮，使数字保留 0 位小数。

（5）保存工作簿。

任务 2 员工数据排序

小明是某公司的会计，负责公司员工的工资管理，现需要根据员工工资表统计各项工资明细，以“所在部门”为主要关键字进行升序排列，次关键字为“性别”升序和第三关键字“实发工资”降序排列，排序后的结果如图 4-45 所示。

操作步骤如下。

步骤 1 启动 Excel 应用程序，打开“情境 3 素材.xlsx”。

步骤 2 鼠标右键单击“计算后工资表”工作表标签，选择“移动或复制工作表”，选择“（移至最后）”，并选中“建立副本”。

步骤 3 双击“计算后工资表（2）”，并改名为“工资表排序”。

员工工资表											
员工编号	员工姓名	性别	所在部门	基本工资	奖金	住房补助	车费补助	应发工资	公积金	税款	实发工资
008	杨云帆	男	财务科	3080	610	1000	310	5000	308	6	4686
005	石卫国	男	财务科	2230	460	700	230	3620	223	0	3397
004	杨建兰	女	财务科	2800	680	1100	340	4920	280	0	4640
015	张艳	女	财务科	2980	510	900	250	4640	298	0	4342
013	周丽萍	女	财务科	2130	430	600	210	3370	213	0	3157
014	张耀炜	男	教务科	4450	570	1100	280	6400	445	116	5839
016	符瑞聪	男	教务科	3370	400	1000	270	5040	337	30	4673
012	朱江	男	教务科	2700	640	1000	320	4660	270	0	4390
003	杨圣滔	男	教务科	2750	620	900	310	4580	275	0	4305
010	石晓桃	女	教务科	4360	500	2000	270	7130	436	109	6585
006	石根达	男	人事科	4550	600	1200	300	6650	455	124	6071
007	杨宏盛	男	人事科	4200	320	1400	160	6080	420	96	5564
011	符晓	男	人事科	2650	580	800	290	4320	265	0	4055
001	袁振业	男	人事科	2100	700	600	300	3700	210	0	3490
009	石平和	男	人事科	2370	200	800	100	3470	237	0	3233
002	石晓珍	女	人事科	4000	500	1600	250	6350	400	80	5870

图 4-45 排序后的结果

步骤 4 在"工资表排序"工作表中，单击数据清单（表格数据区）中任一单元格，使其成为活动单元格（选中状态），如图 4-46 所示。

基本工资	奖金	住房补助	车费补助	应发工资	公积金
3080	610	1000	310	5000	308
2230	460	700	230	3620	223
2800	680	1100	340	4920	280
2980	510	900	250	4640	298
2130	430	600	210	3370	213
4450	570	1100	活动单元格	400	445
3370	400	1000	270	5040	337
2700	640	1000	320	4660	270

图 4-46 活动单元格位置

步骤 5 单击"开始"选项卡"编辑"组中"排序和筛选"下拉按钮中的"自定义排序"命令，在弹出的对话框中进行设置，如图 4-47 所示。设置完成后单击"确定"按钮，即可完成排序操作。

排序

添加条件(A) 删除条件(D) 复制条件(C) 选项(O)... 数据包含标题(H)

列		排序依据	次序
主要关键字	所在部门	数值	升序
次要关键字	性别	数值	升序
次要关键字	实发工资	数值	降序

确定 取消

图 4-47 排序对话框

任务 3　员工数据筛选

小明计划针对员工工资表进行自动筛选，查看“实发工资”在 3 000～4 000 之间的员工信息；同时再对工资表进行高级筛选，筛选出“基本工资”大于 4000 或者“奖金”大于等于 600 的员工信息，且结果从 A24 开始显示，请帮小明完成这个任务。

操作步骤如下。

步骤 1　使用自动筛选查看“人事科”“应发工资”在 3 000～4 000 之间的员工信息。

（1）启动 Excel 应用程序，打开“情境 3 素材.xlsx”。

（2）鼠标右键单击“计算后工资表”工作表标签，选择“移动或复制工作表”，选择“（移至最后）”，并选中“建立副本”。

（3）双击“计算后工资表（2）”，并改名为“工资表自动筛选”。

（4）在“工资表自动筛选”工作表中，单击数据清单中任一单元格，使其成为活动单元格（选中状态）。

（5）单击“开始”选项卡“编辑”组中“排序和筛选”下拉按钮中的“筛选”命令，单击列标题行“所在部门”单元格右侧的“筛选”按钮，在下拉列表项中选择“人事科”选项后单击“确定”按钮，如图 4-48 所示。

图 4-48　筛选条件设置（所在部门）

（6）再单击列标题行“应发工资”单元格右侧的按钮，在下拉列表项中选择“介于”选项后，出现“自定义自动筛选方式”对话框，在大于或等于后输入“3000”，在小于或等于后输入“4000”，如图 4-49 所示。

（7）设置完成后单击“确定”按钮，自动筛选后效果如图 4-50 所示。所在部门和应发工资后面的箭头变成了筛选器的图标。

步骤 2　使用高级筛选筛选出“基本工资”大于 4 000，或者“奖金”大于等于 600 的员工信息，且结果从 A24 开始显示。

（1）鼠标右键单击“计算后工资表”工作表标签，选择“移动或复制工作表”，选择“（移至最后）”，并选中“建立副本”。

（2）双击“计算后工资表（2）”，并改名为“工资表高级筛选”。

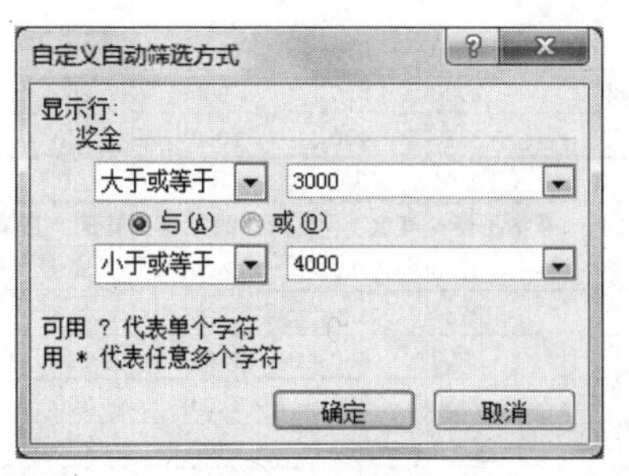

图 4-49　筛选条件设置（应发工资）

员工工资表											
员工编号	员工姓名	性别	所在部门	基本工资	奖金	住房补助	车费补助	应发工资	公积金	税款	实发工资
001	袁振业	男	人事科	2100	700	600	300	3700	210	0	3490
009	石平和	男	人事科	2370	200	800	100	3470	237	0	3233

图 4-50　筛选结果

（3）在“工资表高级筛选”工作表中，选中行号 1、2、3、4 后单击鼠标右键，在弹出的快捷菜单中选择“插入”，则在标题“员工工资表”行前插入 4 个空行，作为条件区域。

（4）在 E1 单元格中输入“基本工资”，F1 单元格中输入“奖金”，在 E2 单元格中输入“>4000”，在在 F3 单元格中输入“>600”，如图 4-51 所示。

	A	B	C	D	E	F	G	H	I	J
1					基本工资	奖金				
2					>4000					
3						>600				
4										
5	员工工资表									
6	员工编号	员工姓名	性别	所在部门	基本工资	奖金	住房补助	车费补助	应发工资	公积金
7	001	袁振业	男	人事科	2100	700	600	300	3700	210

图 4-51　设置条件区域

（5）单击数据清单中任一单元格，使其成为活动单元格，再单击“数据”选项卡“排序和筛选”组中的“高级”按钮，弹出的“高级筛选”对话框，如图 4-52 所示。

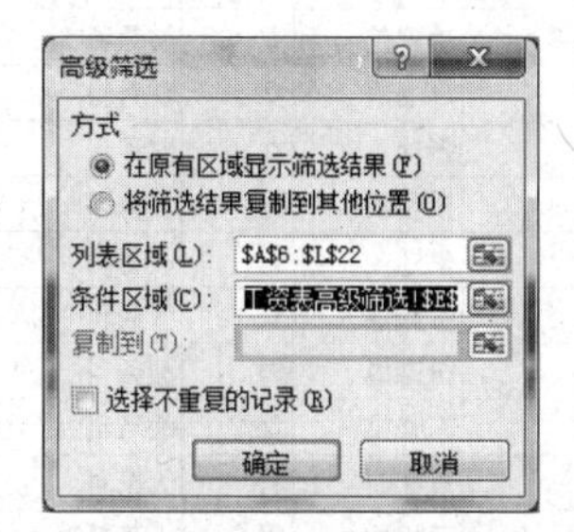

图 4-52　“高级筛选”对话框的设置

（6）“高级筛选”对话框中的列表区域会自动显示“$A$6:$L$22”（如果不是，则需要手动选择）。单击条件区域后的文本框，选择 E1:F3，则文本框中出现“工资表高级筛选!$E$1:$F$3”，设置完成后单击“确定”按钮，则筛选结果显示在原来位置。

说明：如果单击“方式”下的单选按钮“将筛选结果复制到其他位置”后，在“复制到”后面的文本框中选择 A24，则“复制到”文本框中显示“工资表高级筛选!$A$24”，然后单击“确定”按钮，高级筛选后效果如图 4-53 所示。

20	014	张耀炜	男	教务科	4450	570	1100	280	6400	445	1160	4795
21	015	张艳	女	财务科	2980	510	900	250	4640	298	0	4342
22	016	符瑞聪	男	教务科	3370	400	1000	270	5040	337	296	4407
23				税率	0.08							
24	员工编号	员工姓名	性别	所在部门	基本工资	奖金	住房补助	车费补助	应发工资	公积金	税款	实发工资
25	001	袁振业	男	人事科	2100	700	600	300	3700	210	0	3490
26	003	杨圣滔	男	教务科	2750	620	900	310	4580	275	0	4305
27	004	杨建兰	女	财务科	2800	680	1100	340	4920	280	0	4640
28	006	石根达	男	人事科	4550	600	1200	300	6650	455	1240	4955
29	007	杨宏盛	男	人事科	4200	320	1400	160	6080	420	960	4700
30	008	杨云帆	男	财务科	3080	610	1000	310	5000	308	64	4628
31	010	石晓桃	女	教务科	4360	500	2000	270	7130	436	1088	5606
32	012	朱江	男	教务科	2700	640	1000	320	4660	270	0	4390
33	014	张耀炜	男	教务科	4450	570	1100	280	6400	445	1160	4795

图 4-53　高级筛选结果

任务 4　员工信息分类汇总

员工信息的汇总也是企业实际应用中的常用操作，为了统计各部门的“实发工资”之和，请设计一个操作过程，完成该任务。

操作步骤如下。

步骤 1　启动 Excel 应用程序，打开“情境 3 素材.xlsx”。

步骤 2　用鼠标右键单击“计算后工资表”工作表标签，选择“移动或复制工作表”，选择“（移至最后）”，并选中“建立副本”。

步骤 3　双击“计算后工资表（2）”，并改名为“工资表分类汇总”。

步骤 4　选定区域 D19:F19，单击鼠标右键，选择“剪切”，选定单元格 N1，单击鼠标右键，选择“粘贴”，可将 D19:F19 区域内容移动到 N1:M1。

步骤 5　单击“部门”列中任意数据，单击“数据”选项卡“排序和筛选”中的“升序”按钮，进行升序排序，排序后效果如图 4-54 所示。

员工工资表											
员工编号	员工姓名	性别	所在部门	基本工资	奖金	住房补助	车费补助	应发工资	公积金	税款	实发工资
005	石卫国	男	财务科	2230	460	700	230	3620	223	0	3397
008	杨云帆	男	财务科	3080	610	1000	310	5000	308	6	4686
004	杨建兰	女	财务科	2800	680	1100	340	4920	280	0	4640
013	周丽萍	女	财务科	2130	430	600	210	3370	213	0	3157
015	张艳	女	财务科	2980	510	900	250	4640	298	0	4342
003	杨圣滔	男	教务科	2750	620	900	310	4580	275	0	4305
012	朱江	男	教务科	2700	640	1000	320	4660	270	0	4390
014	张耀炜	男	教务科	4450	570	1100	280	6400	445	116	5839
016	符瑞聪	男	教务科	3370	400	1000	270	5040	337	30	4673
010	石晓桃	女	教务科	4360	500	2000	270	7130	436	109	6585
001	袁振业	男	人事科	2100	700	600	300	3700	210	0	3490
006	石根达	男	人事科	4550	600	1200	300	6650	455	124	6071
007	杨宏盛	男	人事科	4200	320	1400	160	6080	420	96	5564
009	石平和	男	人事科	2370	200	800	100	3470	237	0	3233
011	符晓	男	人事科	2650	580	800	290	4320	265	0	4055
002	石晓珍	女	人事科	4000	500	1600	250	6350	400	80	5870

图 4-54　排序的部分结果

步骤 6 选择“数据”选项卡“分级显示”组中的“分类汇总”，在弹出的“分类汇总”对话框中进行相应设置，分类字段选择“所在部门”，汇总方式选择“求和”，选定汇总项选择“实发工资”，如图 4-55 所示。

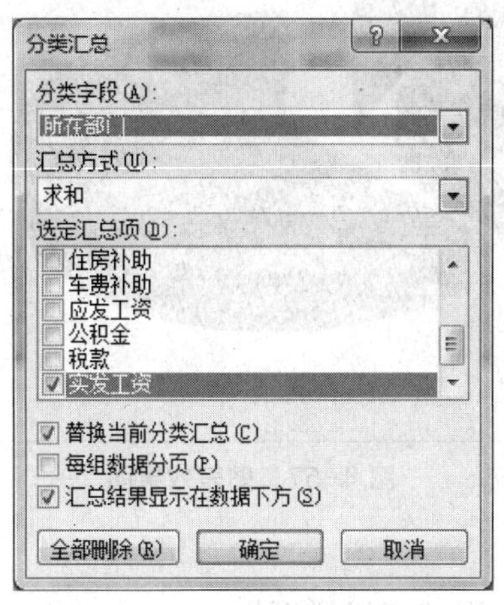

图 4-55 “分类汇总”对话框

步骤 7 设置完成后单击“确定”按钮，分类汇总后效果如图 4-56 所示。

	A	B	C	D	E	F	G	H	I	J	K	L
1	员工工资表											
2	员工编号	员工姓名	性别	所在部门	基本工资	奖金	住房补助	车费补助	应发工资	公积金	税款	实发工资
3	005	石卫国	男	财务科	2230	460	700	230	3620	223	0	3397
4	008	杨云帆	男	财务科	3080	610	1000	310	5000	308	6	4686
5	004	杨建兰	女	财务科	2800	680	1100	340	4920	280	0	4640
6	013	周丽萍	女	财务科	2130	430	600	210	3370	213	0	3157
7	015	张艳	女	财务科	2980	510	900	250	4640	298	0	4342
8				财务科 汇总								20222
9	003	杨圣滔	男	教务科	2750	620	900	310	4580	275	0	4305
10	012	朱江	男	教务科	2700	640	1000	320	4660	270	0	4390
11	014	张耀炜	男	教务科	4450	570	1100	280	6400	445	116	5839
12	016	符瑞聪	男	教务科	3370	400	1000	270	5040	337	30	4673
13	010	石晓桃	女	教务科	4360	500	2000	270	7130	436	109	6585
14				教务科 汇总								25793
15	001	袁振业	男	人事科	2100	700	600	300	3700	210	0	3490
16	006	石根达	男	人事科	4550	600	1200	300	6650	455	124	6071
17	007	杨宏盛	男	人事科	4200	320	1400	160	6080	420	96	5564
18	009	石平和	男	人事科	2370	200	800	100	3470	237	0	3233
19	011	符晓	男	人事科	2650	580	800	290	4320	265	0	4055
20	002	石晓珍	女	人事科	4000	500	1600	250	6350	400	80	5870
21				人事科 汇总								28283
22				总计								74297

图 4-56 分类汇总结果

任务 5 员工信息图表制作

数据的表现形式不只有数字这一种方式，请根据员工工资表中的数据，以杨云帆员工的各项应发工资信息为例，制作一个“分离式三维饼图”图表，效果如图 4-57 所示，并对部门建立透视图表，统计男女性别的人数。

由于图表具有较好的视觉效果，可以更加直观地表现数据，并且可以让人清晰地了解数字所代表的含义，因此将工作表内的数据绘制成图表，就可以大大提高数据分析的效率。

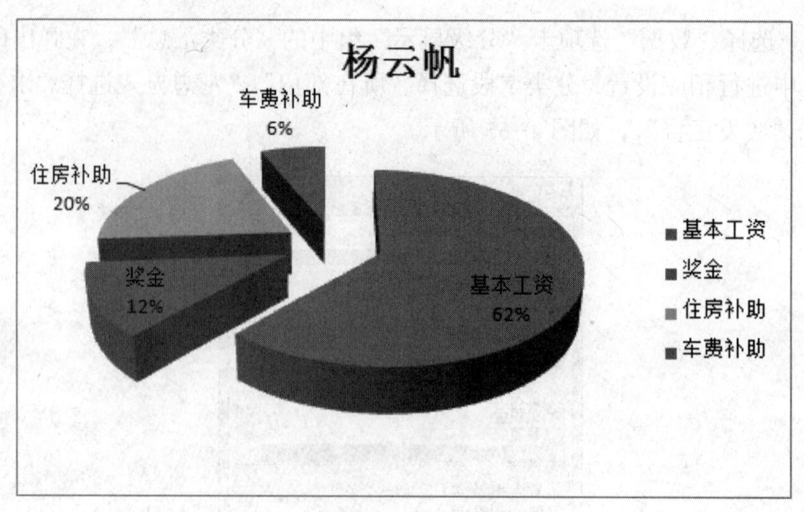

图 4-57　图表效果图

操作步骤如下。

1．制作员工各项应发工资“三维饼图”

步骤 1　动 Excel 应用程序，打开“情境 3 素材.xlsx”。

步骤 2　鼠标右键单击“计算后工资表”工作表标签，选择“移动或复制工作表”，选择“（移至最后）”，并选中“建立副本”。

步骤 3　双击“计算后工资表（2）”，并改名为“工资表图表透视表”。

步骤 4　在“工资表图表透视表”工作表中，利用 Ctrl 键，选中 B2:B3 和 E2:H3 单元格区域。

步骤 5　单击“插入”选项卡“图表”组中的“饼图”，单击“饼图”下的下拉按钮选择三维拼图，如图 4-58 所示。

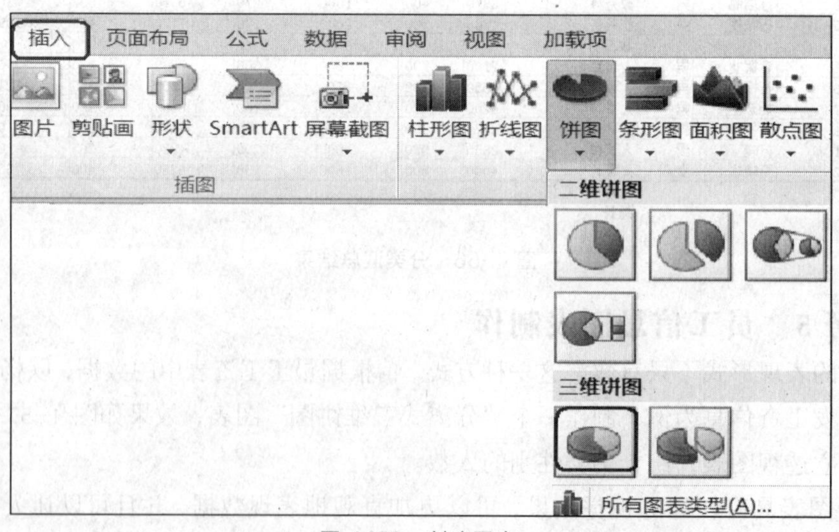

图 4-58　创建图表

步骤 6　第 5 步做完，图表的基本轮廓就创建好了，如图 4-59 所示。

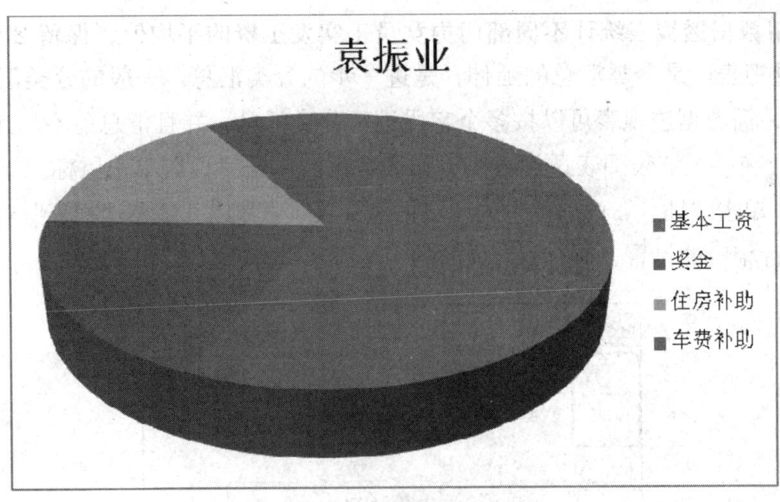

图 4-59 创建的饼图基本轮廓

步骤 7 此时工具栏会自动出现一个“图表工具”，它一共有三个选项卡，可以切换这些命令对图表进行编辑。在此例中，我们选择“设计”选项卡中的“布局 1”，“布局 1”不会显示图例，但会在饼图中显示数据标志和百分比，这样袁振业应发工资各项分布图就完成了，如图 4-60 所示。

步骤 8 移动图表，将图表嵌入到 A20:G37 区域。

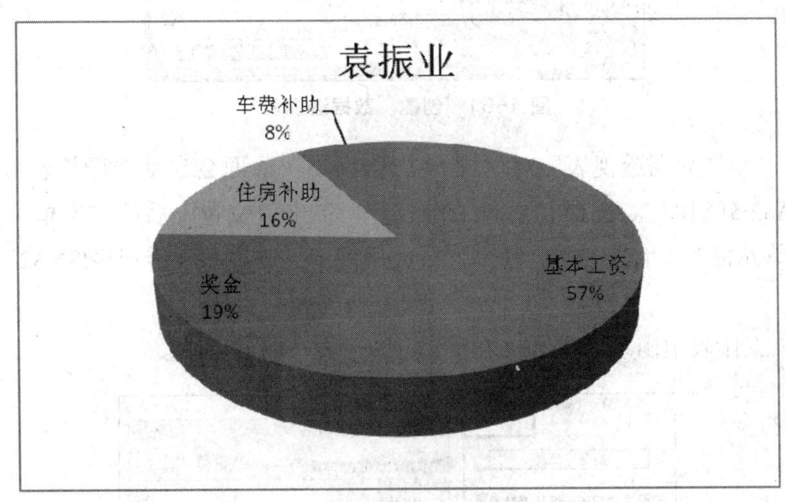

图 4-60 袁振业应发工资各项分布图

注 意

在创建图表的过程中，任意时候鼠标右键单击图表，都可以很轻松地重新选择图表类型和制作图表需要的数据范围；而对图表进一步的美化命令除了上面介绍的图表工具所包含的三个选项卡，对于图表中的任何一个组成部分，如果需要更改其格式，可以直接双击，弹出格式设置对话框后再进行更改。如需要更多的命令进行更多的修改，可以选择图表的相应部分，单击鼠标右键。

2．利用数据透视表统计不同部门男女员工实发工资的平均值，保留 2 位小数

“数据透视表”是分类汇总的延伸，是进一步的分类汇总。一般的分类汇总能针对一个字段进行，而数据透视表可以按多个字段进行分类汇总，并且汇总前不用预先排序。

步骤 1 在“工资表图表透视表”工作表数据清单任意位置单击鼠标。

步骤 2 单击“插入”选项卡下的“数据透视表”，弹出“数据透视表”对话框，在该对话框中进行相应的设置，具体选择如图 4-61 所示。

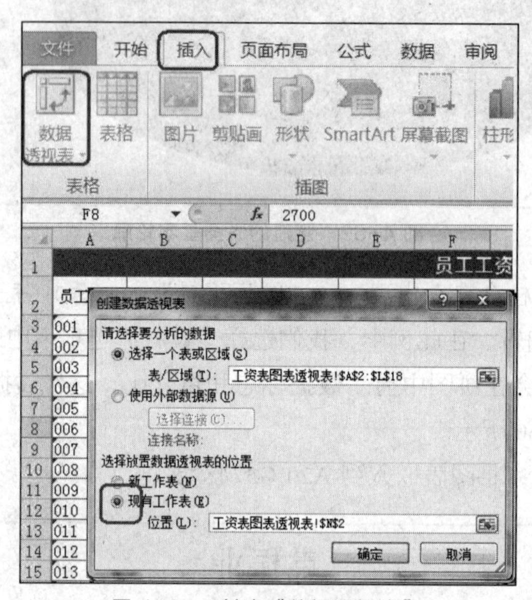

图 4-61 创建“数据透视表”

步骤 3 “创建数据透视表”对话框的“表/区域”后面会自动选择并显示“工资表图表透视表!$A$2:$L$18”。选择“现有工作表”，单击“位置”后的文本框，并在放透视表的第一个单元格 N2 单击一下，则位置后会出现“工资表图表透视表!$N$2”，单击“确定”按钮。

步骤 4 工作表中出现如图 4-62 所示的透视表布局设置图。

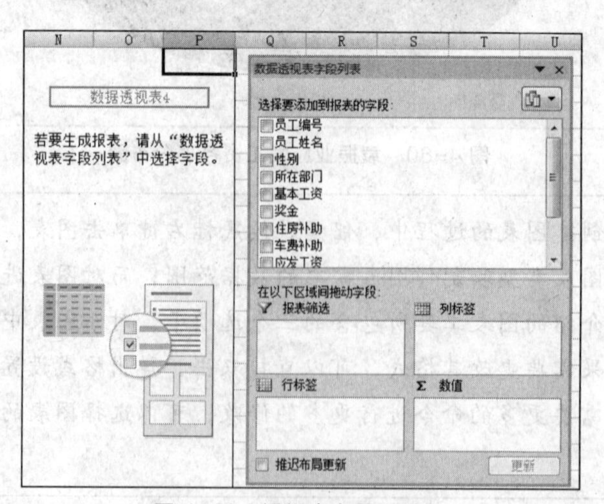

图 4-62 透视表布局设置图

步骤5 以下内容是制作数据透视表的关键所在，主要操作就是拖动正确的字段到正确的位置。在本例中，本数据表能作为分类字段的只有性别和部门，所以根据题意，在“数据透视图字段列表中”，将“性别”字段拖动到“行标签”处，“部门”字段拖动到“列标签”处，将“实发工资”字段作为值字段拖到中间的“Σ数值”处。

步骤6 单击“Σ数值”中的“求和项：实发工资”后的箭头，在弹出的菜单中选择“值字段设置”，则出现如图4-63所示的“值字段设置”对话框。选择汇总方式为“平均值”，单击“数字格式”按钮。

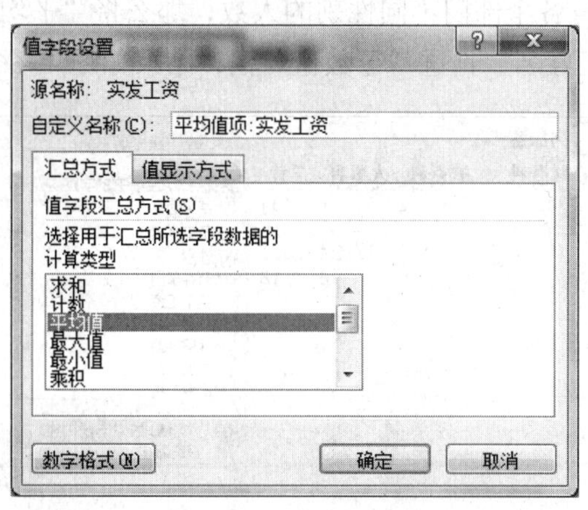

图4-63 值字段设置

步骤7 在弹出的“设置单元格格式”对话框中选择“数值”，小数位数选择“2”，如图4-64所示，单击“确定”按钮，再单击“值字段设置”对话框中的“确定”按钮，则设置完成，结果如图4-65所示。

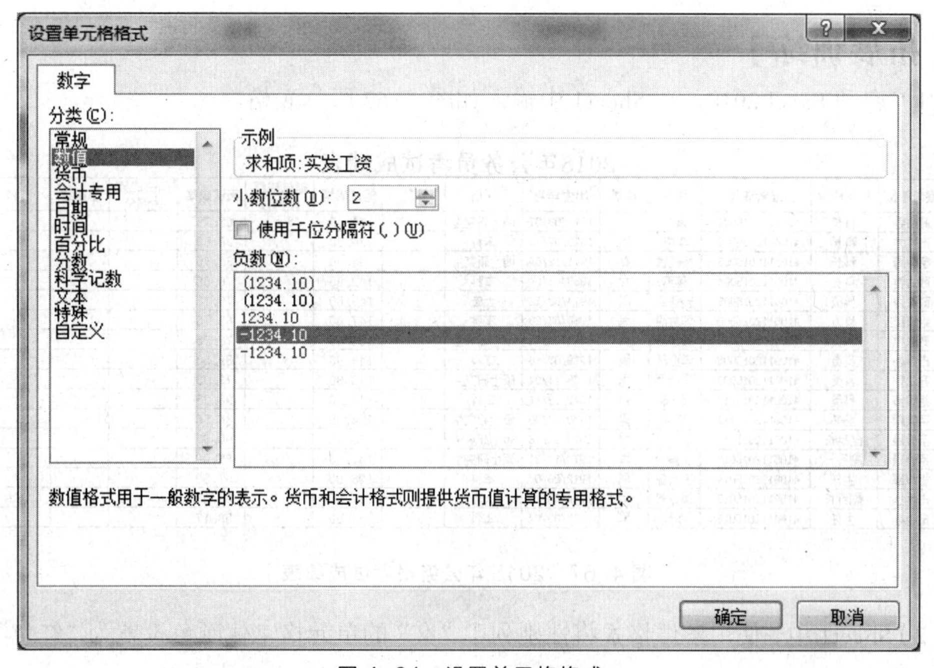

图4-64 设置单元格格式

平均值项:实发工资	列标签			
行标签	财务科	教务科	人事科	总计
男	4041.30	4801.85	4482.60	4518.45
女	4046.33	6585.20	5870.00	4918.84
总计	4044.32	5158.52	4713.83	4643.58

图 4-65 “数据透视表”结果

步骤 8　如果想查看各个部门不同性别的人数，那么将“平均值项：实发工资”拖出“Σ数值”框，将“员工姓名”拖进“Σ数值”框，结果如图 4-66 所示。

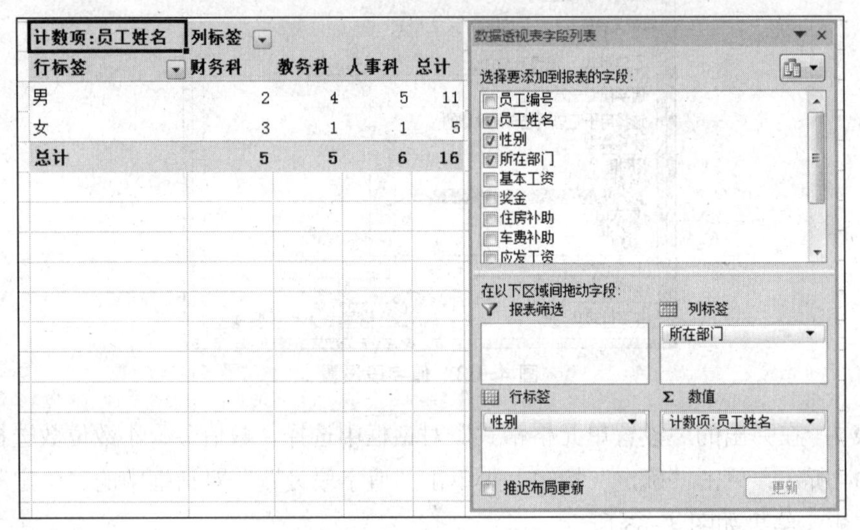

计数项:员工姓名	列标签			
行标签	财务科	教务科	人事科	总计
男	2	4	5	11
女	3	1	1	5
总计	5	5	6	16

图 4-66　改变值字段

【拓展训练】

（1）启动 Excel 2010，在 Sheet1 中输入如图 4-67 所示表格。

2015年公务员考试成绩表

报考单位	报考职位	准考证号	姓名	性别	出生年月	学历	学位	笔试成绩	笔试成绩比例分	面试成绩	面试成绩比例分	总成绩	排名
政法委	科长	4106112015001	常强	女	1973/03/07	博士研究生		154.00		68.75			
市委办	科长	4106112015002	李娜	男	1973/07/15	本科		136.00		90.00			
宗教局	科长	4106112015003	杨晓鹏	女	1971/12/04	博士研究生		134.00		89.75			
政法委	科长	4106112015004	蒋燕	女	1969/05/04	本科		142.00		76.00			
政法委	科员	4106112015005	崔亚菲	男	1974/08/12	大专		148.50		75.75			
组织部	科员	4106112015006	郭林铸	男	1980/07/28	本科		147.00		89.75			
政法委	科员	4106112015007	候慧洁	男	1979/09/04	硕士研究生		134.50		76.75			
市委办	科员	4106112015008	李燕然	男	1979/07/16	本科		144.00		89.50			
政法委	科员	4106112015009	李彦军	男	1973/11/04	硕士研究生		143.00		78.00			
组织部	科员	4106112015010	赵晴	男	1972/12/11	本科		143.00		90.25			
宗教局	秘书	4106112015011	李慧	男	1970/07/30	硕士研究生		134.00		86.50			
宗教局	副科长	4106112015012	李田佳	男	1979/02/16	硕士研究生		153.50		90.67			
宗教局	副科长	4106112015013	张静怡	男	1972/10/31	硕士研究生		133.50		85.00			
组织部	主任	4106112015014	王蓓蕾	男	1972/06/07	本科		128.00		67.50			
市委办	副科长	4106112015015	周立帆	男	1974/04/14	大专		117.50		78.00			
市委办	主任	4106112015016	华晨	男	1977/03/04	本科		131.50		58.17			

图 4-67　2015 年公务员考试成绩表

（2）Sheet1 中，使用条件格式将性别列中“女”的单元格字体颜色设置为“红色”“加粗”显示。

（3）使用IF函数，对Sheet1中的“学位”列进行自动填充，要求：填充内容根据“学历”列的内容来确定（博士研究生-博士；硕士研究生-硕士；本科-学士；其他-无）。

（4）计算笔试比例分：=（笔试成绩/3）×60%。

（5）计算面试比例分：=面试成绩×40%。

（6）计算总成绩：=笔试比例分+面试比例分。

（7）将Sheet1中的“2015年公务员考试成绩表”复制到Sheet2中。

（8）在Sheet2中修改“笔试比例分”：=（笔试成绩/2）×60%

（9）在Sheet2中使用函数RANK，根据“总成绩”对所有考生进行排名。

（10）将Sheet2中的“2015年公务员考试成绩表”复制到Sheet3中。

（11）在Sheet3中利用高级筛选，筛选出“报考单位”为“组织部”，“性别”为“男”，“学历”为“硕士研究生”的考生记录。

（12）根据Sheet2中的“2015年公务员考试成绩表”，在新工作表中创建数据透视表：显示每个报考单位人的不同学历的人数汇总情况（行标签为“报考单位”，列标签为“学历”，Σ数值为“学历”，计数项为“学历”）。

本章小结

本章通过3个情境案例介绍了Excel 2010中文版的使用方法，包括基本操作，编辑数据与设置格式的方法和技巧，公式和函数的使用，图表的制作和美化，数据透视表的使用，数据的排序、筛选与分类汇总等内容。

PART 5

第5章 PowerPoint 2010 演示文稿

【本章内容】

1. 情景案例1：为企业产品做宣传演示文稿。
2. 情景案例2：电子相册的制作。

【本章学习目的和要求】

1. 掌握简单演示文稿的制作，幻灯片版式、主题的选择与应用。
2. 掌握幻灯片中对象元素的动画相关设置。
3. 了解幻灯片切换设置，演示文稿的播放控制。
4. 了解幻灯片中音频、视频文件的插入及控制。
5. 掌握演示文稿的保存、输出方法。

5.1 情境案例1——为企业产品做宣传演示文稿

【情境描述】

张凯最近接受了一项任务，为公司某汽车厂商某款汽车做一期宣传演示文稿，要求主题鲜明，布局美观、图文并茂，别具一格。他很爽快地应承下来了，以为凭着以前学习的文字编辑，应当能圆满完成任务。但随着制作过程的深入，他发现并不像想象中那么简单，很多效果制作不出来，如背景如何改变，如何让对象生动起来，怎样添加声音、视频等效果，怎样链接对象……

【案例分析】

这是一个综合应用演示文稿的任务。根据产品宣传的要求，首先要为每张幻灯片选定合适的版式，在幻灯片中添加文字、图形、图片、艺术字等对象，做好每张幻灯片的动画切换播放效果从而完成演示文稿的制作。其中，第1张幻灯片一般为标题幻灯片，后面的幻灯片是各相关主题的幻灯片。

各幻灯片制作好后，为便于讲解和提高交互性，可能要随时改变播放顺序，可对目录中各条目建立超链接链接到相关主题的幻灯片，还可建立动作按钮，实现上下翻页的功能。

在页面和页脚中，可以添加日期、幻灯片编号等，为使演示文稿更加生动活泼、形象逼真，获得最佳演示效果，还应设置幻灯片的动画效果。动画效果包括幻灯片之间的切换效果和幻灯片内部的自定义动画效果。可以利用“主题”功能，快速美化和统一每一张幻灯片的风格，PowerPoint 2010 中内置的主题库中提供了大量的主题，根据需要可选择其中的某个主题来快速美化幻灯片。

最后，应设置合适的幻灯片放映方式。

由以上分析可知，汽车宣传演示文稿制作可以分解为以下四大任务：制作几张幻灯片完成简单制作；应用版式与主题合理布局与修饰；幻灯片的对象高级编辑；动画效果和播放的设置。

【相关知识】

1. PowerPoint 2010 的特点

① 可视化界面，学习简单，操作快捷。

② 交互性强，可直观表达某种观点、演示工作成果、传达各种信息。

③ 丰富的媒体支持，可方便地加入图像和声音、电影。

④ 支持 Web 页功能，可以插入超级链接。

2. 新增功能

（1）增加个性化视频体验。

在 PowerPoint 2010 中直接嵌入和编辑视频文件。使用视频触发器，可以插入文本和标题，或使用样式效果（如淡化、映像、柔化棱台和三维旋转）帮助你迅速引起访问群体的注意。

（2）对媒体播放功能的改进

使用 PowerPoint 可在全屏演示文稿中查看和播放影片。用鼠标右键单击影片，在快捷菜单上单击“编辑影片对象”，然后选中“缩放至全屏”复选框。当安装了 Microsoft Windows Media Player 版本 8 或更高版本时，PowerPoint 经过改进的媒体播放功能支持其他媒体格式，包括 ASX、WMX、M3U、WVX、WAX 和 WMA。如果未显示所需的媒体编解码器，PowerPoint 将通过使用 Windows Media Player 技术尝试下载解码器。

（3）新增智能标记支持

PowerPoint 增加了智能标记支持功能。在“工具”菜单上选择“自动更正选项”，然后单击“智能标记”选项卡，可以选择在演示文稿中为文字加上智能标记。PowerPoint 附带的智能标记识别器列表中包括日期、金融符号和人名。

（4）与他人同步工作

用户可以同时与不同位置的其他人共同制作同一个演示文稿。当您访问文件时，可以看到谁在与您合著演示文稿，并在保存演示文稿时看到他们所做的更改。对于企业和组织，与 Office Communicator 集合可以查看作者的联机状态，并可以与没有离开应用程序的人轻松启动会话。

（5）提供全新的动画切换

PowerPoint 2010 提供了全新的动态切换，如动作路径和看起来与在 TV 上看到的图形相似的动画效果，可以轻松访问、发现、应用、修改和替换演示文稿。

3．视图方式

启动 PowerPoint 2010 之后，系统将出现 PowerPoint 2010 的基本操作界面，主要由标题栏、菜单栏、工具栏、状态栏、工作区、备注区、视图控制菜单组成，如图 5-1 所示。

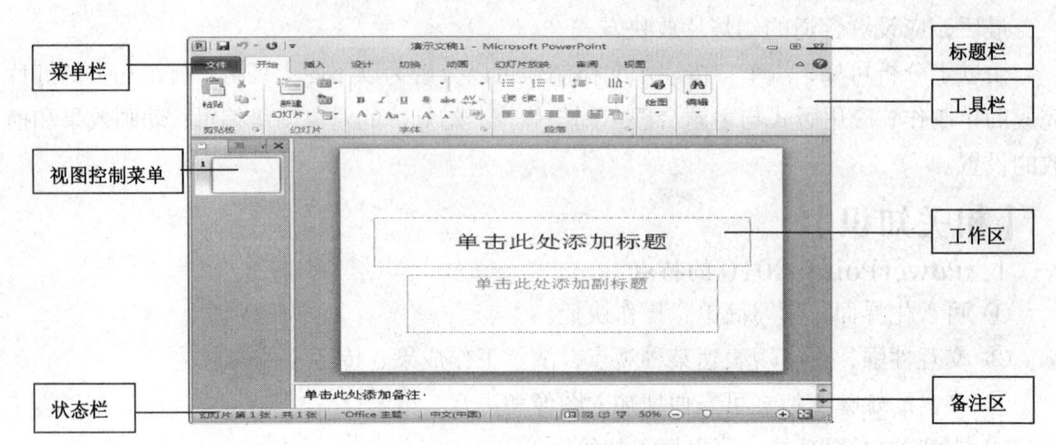

图 5-1　PowerPoint 2010 的工作窗口

【普通视图】包含 3 个区：大纲区、幻灯片区和备注区。这些工作区使得用户可以在同一位置使用演示文稿的各种特征。拖动工作区边框可调整不同区域的大小。

大纲区：使用大纲区可组织和开发演示文稿中的内容。可以键入演示文稿中的所有文本，然后再重新排列项目符号点、段落和幻灯片。

幻灯片区：在幻灯片区中，可以查看每张幻灯片中的文本外观。可以在单张幻灯片中添加图形、影片和声音，并创建超级链接及向其中添加动画。

备注区：备注区使用户可以添加与观众共享的演说者备注或信息。如果需要在备注中含有图形，必须向备注页视图中添加备注。

【幻灯片浏览视图】在幻灯片浏览视图中，可看到演示文稿中的所有幻灯片，这些幻灯片是以“缩略图”显示。因此，可以轻松地按顺序组织幻灯片，插入过渡动作，添加、删除或移动幻灯片。

【幻灯片放映视图】在该视图中，整张幻灯片的内容占满整个屏幕，能像播放真实的幻灯片那样，一幅一幅动态地显示演示文稿的幻灯片。这就是在计算机屏幕上演示的将来制成胶片后用幻灯机放映出来的效果。在放映幻灯片时，可以加入许多的特效（如动画、声音等），使演示文稿过程更加有趣。

4．模板

使用模板 PowerPoint 2010 自带的模板制作演示文稿，可以制作出精美的幻灯片，而且可以节约大量的时间，PowerPoint 2010 提供了设计模板和内容模板。

5．背景设置

演示文稿能够调用颜色模板对演示文稿的底色进行改变。PowerPoint 2010 中的每一个默认的背景设置方案都是系统精心设计制作的，在套用设计模板时，同时也套用了相应的背景设置方案。

6．母版

PowerPoint 2010 中的母版可以设置每一张演示文稿的格式，母版决定了所有演示文稿的外观，为了统一演示文稿的外观，可以使用 PowerPoint 2010 的自带母版或自定义母版对演示文稿的外观进行统一控制。

7．图形和图片

图形和图片以一种直观的方式表示数据，能够产生出比文字叙述更好的效果，对演示文稿的内容起到丰富和美化的作用。图形和图片的制作与编辑是 PowerPoint 2010 一项重要的表示数据的工具之一。

8．链接

对象链接与嵌入技术是 Windows 应用程序之间共享信息的重要手段之一。通过链接可以在不同的幻灯片之间以及演示文稿与其他文件和程序之间产生关联。

【案例实施】

任务1　某款汽车宣传演示文稿的简单制作

掌握制作基本的演示文稿，在演示文稿中添加图片、文字。

掌握打开演示文稿、添加属性信息、打包、发送、打印演示文稿、保存演示文稿和关闭演示文稿。

掌握演示文稿制作过程中，文本的字体、字形、字号、颜色及特殊效果的设置，通过这些基本的处理，使得演示文稿更加美观大方。

操作步骤如下。

1．启动 PowerPoint 2010

启动 PowerPoint 2010 有两种方式，方法如下。

在 Windows 桌面下，单击“开始”|“所有程序”|“Office 2010”|“PowerPoint 2010”，启动“PowerPoint 2010”。

如果已经在桌面建立“PowerPoint 2010”的快捷启动方式，可以通过双击其快捷图标来启动“PowerPoint 2010”。

刚刚打开的“PowerPoint 2010”，已经进入一个幻灯片的编辑状态，但它是一个系统的默认状态。如果想创建具有个性的幻灯片，可以通过单击“文件”|“新建”命令或者使用快捷键（Ctrl+N）来创建幻灯片文稿。通过新建演示文稿，进入图 5-2 界面，在“新建演示文稿”选项区由 4 个选项，可以使用“空演示文稿”“根据设计模板”“根据内容提示向导”和“根据现有演示文稿”4 种方式创建演示文稿。下面介绍具体的创建方法。

2．建立空的演示文稿

步骤 1　在图 5-2 的“新建演示文稿”选项中，单击“空演示文稿”命令，进入空演示文稿的编辑状态，在应用幻灯片版式中有“标题版式”“两栏版式”“内容与标题版式”和“其他版式”4 种编辑形式。

步骤 2　使用“标题版式”创建空的演示文稿，根据需要在文字版式中选取合适的版式，然后在标题栏输入相应的内容即可。利用文字版式创建的标题幻灯片如图 5-3 所示。

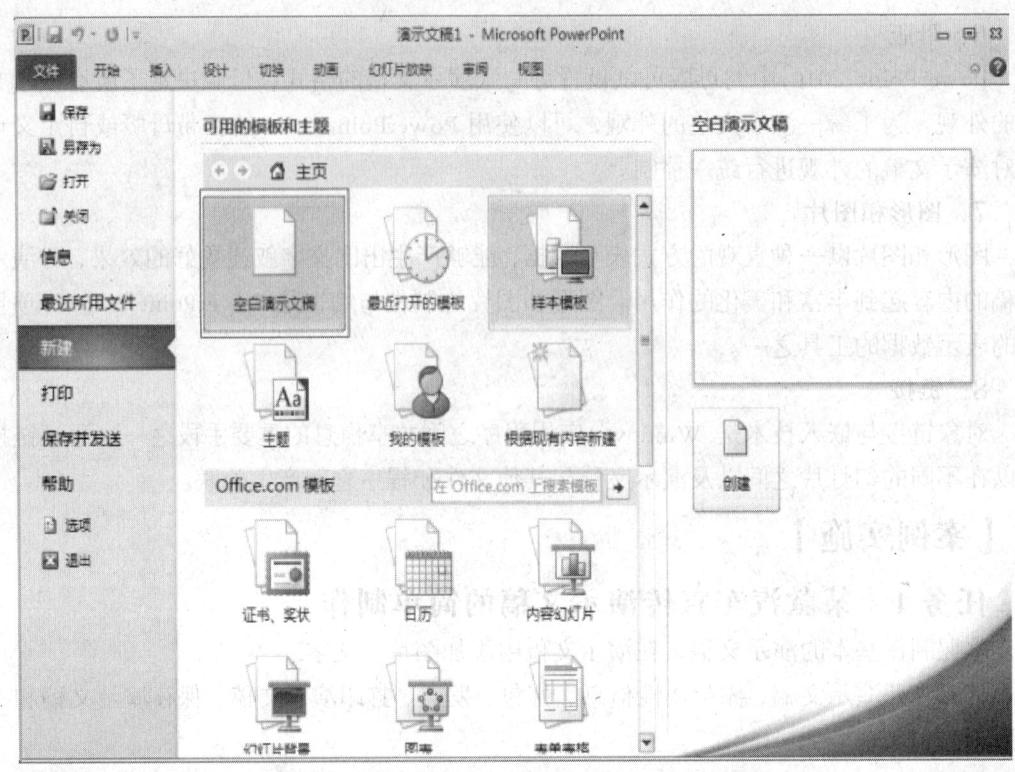

图 5-2　PowerPoint 2010 空演示文稿编辑界面

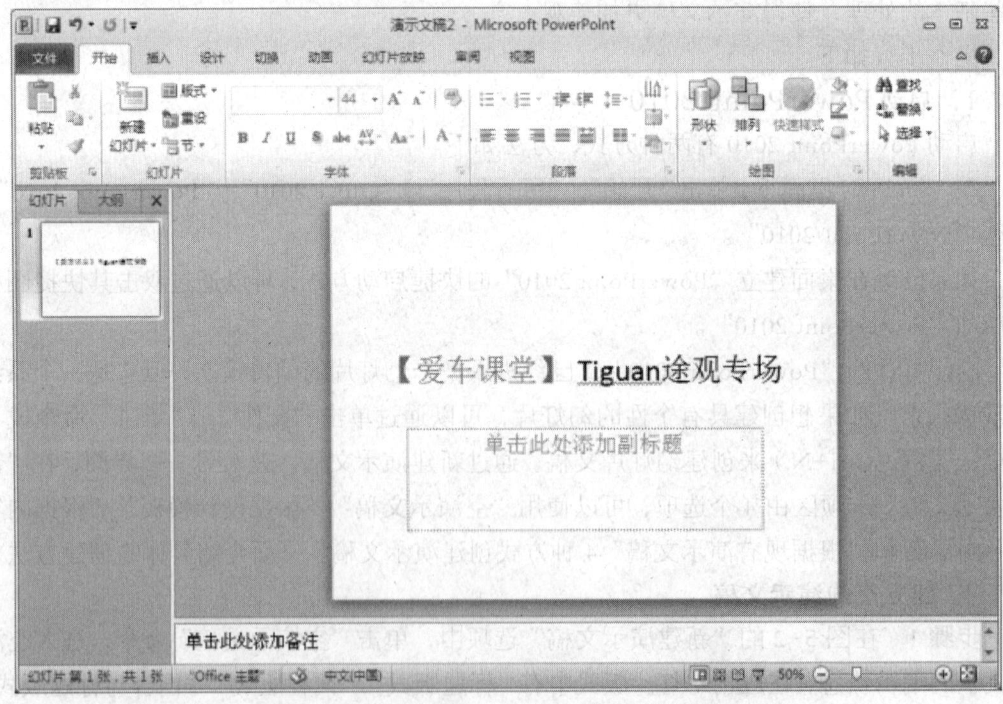

图 5-3　PowerPoint 2010 文字版式编辑界面

步骤 3　选择“开始”菜单中的“新幻灯片(N) Ctrl+M”命令，如图 5-4 所示依次插入标题和文本，标题和竖排文本，内容和标题及空白版式共 5 张幻灯片。注意插入时光标的位置。根据案例挑选相关“途观”素材及文字内容输入。

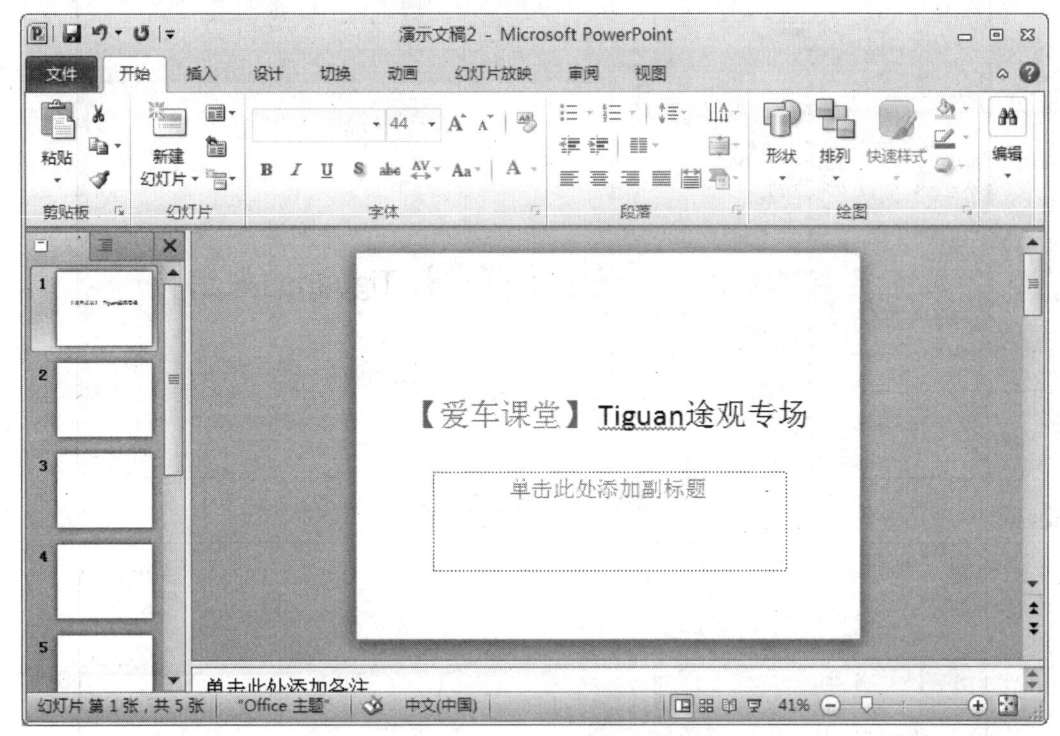

图 5-4　插入不同版式幻灯片

步骤 4　练习移动幻灯片、删除幻灯片和保存演示文稿。

选择需要移动的一张或多张幻灯片，通过剪切和粘贴实现。

选择需要移动的一张或多张幻灯片，按住鼠标左键移动到目标位置。

选择要删除的一张或多张幻灯片，按下键盘上的“Delete”键。

保存的方法同前述其他 Office 组件，命名为“途观.pptx”。

3．演示文稿的文字编辑

通过对演示文稿进行文本的字体、字号、字形和颜色及特殊效果的设置，能够使文本的外观得到不同程度的提升。

方法一

步骤 1　打开需要更改文本的演示文稿。

步骤 2　选择需要编辑的文字样本，单击“开始”菜单下的图标右侧的下拉按钮，出现图 5-5 所示的对话框。

步骤 3　在图 5-5 中的设置窗口中，可以对文本的字体、字形、字号、效果和颜色进行设置。单击窗口中的图标，可弹出图 5-6 所示的颜色设置窗口。

图 5-6 中，光标在不同颜色图标上滑行，所选中的文字会实时跟踪变化，用户可实时的查看设置效果，之后可单击该颜色图标，然后移开光标。在已有的颜色对话框中，如果用户找不到合适的颜色，还可单击下面的“其他颜色（M）”，进入图 5-7 所示的自定义颜色设置对话框，用户可根据需要自行设置。

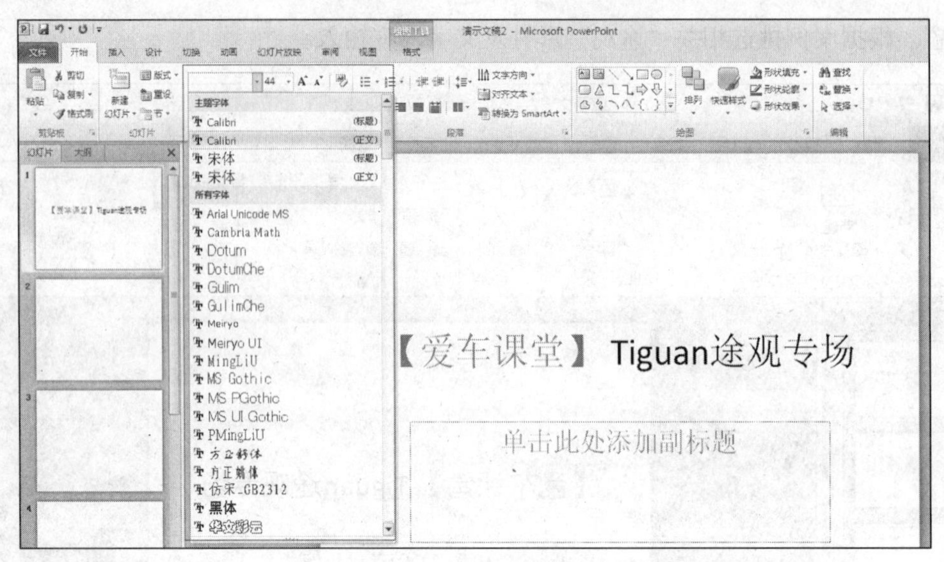

图 5-5 字体设置窗口

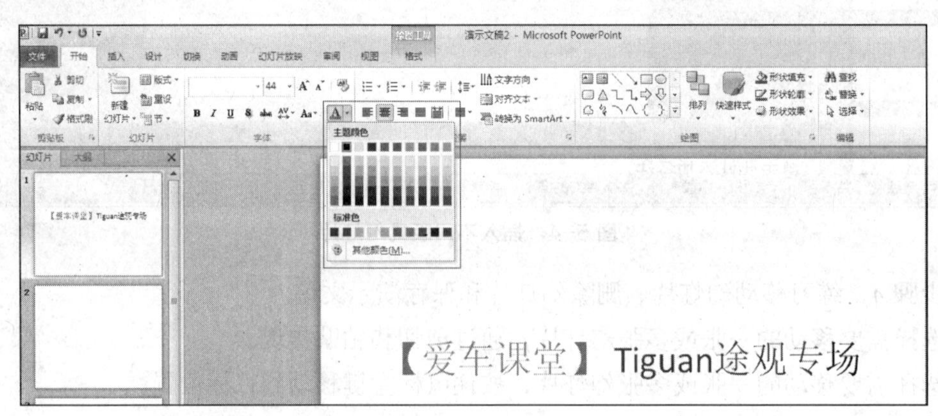

图 5-6 颜色设置对话框

注 意

图 5-7 中有“标准”和“自定义”两种设置颜色的方式，在“自定义”标签中，可通过组成颜色的“三基色”——RGB，即红、绿、蓝的具体值来确定待设置的颜色。每一个颜色是用一个 8 位的二进制数来表示，因此，每一个颜色的设置值只能是 0～255（2^8=256）。

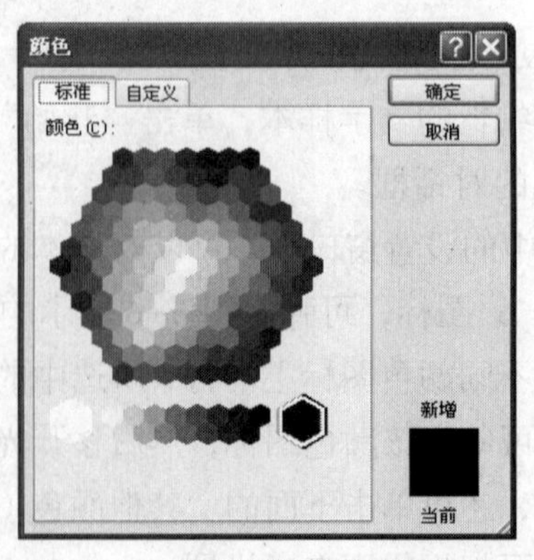

图 5-7 自定义颜色设置对话框

方法二

步骤 1 打开需要更改文本的演示文稿，单击鼠标右键，从弹出的右键菜单中，选择“字体”，弹出图 5-8 所示字体的设置对话框。

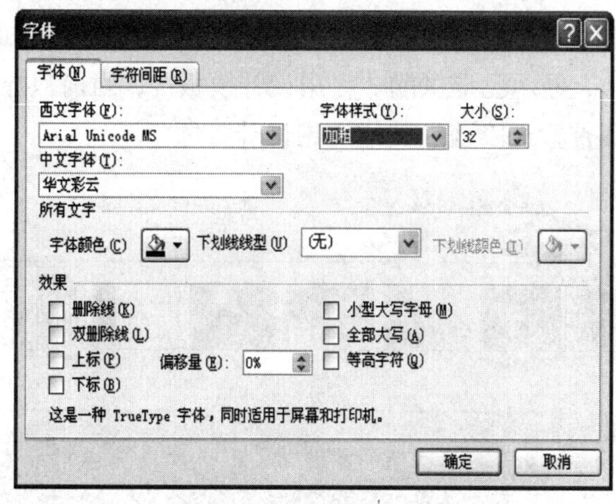

图 5-8　字体设置对话框

步骤 2 选择需要更改文本的演示文稿，单击鼠标右键，也可从弹出的右键菜单上方的字体设置工具栏（见图 5-9）中进行设置文字的颜色、字号、字体等操作。

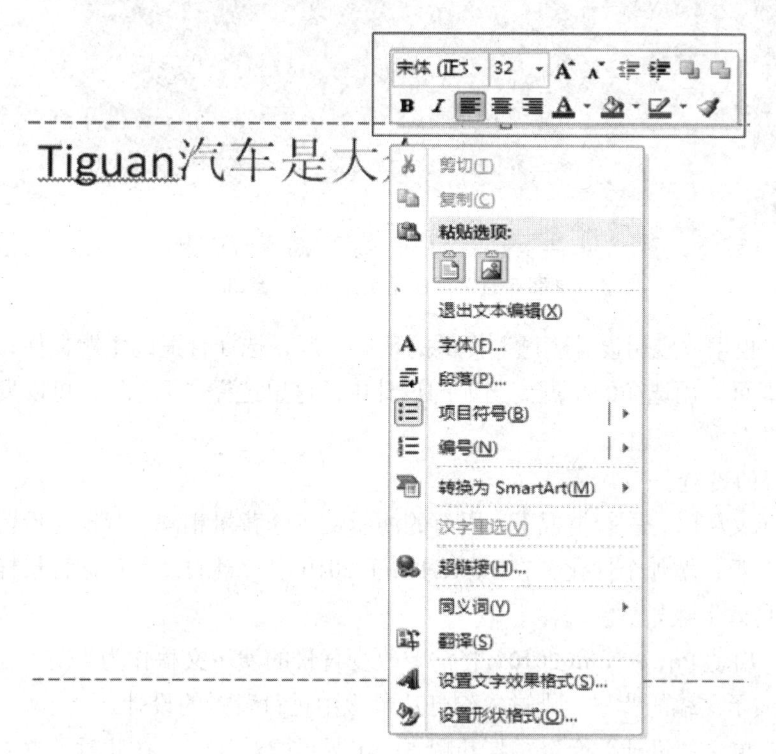

图 5-9　右键字体设置工具栏

任务 2　演示文稿的布局与修饰

操作步骤如下。

1．主题的设置

主题的使用是统一演示文稿外观最有效的一种方法，能够帮助快速建立完美的演示文稿，不必浪费太多的时间去设计演示文稿。应用设计主题的操作步骤如下。

步骤 1 启动 PowerPoint 2010，打开任务 1 所做“途观.pptx”。

步骤 2 单击菜单中的“设计”命令进入幻灯片的板式设计界面，如图 5-10 所示，在图中上方的预览图中，显示已提供的“应用设计模板”，当前只显示了 6 个主题，可以单击右边的向下滑动条查看被隐藏的其他应用设计主题。

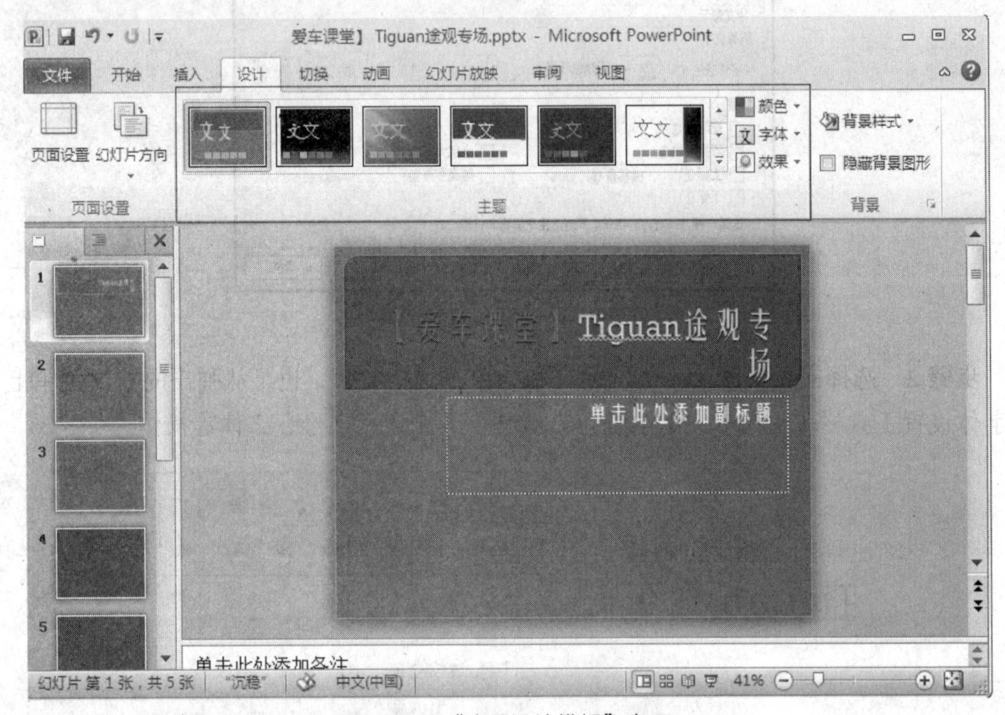

图 5-10 “应用设计模板”窗口

步骤 3 根据“应用设计主题”提供的现有主题，选择合适的主题文件，然后单击对应的主题，即可应用选择的主题到当前的设计中。这里选择“沉稳”，可以发现所有幻灯片均发生变化。

2．背景的设置

制作演示文稿时，一般情况下，所有的演示文稿的背景相同。背景的设置可以增加幻灯片的页面美观，增加个性化，在 PowerPoint 2010 中背景的设置包含背景样式、背景颜色等操作，具体步骤如下。

步骤 1 启动 PowerPoint 2010，将需要改变背景的演示文稿作为当前演示文稿，如果要改变所有演示文稿的背景，则进入幻灯片母板中进行背景的设计。

步骤 2 单击“设计”命令，打开图 5-10 所示的对话框，在此对话框中单击右侧的“背景样式”（见图 5-11），可以从弹出的窗口中选择当前应用模板的相应样式。

步骤 3 如果已有的样式不足以满足需要，还可通过单击图 5-11 下方的“设置背景格式”进入。

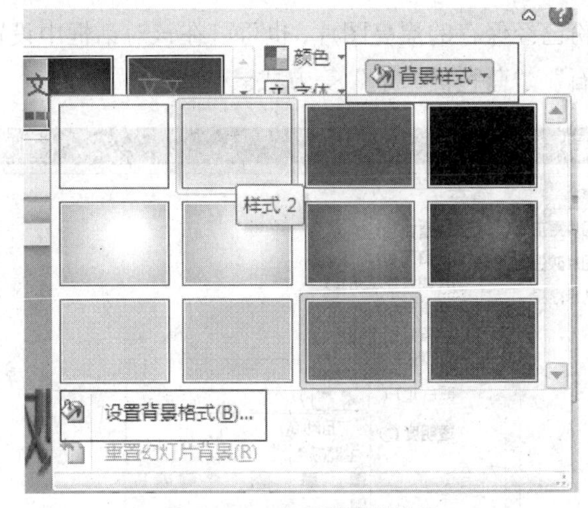

图 5-11　背景样式的设置

在图 5-12 窗口中，可对幻灯片的背景进行填充设置，单击左边的“填充”，可以从右边选择“纯色填充”“渐变填充”“图片或纹理填充”“图案填充”等填充方式。

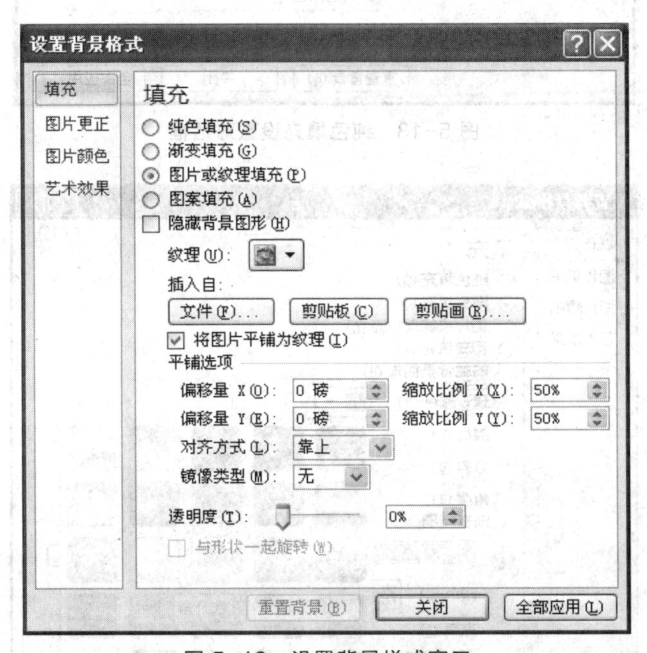

图 5-12　设置背景样式窗口

步骤 4　单击“纯色填充”，该方式是以一种颜色进行填充，在图 5-13 中可以选择填充的颜色和设置该颜色的透明度。

步骤 5　选择“渐变填充”方式则可以通过两种颜色来填充背景，也可以通过 Office 2010 中提供的“预设颜色”，如“孔雀开屏”“麦浪滚滚”等方式设置背景，如图 5-14 所示。图中的“方向”是用来设置颜色渐变的方向，共提供了“线性对角”“线性向下”等 8 种方式。“亮度”和“透明度”也有助于增加个性化设置。

步骤 6　如果单击“图片或纹理填充”，将计入如图 5-15 所示的对话框。在该窗口中可以设置背景为一份已经保存的漂亮图片，也可以在该对话框中设置演示文稿背景为某纹理，如“绿色大理石”“蓝色面巾纸”等方式。

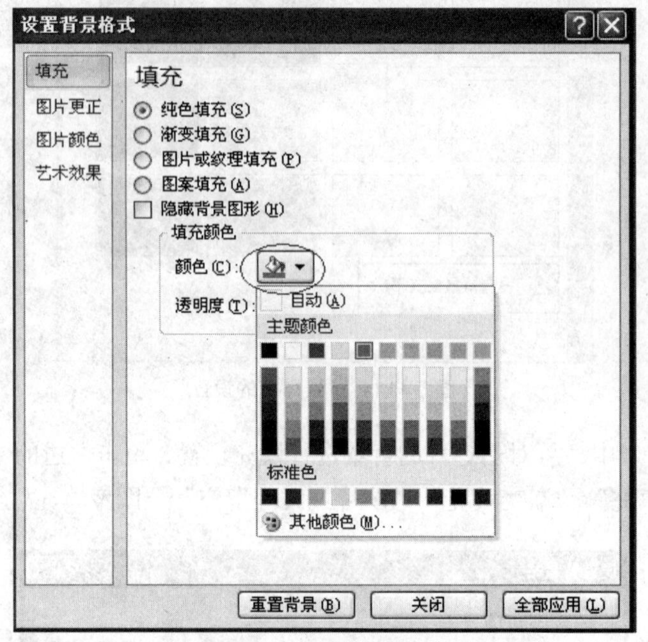

图 5-13　纯色填充设置对话框

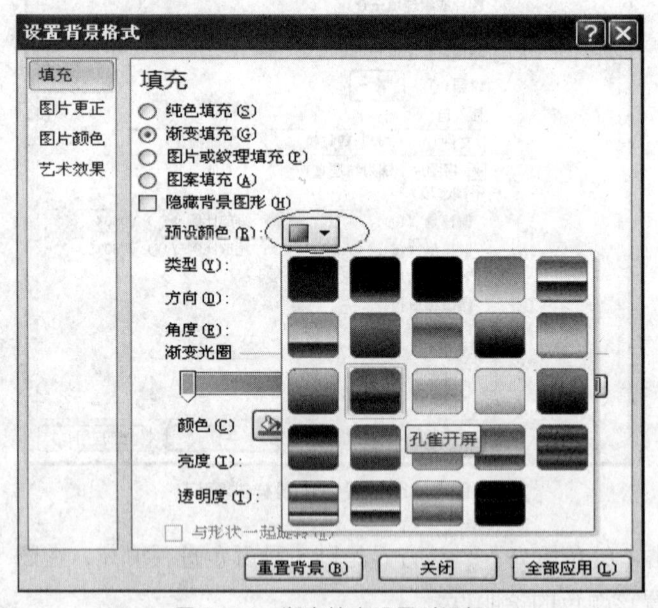

图 5-14　渐变填充设置对话框

为了增加本演示文稿的主题，选择一张 Tiguan 汽车图片作为背景，单击图 5-15 中的“文件”，选择一副已保存在硬盘上的图片，单击“关闭”按钮，即可查看背景的设置效果图，如图 5-16 所示。如果单击“全部应用”即可将此背景效果设置整个演示文稿的所有幻灯片。

设置背景格式

填充
图片更正
图片颜色
艺术效果

填充
纯色填充(S)
渐变填充(G)
图片或纹理填充(P)
图案填充(A)
隐藏背景图形(H)
纹理(U):
插入自：
文件(F)... 剪贴板(C) 剪贴画(R)...
将图片平铺为纹理(I)
平铺选项
偏移量 X(O): 0 磅 缩放比例 X(X): 100%
偏移量 Y(E): 0 磅 缩放比例 Y(Y): 100%
对齐方式(L): 左上对齐
镜像类型(M): 无
透明度(T): 0%
与形状一起旋转(W)
重置背景(B) 关闭 全部应用(L)

图 5-15 图片或纹理设置对话框

图 5-16 背景设置效果图

步骤 7 “图案设置”是背景颜色的另一种个性化设置效果。在此方式下，可以通过设置颜色的前景色和背景色（即双色），同时可以设置过滤前景色的百分比来有效提高设置的效果，达到双色完美结合的制高点。如图 5-17 所示，调整设置的颜色及过滤度。

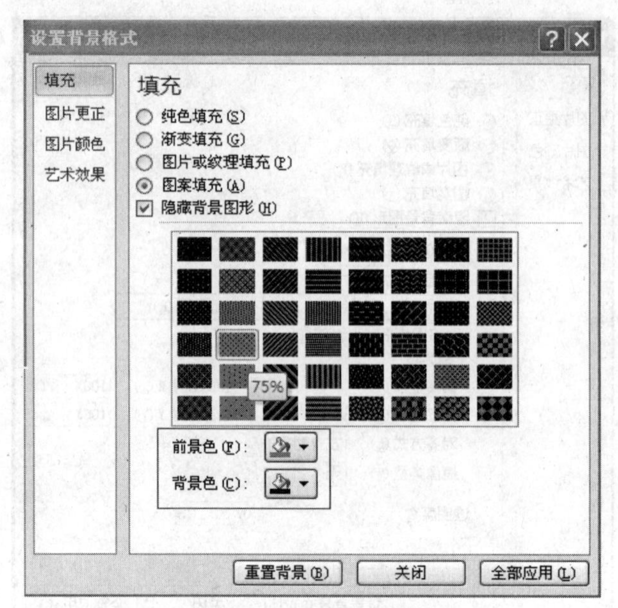

图 5-17　图案设置对话框

步骤 8　只有在“图片或纹理设置”方式下，才可以单击窗口左边的“图片更正”或“图片颜色”设置。在其他设置方式下，这两项命令下的操作均是失效的。

单击“图片更正”，如图 5-18 所示，“柔化”可以对背景图片进行模糊设置，减少背景图片对演示文稿内容的对比，“亮度”可以改变背景图片的光亮值，“对比度”可有效的修改图片各区域的黑白比值。

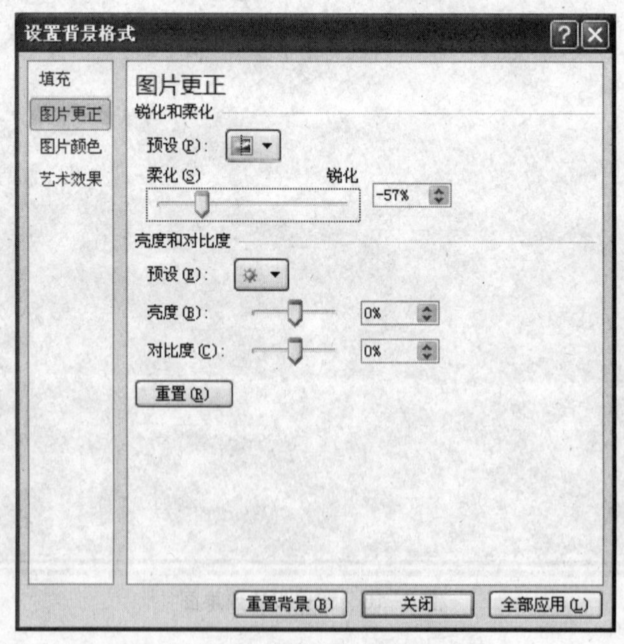

图 5-18　图片更正设置窗口

单击“图片颜色”可以更改图片的“色调值”和“颜色饱和度”，甚至还可以重新着色，增加背景的美观度。

3. 母版的设计与修改

PowerPoint 2010 有 3 种母版，即幻灯片母版、讲义母版和备注模板。在这 3 种模板中修改任何一种都会引起相关元素的变化。

幻灯片母版是制作幻灯片的“模子”，利用它可以为幻灯片定义不同风格的板式。幻灯片母版包括标题区、正文区、日期区、页码区和数字区。设计母版的步骤如下。

步骤 1 单击图 5-19 中的“视图” | “幻灯片母板”命令，出现图 5-20 所示的“幻灯片母版”编辑窗口。

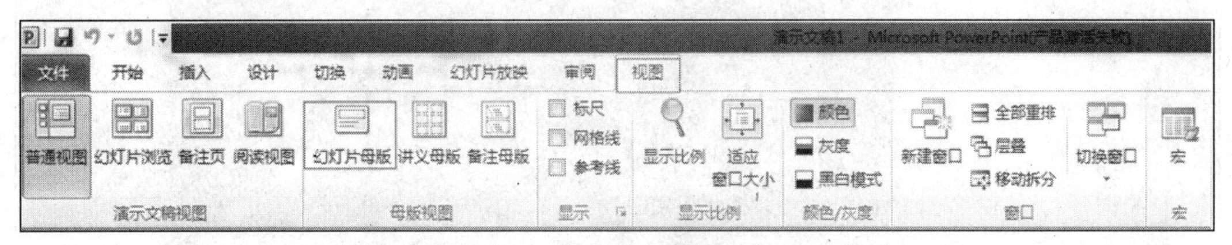

图 5-19 幻灯片母版选择窗口

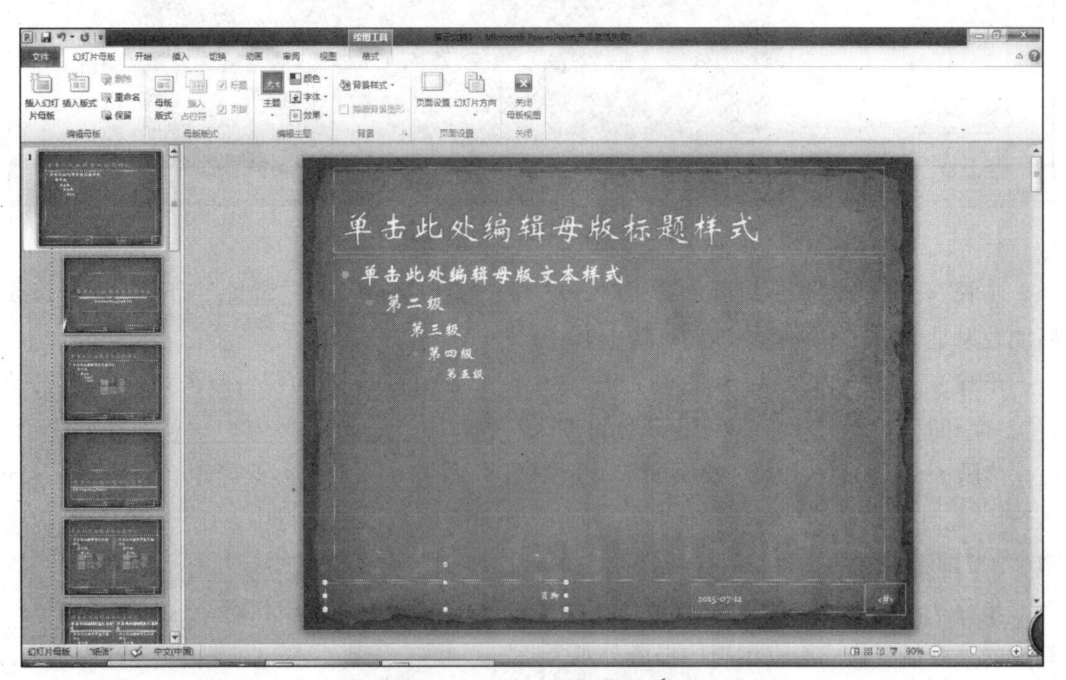

图 5-20 幻灯片母版编辑窗口

步骤 2 如果需要设置“占位符”的格式，按照以下步骤进行。

① 幻灯片母版中，单击“占位符”边框，选定此“占位符”。

② 单击图 5-21 中的“幻灯片母版” | “插入占位符”命令可以插入“占位符”边框，然后单击“格式” | “线条填充、线条轮廓”等命令，可以“设置选图形格式”。在这里可以对颜色和线条、尺寸、位置、文本框、Web 进行设置。

③ 对“设置自选图形格式”对话框设置完毕后，返回幻灯片母板编辑状态。这里绘制一根灰色直线，左下角输入“TIGUAN 途观___产品与功能介绍”。

步骤 3 如果只对正文区域的文本进行修改，首先选择该区域占位符，然后设置字体、字号、颜色及段落等。如果仅修改某一层的文本格式，在母版中选中该层次的文本，然后单击“格式”命令进入字体设置操作。

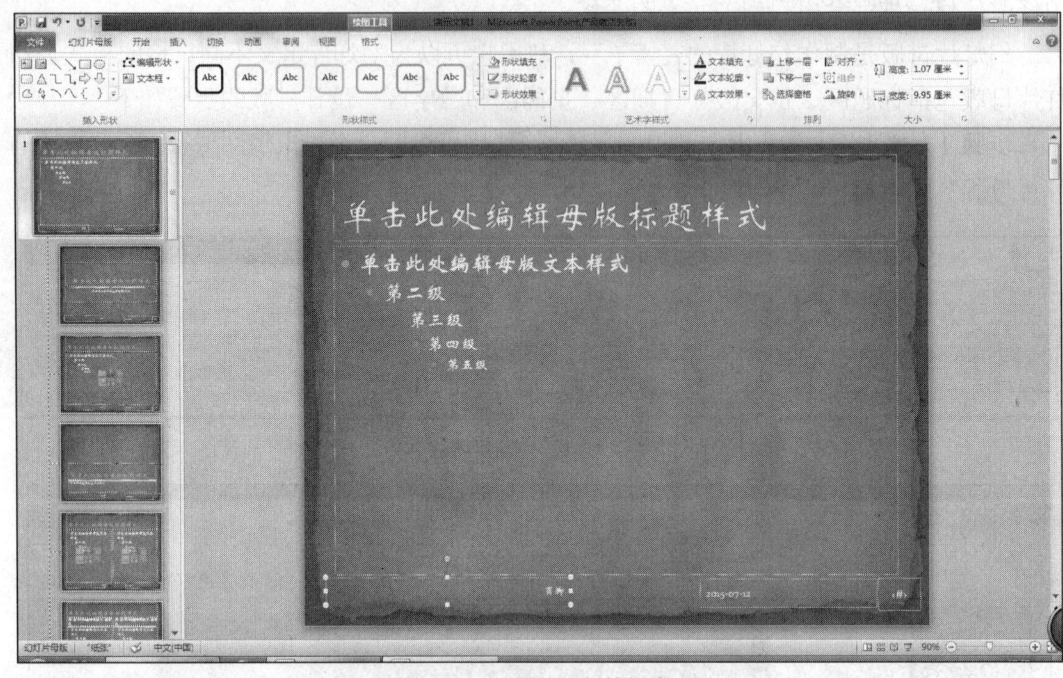

图 5-21 幻灯片母版编辑窗口

步骤 4 修改幻灯片母版的背景时，单击“幻灯片母版”|“背景”命令，这样修改后的效果是应用在了所有相应幻灯片上。

步骤 5 在幻灯片母板中插入时间，选中图 5-21 日期区占位符，单击菜单栏“插入”|“日期和时间”命令，时间即出现在日期区占位符中。

步骤 6 在幻灯片母板中插入页脚，选中图 5-21 中的页脚区占位符，单击菜单栏“插入”|“幻灯片编号”命令，一个“#”符号即出现在页脚区占位符中，在实际的幻灯片中该“#”即是对应的页码编号。

步骤 7 当对幻灯片母版编辑完成后，关闭幻灯片母版的编辑状态，这时发现整个幻灯片的外观就变换成刚刚编辑的母版外观。

任务 3 演示文稿的高级编辑

操作步骤如下。

1．在幻灯片中插入文件中的图片

在幻灯片中除了可以插入文本框外，还可以插入图形和图片。如果要插入文件中的图片，按照下述步骤操作。

步骤 1 在普通视图中，显示或选中要插入图片的幻灯片。

步骤 2 单击“插入”|“图片”|“来自文件”按钮，弹出“插入图片”对话框，如图 5-22 所示，在“查找范围”列表中选择要插入图片的路径，单击“插入”按钮，图片就被插入幻灯片中，如图 5-23 所示。

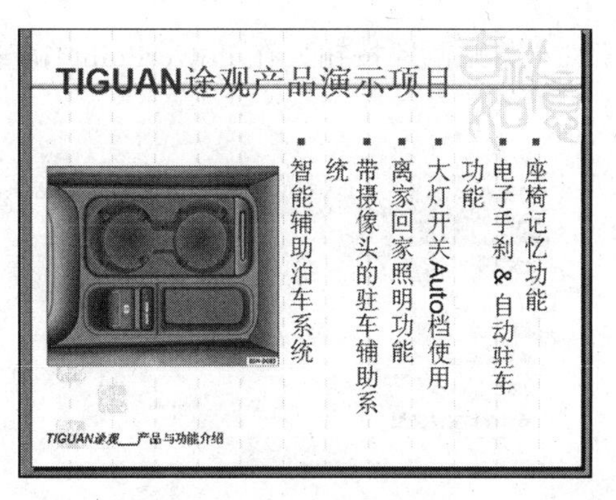

图 5-22　插入图片后的幻灯片

步骤 3　图片插入后，单击“图片”，在图片的四周出现控制块，拖拉这些控制块可以修改图片的大小或者旋转图片。也可选择插入“素材”\“图片”下的相应图片。插入母版里的图片如公司徽标，并查看效果。

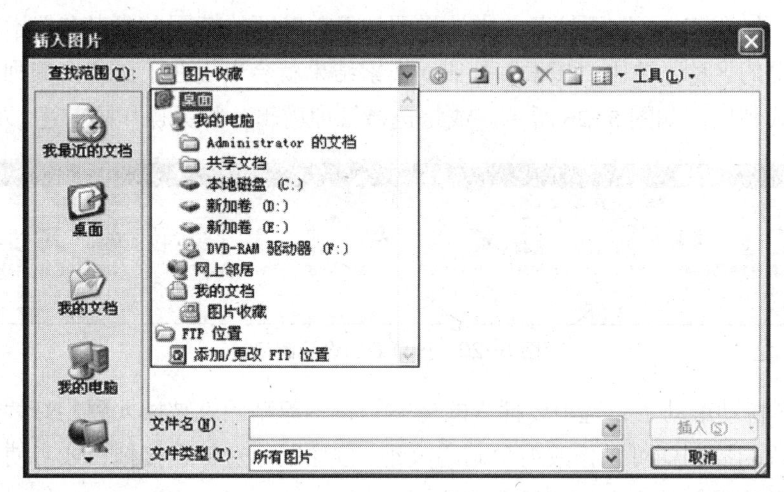

图 5-23　“插入图片”对话框

2. 插入剪贴画

如果要插入软件自带的剪贴画，可以按照下面的步骤进行操作。

步骤 1　在普通视图中，显示或选中要插入剪贴画的幻灯片，如图 5-24 所示。

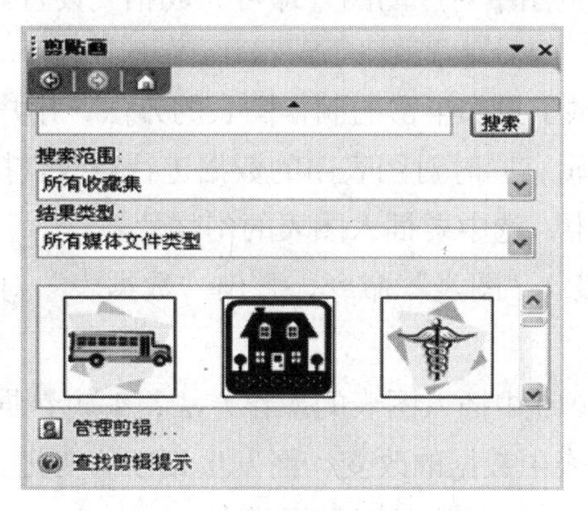

图 5-24　“剪贴画”搜索结果

步骤 2 单击“插入”|“剪贴画”按钮，在 PowerPoint 编辑器的右侧会出现图 5-25 所示的“剪贴画”任务栏。

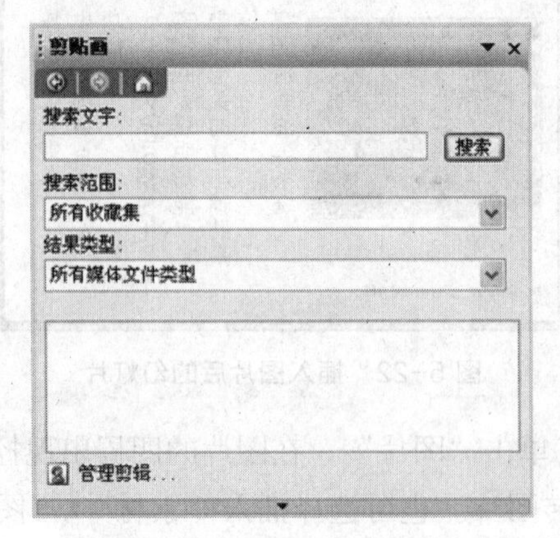

图 5-25 “剪贴画”任务栏

步骤 3 在“剪贴画”下拉菜单中选择要搜索剪贴画的范围，或者在搜索文字中键入要搜索剪贴画的名称，单击“搜索”按钮，搜索结果就会出现在下面空白的列表中以“缩略图”的形式列出，如图 5-26 所示。或是选择管理剪辑，相关操作同前述 Office 组件。

图 5-26 屏幕截图设置窗口

步骤 4 拉动滚动条，选中要插入的剪贴画，该剪贴画就被插入到幻灯片中。通过拖动剪贴画四周的控制柄可以修改剪贴画的大小，按住鼠标左键直接拖拉或者使用键盘上的方向键，可以改变剪贴画在幻灯片上的位置。

3．插入屏幕截图

在 PowerPoint 2010 中插入自选图形的方法，单击“插入”|“自选图形”命令，进入“屏幕截图”选择窗口。如图 5-26 所示。

选择“屏幕截图”预览图中对应的图片即可完成相关设置。

4．插入图表

PowerPoint 2010 提供了更加丰富的制作图表的方法，用户可以直观、方便地直接在演示文稿下对图表进行编辑，同时对图表中的数据进行修改。插入图表的操作如下。

步骤 1 在普通视图中，选中要插入图表的幻灯片。

步骤 2 单击“插入”|“图表”命令，弹出“数据表”对话框，同时在幻灯片上显示一组数据图。

步骤 3 按照 Excel 2010 中插入图表的操作方法，编辑数据表中的数据，那么幻灯片上对应的图表会根据数据表中数据的改变，而发生相应的变化。

图表操作方法同 Excel 2010，练习制作折线图。

5. 插入表格

PowerPoint 2010 也提供了插入表格的方法，插入表格的具体步骤如下。

步骤 1 在普通视图中，选中要插入图表的幻灯片。

步骤 2 单击图 5-27 中的“插入”|“表格”|“插入表格”命令进行创建，弹出“插入表格”对话框，如图 5-28 所示，在“插入表格”对话框中填入要建表格的行数和列数，单击“确定”按钮，表格即插入到幻灯片中。

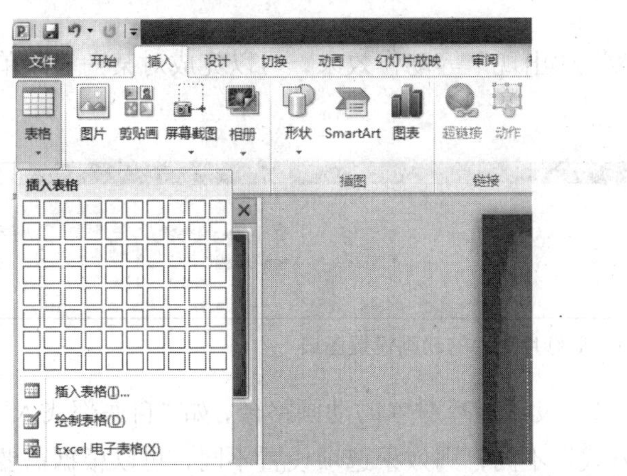

图 5-27 插入表格菜单

图 5-28 “插入表格”对话框

步骤 3 在幻灯片中选中表格，使其处于编辑状态，用鼠标选择表格，在窗口上方将出现表格的设置菜单“设计”“布局”，如图 5-29 所示。

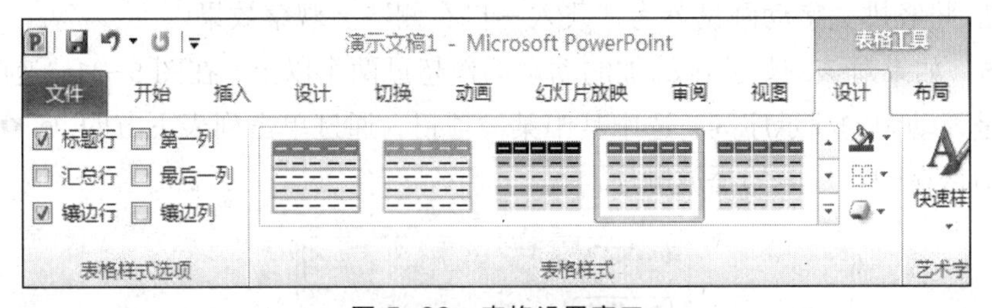

图 5-29 表格设置窗口

步骤 4 在“设计”菜单中，可以设置边框、边框线颜色、表格的底纹色彩、表格阴影效果灯及绘制表格等操作。

步骤 5 在“布局”菜单中，可以设置表格的行高、列宽、合并单元格、拆分单元格、平均分布行高、平均分布列宽等设置。

步骤 6 用户可以根据需要对表格的内容进行编辑，具体的编辑方法和对文本编辑方法类似。

任务 4 演示文稿的动画效果和播放

操作步骤如下。

1. 创建动画效果

在设置文本或对象的动画效果时，最方便的是通过 PowerPoint 2010 自带的动画进行动画设置，以设置幻灯片中占位符的“下降”动画效果为例进行讲解，操作步骤如下。

【方法】

利用“自定义动画”创建动画。对于大多数用户，如果对演示文稿的要求更高，可以使用“自定义动画”命令来创建更加丰富的动画效果。

步骤 1 选择要添加动画的文字或图片所在的幻灯片。

步骤 2 单击“动画“命令，出现图 5-30 所示的对话框。该对话框中，包含开始事件、属性和速度等选项。

步骤 3 此时单击上方的“飞入”“出现”等动作效果，可以完成对某一对象单独设置其动画效果。

图 5-30　幻灯片对象的动画设置窗口

步骤 4 在“效果选项”按钮中可以设置选择对象的动画路径，如“自底部飞入”“左下角飞入”等，根据上方的“动画方式”不同，则效果选项设置不同，可以根据需要进行设置。对所需要动画效果的设置完成后，对每一种动画方式中的属性可以在图中的右方菜单设置动画的触发方式，如“单击”或“具体时间”来控制。

如果需要对所选对象的播放顺序进行设置，则需要点击图中的“动画窗格”，如图 5-31 所示。将竖排文字动画设置为“飞入 - 自右侧”。观察效果。

步骤 5 如果对该幻灯片中添加的动画动作超过两个以上，在图 5-31“速度”下方的列表中就是该动画的演示序列，选中其中某一项目，通过单击列表下方的 重新排序 按钮来更改该项目在幻灯片中的播放顺序。

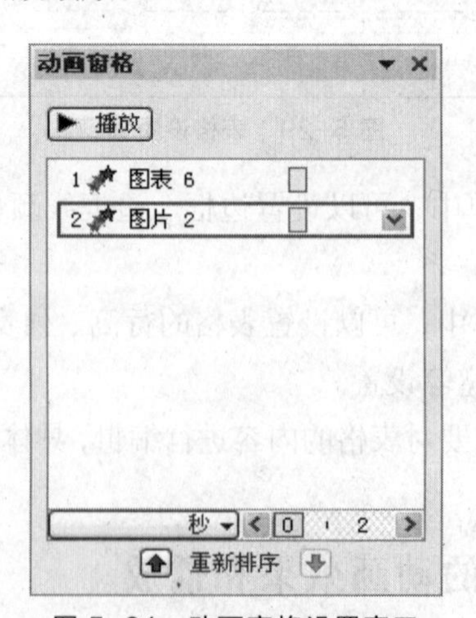

图 5-31　动画窗格设置窗口

步骤 6 对该幻灯片的动画效果设置完成后，可以单击图 5-30 中最左边的预览按钮，观看该幻灯片的动画效果。

2．幻灯片切换效果

幻灯片切换是设置幻灯片播放过程中，由一张幻灯片向下一张切换过程中，下一张幻灯片出现的视觉效果。其操作步骤如下。

步骤 1 单击“切换”命令，弹出如图 5-32 所示“幻灯片切换”对话框。

步骤 2 “幻灯片切换”对话框中的“应用于所选幻灯片”下拉菜单中，有多种切换方式可供选择，如图 5-32 所示。选择需要切换设置的幻灯片，如果需要多张同时选择，按“Shift”键逐个单击所选幻灯片，这时所选幻灯片就会以同一种切换效果进行切换。

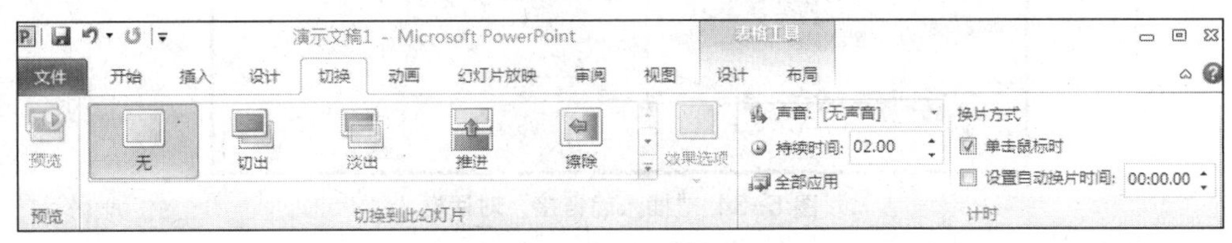

图 5-32 幻灯片切换设置窗口

步骤 3 在图 5-32 中，一般的幻灯片是没有切换效果的，当用户需要设置时，可以通过点击上方的切换效果进行修改，右边的“效果选项”是根据不同切换方式，其选项不同。如“推进”切换方式就具有“自底部、自顶部、自右侧和自左侧”4 种切换效果，如图 5-33 所示。

步骤 4 从“声音”列表框中选择需要添加的声音，可以添加系统自带以外的声音（注意声音添加的格式），如果选择“循环播放，到下一声音开始时”复选框，幻灯片播放过程中都会播放该添加声音。

步骤 5 在图 5-32 所示的“换片方式”中，可以选择两种控制幻灯片切换的方式，第一种系统默认的单击鼠标时进行切换，第二种以一定的间隔时间进行自动切换，并需设置自动切换的时间。

步骤 6 当幻灯片切换效果设置完成后，该设置只对当前选中的幻灯片有效，如果要对整个演示文稿的幻灯片进行此设置，单击图 5-33 右侧的 全部应用 按钮。

图 5-33 切换效果的设置

3．演示文稿中超链接的创建

超链接是网页间的跳转，可以在不同页面间进行跳转。在演示文稿上建立超链接，同样可以实现类似于网页的跳转动作。建立超链接的步骤如下。

步骤 1 在要插入超链接的放置区单击，或选中作为超链接的文本，单击“插入”|“超链接”命令，弹出图 5-34 所示的“插入超链接”对话框。

步骤 2 在图 5-34 所示的“插入超链接”对话框中，“链接到”选项的下方，有链接跳转的目的地址。在“要显示的文字”处输入待建立超链接文字，然后在“链接到”下的菜单中选择跳转的目的地址。如果跳转的地址是幻灯片，在“幻灯片预览”区可以观看到跳转的幻灯片内容页面，单击“确定”按钮完成超链接的添加。

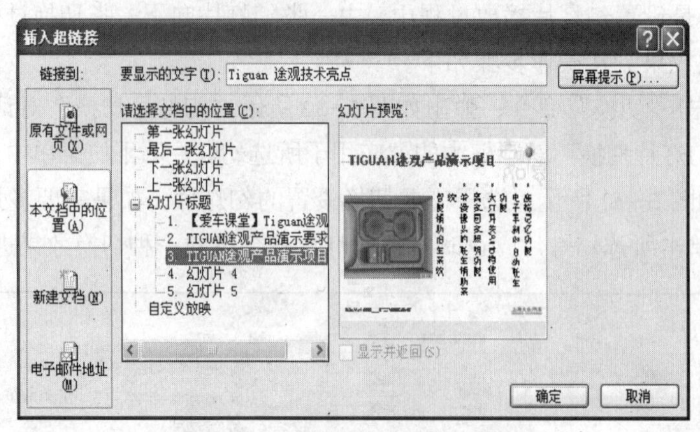

图 5-34 “插入超链接”对话框

步骤 3 如果要对已建超链接进行修改，可以选中建立超链接的对象，然后单击鼠标右键，在弹出的下拉菜单中，单击“编辑超链接”命令，弹出“编辑超链接”对话框，可以删除超链接，或者更改超链接的目的地址。

步骤 4 当超链接设置完成后，在幻灯片上添加超链接的文本对象下，会自动添加下划线表明此对象上有超链接动作。对于图像对象上添加的超链接，只有在演示文稿放映状态下，当鼠标移动到图片上时，鼠标的外形会改变，表明此图片上已建有超链接，单击这些超链接对象就可以实现跳转动作。

步骤 5 动作按钮是导航按钮，和超链接一起使用。单击“插入”|“形状”|“动作按钮”命令，单击选中的“动作按钮”中的一种按钮，拖拉到幻灯片中，该按钮就在幻灯片中显示。

步骤 6 在幻灯片中对按钮的拖拉完成后，自动弹出图 5-35 所示“动作设置”对话框。在该对话框中，可以对按钮执行的动作进行设置。如有无动作，链接幻灯片的具体位置等操作的设置。用户在此窗口可以设置其链接到“下一张幻灯片”“最后一张幻灯片”或者“第一张幻灯片”等。

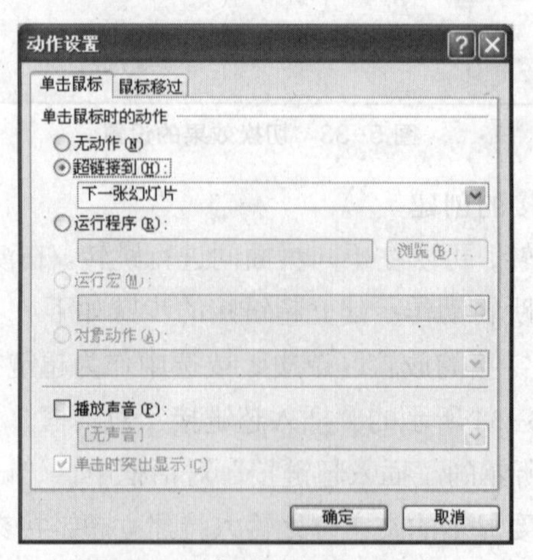

图 5-35 “动作设置”对话框

步骤 7 在图 5-35 所示“动作设置”对话框中，可以对鼠标的动作进行选择，有两种方式，即“单击鼠标”和“鼠标移过”。单击“超链接到”选项如图 5-36 所示，选择一个连接对象，即完成该动作按钮对应的“超链接”。当然也可以使用该方法建立“运行程序”或“声音”的超链接，最后单击“确定”按钮完成超链接的创建。

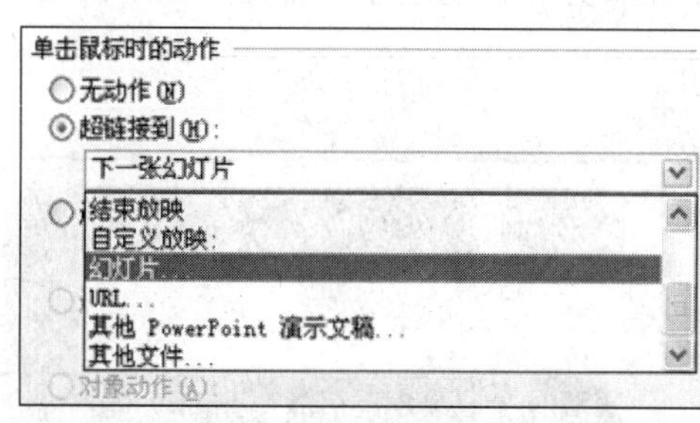

图 5-36 “动作设置”对话框中超链接下拉菜单

4．演示文稿的播放控制

对演示文稿修饰完成后，就可以对其进行排练演示了。在放映过程中有一些细节问题，要在“设置放映方式”对话框中完成，操作方法如下。

步骤 1 打开要设置放映方式的演示文稿。

步骤 2 单击“幻灯片放映”|“设置幻灯片放映”命令，弹出图 5-37 所示“设置放映方式”对话框。

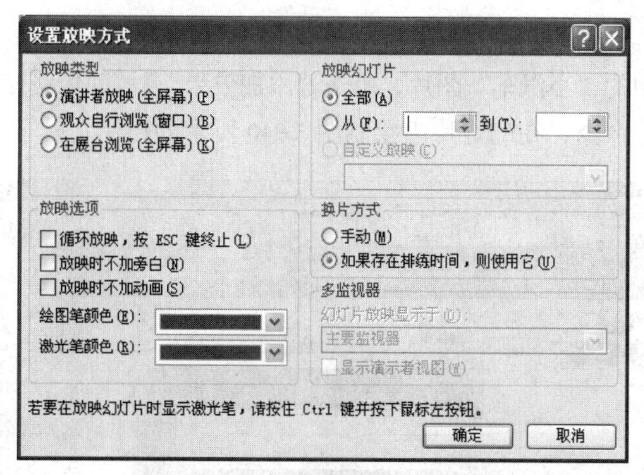

图 5-37 “设置放映方式”对话框

步骤 3 在“放映类型”选项中，可以选择放映的模式有“演讲者放映”“观众自行浏览”和“在展台浏览”，使用者可根据实际情况自行设置。

步骤 4 程序默认是放映全部幻灯片，如果用户需要选择放映部分幻灯片，只需在“放映幻灯片”选项中选择部分放映，并输入放映幻灯片页数范围即可。

步骤 5 如果用户使用“幻灯片放映”|“排练计时”命令，系统将演示文稿全屏显示，并出现图 5-38 所示的“预演”工具栏。在“预演”工具栏中，“幻灯片放映时间”显示当前幻灯片的放映时间，“总放映时间”栏中显示当前整个演示文稿的放映时间。

图 5-38 “预演”工具栏

步骤 6 对当前演示文稿的放映时间不满意时，可以单击“重复”按钮重新计时。也可以通过“暂停”和“下一项”按钮来进行切换操作。

任务 5 实战练习绘制动画路径

如图 5-39 所示效果，让服务流程动起来，流程应该走到哪步，小汽车就定位到哪步。

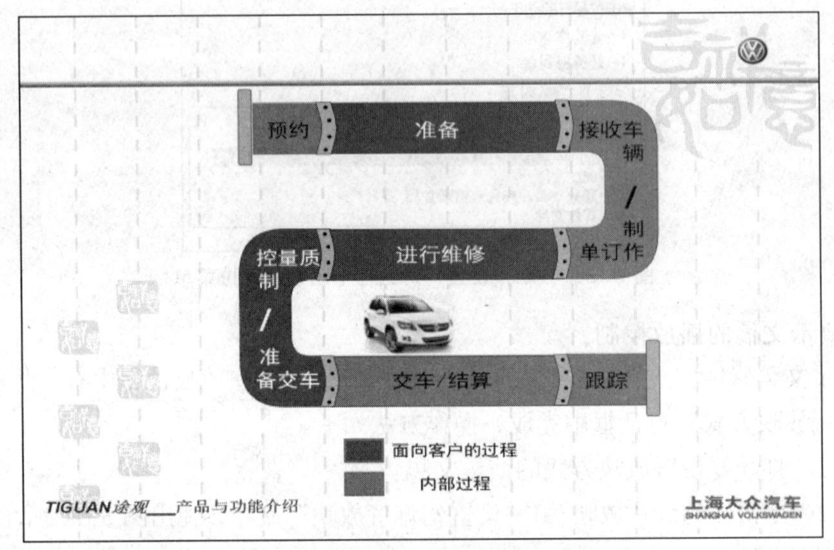

图 5-39 任务五效果图

操作步骤如下。

选中图 5-39 中的“小汽车”图片，单击“添加效果”|“动作路径”|“绘制自定义路径”|“自由曲线”命令，在幻灯片中绘制图 5-40 所示的路径。

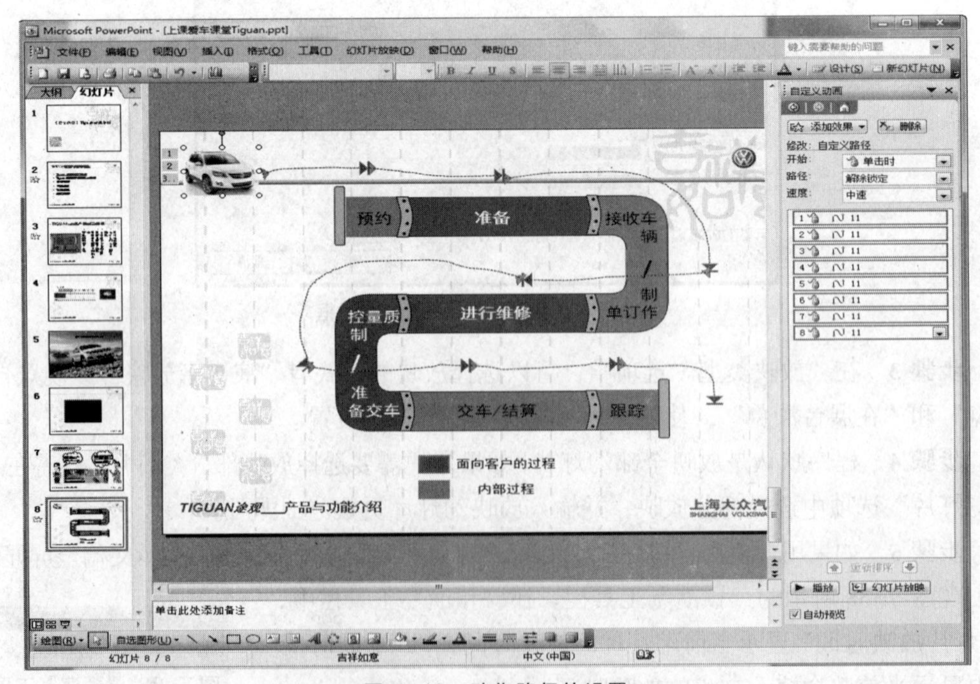

图 5-40 动作路径的设置

5.2 情境案例2——电子相册的制作

【情境描述】

王丽的妈妈要过生日，为了给妈妈一个特别的礼物，王丽动了一翻心思。想起学校刚刚结束的大学生风采展示活动中演示文稿的功用，她想制作出一个精美电子相册来展示对妈妈养育之恩的感激。可是如何设置背景颜色和背景音乐？如何插入拍摄的视频动画？如何将带有背景音乐和视频的电子相册打包输出？

【案例分析】

电子相册的特点是新颖、生动、色彩鲜明。PowerPoint 2010提供了制作电子相册的功能。创建电子相册时，首先导入相册图片，根据需要，进一步设置相册版式（包括图片版式、相框形状、主题等）和调整图片的前后位置，在第一张幻灯片中，设置相册主题和相册的主要内容等。

相册创建后，还可进一步插入并设置相册的背景音乐、Flash 动画和视频动画等，制作出更具感染力的多媒体演示文稿。相册放映时，可根据需要，设置自动换片、使用排练计时换片和循环放映。

最后，除了把相册保存为“.pptx”格式的文件外，为了能在尚未安装 PowerPoint 软件的计算机中放映，可把相册另存为“.ppsx”文件、打包成CD、复制到文件夹，还可创建PDF/XPS文档、创建视频、创建讲义等。

由以上分析可知，“电子相册”制作可分解为以下六大任务，即创建相册、添加背景音乐、插入Flash动画、插入视频动画、控制放映、打包输出。

【相关知识】

1．创建相册

PowerPoint 2010 中提供了自动创建相册的功能，能够将搜集到的图片制作成幻灯片形式的电子相册。

2．添加背景音乐和影片

PowerPoint 2010 中增加了许多新的音频和视频支持格式，通过插入命令组中的视频和音频命令，能够将各种音频和视频文件插入到演示文稿当中，并且可以对音频和视频文件进行裁剪以及淡入淡出效果的设置。

3．控制放映方式

PowerPoint 2010 存在3种放映方式，即演讲者放映、观众自行浏览和在展台放映，此外用户也可自定义放映的幻灯片以及放映的方式。

4．打包输出

为了适应各种系统环境，确保幻灯片在没有安装 PowerPoint 2010 的环境中能够正常播放，可以通过打包的方式将各种元素，如幻灯片中所使用的文字、音乐、视频等打包输出。

【案例实施】

任务 1　创建相册

PowerPoint 2010 提供了制作电子相册的功能。创建电子相册的步骤如下。

步骤 1　启动“PowerPoint 2010”，在“插入”选项卡中，单击“图像”组中的“相册”下拉按钮，在打开的下拉列表中选择“新建相册”选项，打开“相册”对话框，单击“文件/磁盘”按钮，如图 5-41 所示。

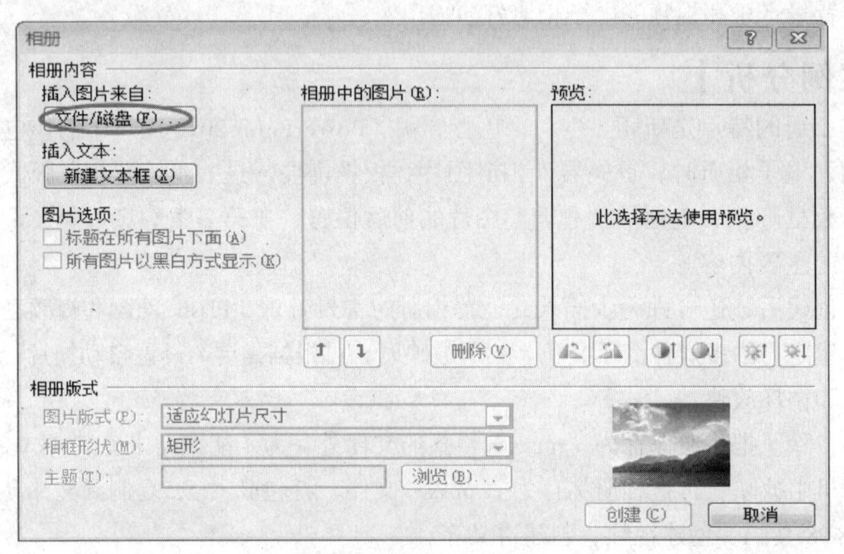

图 5-41　“相册”对话框

步骤 2　在打开的“插入新图片”对话框中，在素材库中选择需要导入的图片，如果需要导入全部图片，则可按“Ctrl+A”组合键，选择全部图片文件，然后单击“插入”按钮，如图 5-42 所示。

图 5-42　导入全部图片

步骤 3 返回到“相册”对话框，可以发现刚才选择的全部图片已经加入到“相册中的图片”列表框中，选择“图片版式”为“2 张图片”“相框形状”为“圆角矩形”“主题”为“跋涉”，并选中“标题在所有图片下面”复选框，通过单击“↑”或“↓”按钮，调整“相册中的图片”列表框中各图片的顺序，把同类的 2 张图片放置在同一张幻灯片中，如图 5-43 所示。

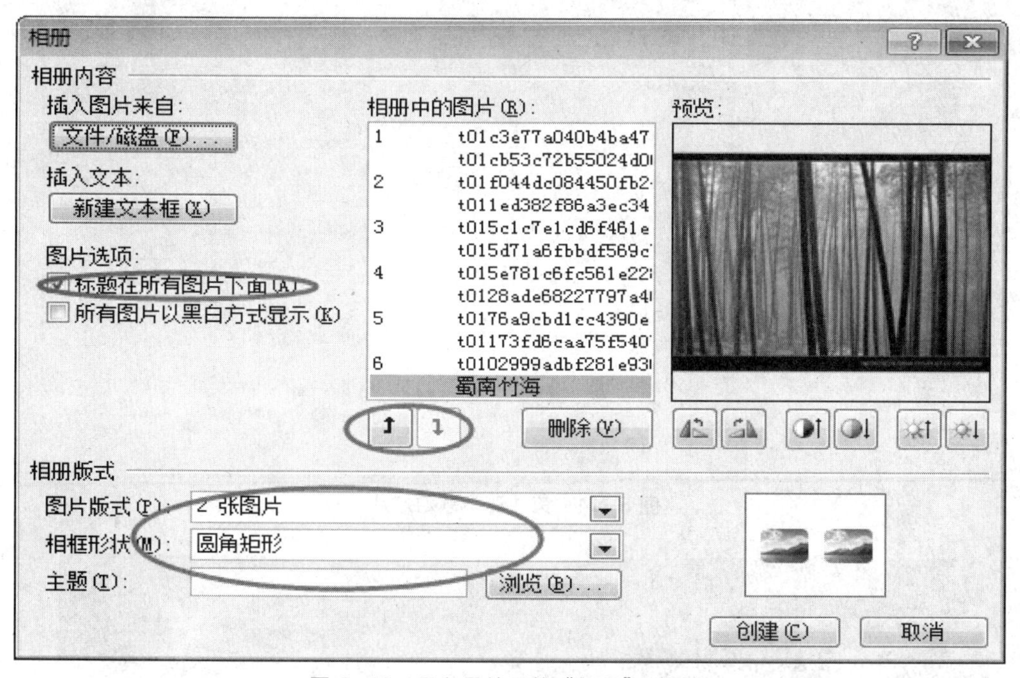

图 5-43 导入图片后的“相册”对话框

通过单击“预览”图片下方的相应按钮，还可以调整图片的对比度、亮度、旋转方向等。

步骤 4 单击“创建”按钮，这时 PowerPoint 2010 会自动生成一个由 7 张幻灯片组成的演示文稿，其中第 1 张幻灯片为“标题”幻灯片，将“标题”和“副标题”占位符中的内容修改为自己所需要的内容，并适当调整“副标题”占位符的位置和大小，如图 5-44 所示。

步骤 5 修改第 2～7 张幻灯片的版式为“仅标题”，分别设置第 2～7 张幻灯片的标题，如图 5-45 所示。

任务 2 添加背景音乐、影片

为了渲染氛围，可以在相册中添加背景音乐、旁白、原声摘要、视频动画等。

1. 插入声音文件

步骤 1 选中需要插入声音的幻灯片。

步骤 2 单击“插入”|“视频”|“音频”按钮，即可弹出图 5-46 所示“插入声音”对话框。

致妈妈——美好的回忆

女儿：王丽

图 5-44　第 1 张标题幻灯片

图 5-45　第 2 张标题幻灯片

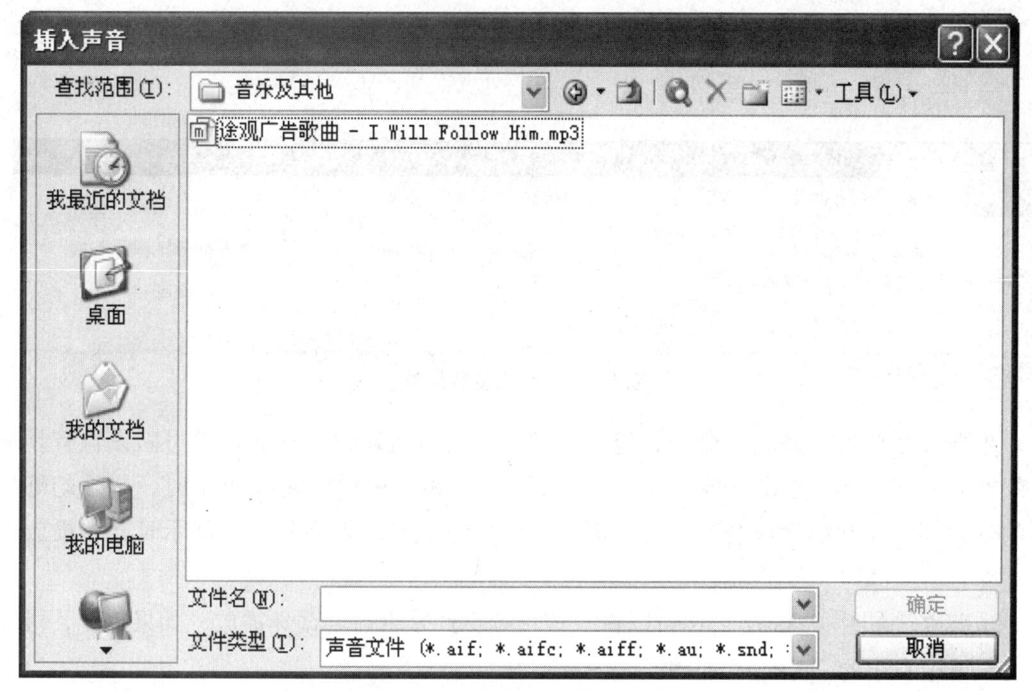

图 5-46 “插入声音”对话框

步骤 3 在“插入声音”对话框中，选择文件所在路径，此例选择素材中的某一音频文件，单击“确定”按钮，弹出图 5-47 所示设置效果的音频图标。

步骤 4 在图 5-47 中，单击音频图标下方的播放按钮▶图标可实时地聆听设置的效果。

图 5-47 设置音频效果图

步骤 5　选择图 5-47 中刚才插入的音频图标，PowerPoint 上方的菜单会自动增加一个“播放”菜单，如图 5-48 所示。

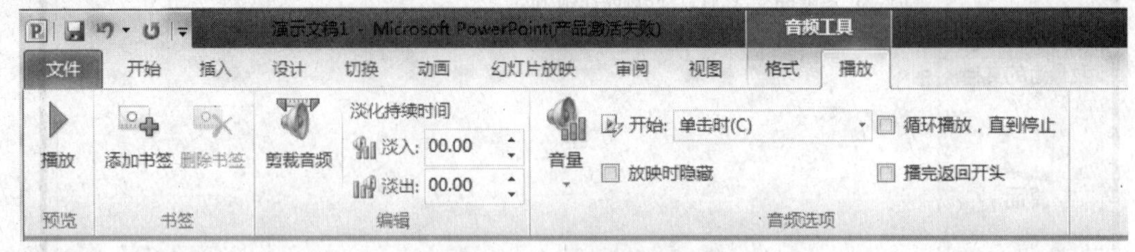

图 5-48　音频设置菜单

步骤 6　单击“播放”命令，进入音频链接的设置窗口，在此窗口可以设置音频文件的播放方式，如“单击”或“自动”。“单击”表示用户在展示 PPT 时，单击幻灯片中的音频图标才开始播放音频内容，而“自动”方式则表示当幻灯片展示时开始播放音频文件。

步骤 7　在图 5-48 中，还可以设置该音频文件是否需要循环播放，如果需要，可以单击菜单中右边的“☑ 循环播放，直到停止”。

2. 添加影片

步骤 1　选中要插入影片的幻灯片。

步骤 2　单击“插入”|“视频”|“文件中的影片”命令，弹出“插入影片”对话框，查找插入影片所在的路径，此例选择素材中的 MP4 或 AVI 等系统可插入的影片模式，单击“确定”按钮。

进阶：特殊视频格式类文件，如.rm, .swf 等。

任务 3　控制放映

做好动画、切换等放映效果，具体操作在情景案例 1 中有详细说明。

任务 4　打包输出

电子相册整体内容制作完毕后，一般保存为“.pptx”格式的文件。如果保存为“.ppsx”格式的文件，则不启用 PowerPoint 软件也可放映。一般情况下，幻灯片是在计算机中播放的，而且计算机中应该安装了 PowerPoint 或者 PowerPoint Viewer 软件。然而有时会遇到计算机中尚未安装 PowerPoint 软件等情况，这样会出现幻灯片无法正常播放的问题。因此，为了解决上述问题，PowerPoint 提供了打包功能，打包时包括幻灯片中所使用的文字、音乐、视频等元素。

步骤 1　单击窗口左上角“快速访问工具栏”中的“保存”按钮，保存演示文稿(*.pptx)。

步骤 2　选择“文件”|“另存为”命令，打开“另存为”窗口，选择“保存类型”为“PowerPoint 放映（*.ppsx）”，单击“保存”按钮，然后关闭 PowerPoint 软件。

步骤 3　单击在步骤 2 中保存的*.ppsx 格式文件，不必启用 PowerPoint 软件即可观看播放效果。

步骤 4　重新打开步骤 1 中“*.pptx”文件，选择“文件”“保存并发送”命令，在中间窗格的“文件类型”区域中选择“将演示文稿打包成 CD”选项，再单击右侧窗格中的“打包成 CD”按钮，如图 5-49 所示。

步骤 5 在打开的“打包成 CD”对话框中，可命名 CD。如果有多个演示文稿需要放在同一张 CD 中，则单击“添加”按钮，添加相关演示文稿文件。

步骤 6 如果有更多设置要求，如设置密码，则单击“打包成 CD”窗口中“选项”按钮，如图 5-50 所示，在打开的“选项”对话框中设置打开或修改每个演示文稿时所用的密码，再单击“确定”按钮。如图 5-51 所示。

步骤 7 将空白的 CD 刻录盘放入刻录机，最后单击“打包成 CD”窗口中“复制到 CD”按钮，这样就可刻录成演示文稿光盘。如果单击“复制到文件夹”按钮，如图 5-50 所示，则可以将演示文稿保存到指定文件夹和位置，供其他用途。

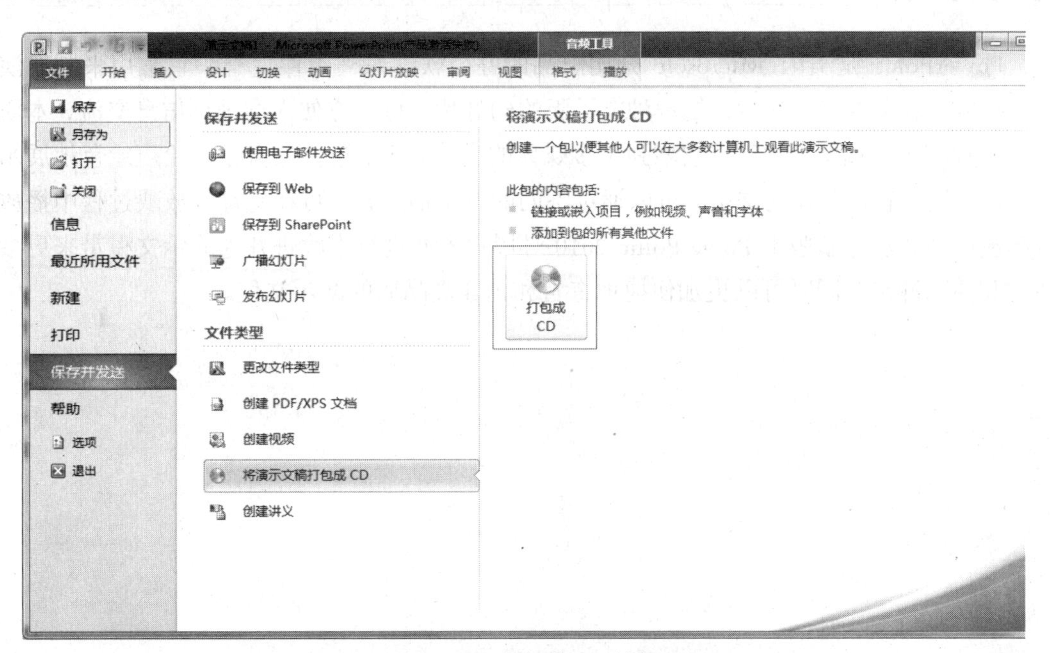

图 5-49 打包成 CD 按钮

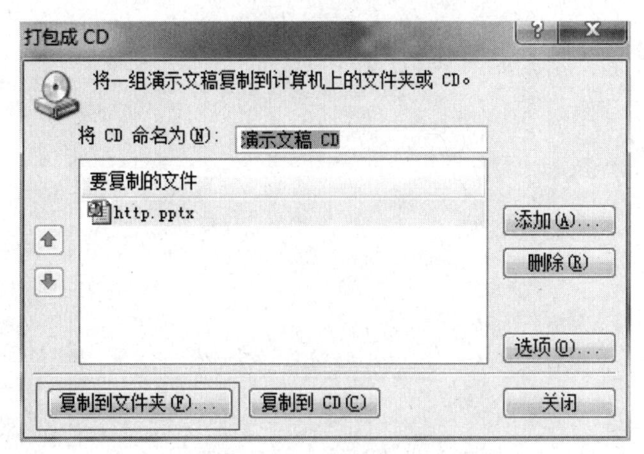

图 5-50 打包成 CD 按钮

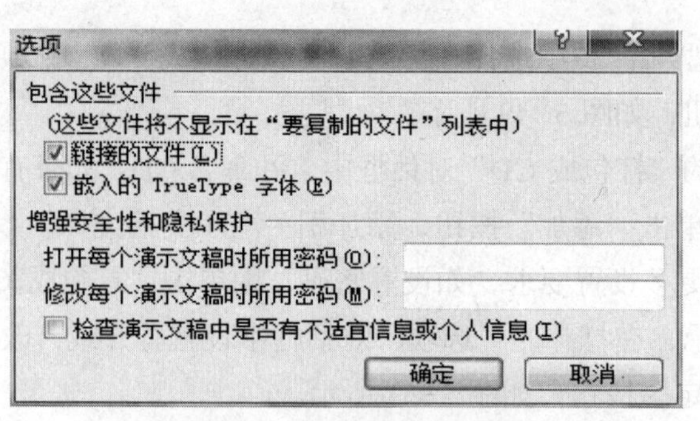

图 5-51 打包成 CD 选项

本章小结

PowerPoint 是美国 Microsoft 公司出品的办公软件系列组件之一，它常用来制作演讲、报告、教学内容的提纲，是一种电子版的幻灯片，可以方便人们进行信息交流，本质上是一种演示文稿图形程序。它增强了多媒体的支持功能，能图文并茂，绘声绘色地展示信息。利用该软件制作的文稿，可以通过不同的方式播放，并可在幻灯片放映过程中播放音频流或视频流。新版本 PowerPoint 2010 对用户界面进行了改进并为演示文稿带来更多活力和视觉冲击，同时可以更加便捷地查看和创建高品质的演示文稿。

PART 6 第 6 章 计算机网络基础知识应用

（根据专业不同，本章可调整到第 2 章前讲解）

【本章内容】

1. 计算机网络基础知识。
2. 情境案例 1：我如何才能连接 Internet？
3. 情境案例 2：我的 IE 浏览器设置安全吗？
4. 情境案例 3：我想去“外边”看看，如何利用网络查询信息？
5. 情境案例 4：如何注册和收发电子邮件？
6. 情境案例 5：如何利用邮件客户端 Outlook Express 收发电子邮件？
7. 计算机小故事：Internet 是怎样诞生的？

【本章学习目的和要求】

1. 掌握计算机网络基础知识。
2. 掌握连接 Internet 的基本方法。
3. 掌握 IE 网络设置安全方法。
4. 了解信息查询和收发电子邮件的方法。
5. 了解 Internet 在国际和国内是如何诞生的。

6.1 计算机网络基础知识

计算机网络，是指将处于不同位置的具有独立功能的多台计算机及其外部设备，通过通信线路连接起来，并且可以通过网络操作系统，在网络管理软件及网络通信协议的管理和协调下，实现资源共享和信息传递的计算机系统。一般计算机网络由若干台主机和一个通信子网组成，遵循一个约定的通信协议，这样构成不同地区、不同端点实现通信，即为计算机网络。其发展历史大致经历了以下 4 个阶段。

第一阶段：诞生阶段

20 世纪 60 年代中期之前的第一代计算机网络是以单个计算机为中心的远程联机系统。典型应用是由一台计算机和全美范围内 2 000 多个终端组成的飞机订票系统。终端是一台计算机的外部设备包括显示器和键盘，无 CPU 和内存。随着远程终端的增多，在主机前增加了前端机（FEP）。当时，人们把计算机网络定义为“以传输信息为目的而连接起来，实现远程信息处理或进一步达到资源共享的系统”，但这样的通信系统已具备网络的雏形。

第二阶段：形成阶段

20世纪60年代中期至70年代的第二代计算机网络是以多个主机通过通信线路互联起来，为用户提供服务，兴起于60年代后期，典型代表是美国国防部高级研究计划局协助开发的ARPANET。主机之间不是直接用线路相连，而是由接口报文处理机（IMP）转接后互联的。IMP和它们之间互联的通信线路一起负责主机间的通信任务，构成了通信子网。通信子网互联的主机负责运行程序，提供资源共享，组成资源子网。这个时期，网络概念为“以能够相互共享资源为目的互联起来的具有独立功能的计算机之集合体”，形成了计算机网络的基本概念。

第三阶段：互联互通阶段

20世纪70年代末至90年代的第三代计算机网络是具有统一的网络体系结构并遵守国际标准的开放式和标准化的网络。ARPANET兴起后，计算机网络发展迅猛，各大计算机公司相继推出自己的网络体系结构及实现这些结构的软硬件产品。由于没有统一的标准，不同厂商的产品之间互连很困难，人们迫切需要一种开放性的标准化实用网络环境，这样应运而生了两种国际通用的最重要的体系结构，即TCP/IP体系结构和国际标准化组织的OSI体系结构。

第四阶段：高速网络技术阶段

20世纪90年代至今的第四代计算机网络，由于局域网技术发展成熟，出现光纤及高速网络技术、多媒体网络、智能网络，整个网络就像一个对用户透明的大的计算机系统，发展为以Internet为代表的互联网。

6.1.1 Internet网络连接

目前家庭上网常见的连接方式有拨号上网、ISDN上网、专线入网、ADSL宽带入网等方式。一般用户根据运营商的经营模式不同选择不同的连接方式。

1. 拨号上网

个人用户一般都采用调制解调器拨号以主机方式入网，可以通过自己的软件工具实现Internet上的各种服务，如FTP、Telnet、E-mail、WWW浏览等，用户以拨号方式上网时可分配到一个临时IP地址。拨号上网速度较慢。

2. ISDN上网

通过ISDN（Integrated Services Digital Network，综合业务数字网）可以更快地接入Internet，速度达到64kbit/s或128kbit/s的高速。用户需要到ISP那里申请ISDN业务，得到一个入网的ISDN号后才可以使用。

3. 专线方式

建有局域网的企业级用户一般以网络方式接入Internet，该局域网上的所有用户会得到一个唯一的IP地址。通过DDN（Digital Data Network，数字数据网）专线入网时，速度可以达64kbit/s～2Mbit/s。

4. ADSL宽带

ADSL宽带是以铜质电话线作为传输介质的高速数字化传输技术。下行速度可以达

1～8Mbps。

6.1.2 Internet 冲浪

1．IE 简介

Internet Explorer（中文译名：网络探索者，简称 IE）是微软公司开发的专门用于 Internet 信息浏览和查找的浏览器，是一种用于搜索网络、检索并按易读的方式显示文件副本的客户软件程序。IE 的用户界面与 Windows 中的资源管理器有一点相似，但窗口中显示的是网页内容而不是文件夹和文件名称，也可以直接通过资源管理器浏览网页（在地址栏中输入 URL 地址即可）。在 Win98/2000/XP/win7 下，IE5/6/7/8 与操作系统是捆绑在一起，安装完操作系统即可启动 IE 浏览器，无需另行安装。启动 IE 浏览器时，在 Windows 中双击桌面上的 Internet Explorer 图标即可。

2．用 URL 直接连接主页

在 Internet Explorer 窗口的地址栏中直接输入某资源的 URL 地址并回车，IE 直接打开该页面。输入常用地址时，IE 自动输入。希望快速查找信息时，可在地址栏中输入："Go" "Find" 或 "？"，后面直接输入要查找的单词或短语，系统可进行自动搜索。

常用网址：	http://www.yahoo.com	雅虎搜索引擎
	http://www.tsinghua.edu.cn	清华大学
	http://www.pku.edu.cn	北京大学
	http://www.harvard.edu	哈佛大学
	http://www.cam.ac.uk	剑桥大学
	http://bbs.ustc.edu.cn	中国科技大学新闻论坛
	http://www.baidu.com	百度搜索引擎

3．主要工具按钮的使用

打开 IE 浏览器，弹出图 6-1 所示的窗口，其中各按钮的含义如下。

图 6-1　IE 浏览器窗口

"后退"按钮：单击一次，可重新显示当前网页的上一次访问的页面，利用该按钮可退回到最初的页面。

"前进"按钮：如果已经点击一次或多次"后退"按钮，则该按钮会变亮，成为有效按钮。单击它可返回当前网页的下一个页面，直到最近看过的页面。

"停止"按钮：当打开网页的过程中，单击一次该按钮，可停止正在下载的网页。

"主页"按钮：每一个 IE 浏览器都可以设置主页，也就是第一次打开 IE 浏览器时显示的页面，如果没有设置，一般显示默认设置的主页。无论何时单击该按钮，均可访问 IE 浏览器设置的主页。

打开最近关闭的页面，单击该按钮，可以打开最近被关闭的网页。

"收藏夹"按钮：单击该按钮可打开已经收藏的网页。针对一些经常访问的网页，可以采用收藏的方式，保存记录该网页对应的地址，方便用户第二次登录访问，从该按钮下可以查看已经收藏的相关网页。

4．保存 Web 页的信息

保存当前页面内容，在文件菜单中单击另存为，给出合适的文件名、文件类型和保存位置。保存当前页上的部分信息：先选定所需信息，单击编辑菜单中的复制，再打开 Word 或写字板，从其中的编辑菜单中选择粘贴。打印 Web 页：从文件菜单中选打印。

5．快速查看 Web 页

对喜欢的网页或需要经常访问的站点可以保存其地址，以便今后快速访问。将网页添加到收藏夹：进入所需 Web 页，在收藏菜单中单击添加到收藏夹，并选择所需方式（每次访问时点击 2 次）。将网页添加到链接栏：将地址栏中的 IE 图标直接拖到链接栏中（每次访问时点击 1 次）。设置为主页：单击"工具"菜单|"Internet 选项"|主页栏中输入地址|回车（启动 IE 时自动进入）。

6．查找最近访问过的网页

有多种方法可查找在过去几天、几小时或几分钟内曾经浏览过的网页和网站。

（1）查找最近几天访问过的网页

单击工具栏上的"历史"按钮，出现历史记录栏，其中包含了在最近几天或几星期内访问过的网页和站点的链接。先单击"查看"中的按星期或按日期，再单击文件夹显示出浏览过的各个网页，然后单击网页图标即可显示该网页。可以通过"查看"或"搜索"按钮对历史网页进行排序或找到特定网页。

（2）查找刚才访问的网页

单击工具栏上的"后退"按钮返回访问过的最后一页；单击"后退"或"向前"按钮旁边的箭头，然后从列表单击所需的网页，可以访问指定的某页。

注　意

- 再次单击"历史"按钮可以隐藏浏览栏。
- 通过"Internet 选项"可以更改在"历史记录"列表中保留网页的天数。指定的天数越多，保存该信息所需的磁盘空间就越多。

7．IE 浏览器的快捷键

"Ctrl+W"组合键表示关闭当前窗口，"Ctrl+S"组合键表示保存当前页面，按"Tab"键即可向下一个目标移动，"Ctrl+X"组合键表示剪切选中的内容；"Ctrl+C"组合键表示复制选中的文字内容，"Ctrl+V"组合键粘贴已经复制在内存中的内容，"Ctrl+A"组合键表示选择页面内的所有内容。

6.2　情境案例 1——我如何才能连接 Internet

【情境描述】

假设你所在寝室准备通过拨号上网，如何进行设置才能连接互联网呢，请通过设置你们寝室的计算机使其能顺利连接外网。通过本任务的实践，可以增加学生对拨号上网的认识和理解，同时锻炼其动手能力，让学生掌握建立拨号上网连接的基本操作。

【案例分析】

接入互联网的方式有局域网接入方法和其他连接方法。

（1）局域网接入方法

计算机局域网的接入方法主要有拨号连接和专线连接两种。采用这两种方式局域用户都拥有 IP 地址，只是采用的连接方法不同。

① 拨号连接。采用拨号连接方法，网络成为 Internet 的一部分，网络中的任何一台计算机都能同时运行 Internet 中的应用。局域网通过路由器、调制器和电话线接入 Internet。路由器必须支持串行线路网间协议（SLIP）或点到点协议（PPP），当然 TCP/IP 软件也是必不可少的。我们知道，普通电话线都是模拟线路，计算机之间的通信属于数据通信的范畴，所以需要调制解调器进行数字和模拟信号之间的转换。由于电话线路支持的数据传输速率不高，因此网络用户使用字符型的应用，如 E-mail、FTP 等，绝对没有问题，但运行 WWW 的 Mosaic、Netscape 等客户应用程序时却可能会遇到速度太慢的问题，尤其当网络中有多个用户同时上网操作的时候，在 Internet 中多媒体的应用和大型文件的传送，采用 9.6KB/s 或 14.4KB/s 的线路速率是肯定不够的。

② 直接连接。要解决 IP 拨号连接方式中的问题，可以采用直接连接方式。直接连接方式也叫专线连接。用户租用一条专线，如 64KB/s 或 2MB/s 或更高速专线，与 Internet 连接起来。所需的设备除了路由器之外，还必须有数据业务单元／用户业务单元（DSU/CSU）。在这种结构中，网络中的多台终端能同时运行 Mosaic 等应用程序，并打开多媒体文件。

以前国内的一些 Internet 用户，如高能物理研究所、中国信息研究所、中国教育科研网等都采用这种连接方式，但这种方法比较贵，大部分小的局域网用户将会采用第一种连接方式。

（2）其他的连接方式

其他接入互联网的方法有终端接入方法、终端仿真方式和代理连接方式等。但对于本书而言，主要了解如何用拨号的方法连接互联网，其他直接方式在这里不做过多介绍。

【相关知识】

1. 了解网络连接的几种方式
2. 掌握拨号上网连接的基本步骤
3. 网络连接的基本设置

【案例实施】

步骤 1 右键电脑桌面上的“网上邻居”，在弹出的邮件菜单中选择“属性”，如图 6-2 所示。

步骤 2 进入图 6-3 所示的“网络属性”窗口，如果第一次连接网络，在该窗口中不会出现“本地连接”等图标，这时需要单击窗口左上角的“创建一个网络连接”，即可进入创建网络连接的连接向导，用户只需根据需要进行设置。

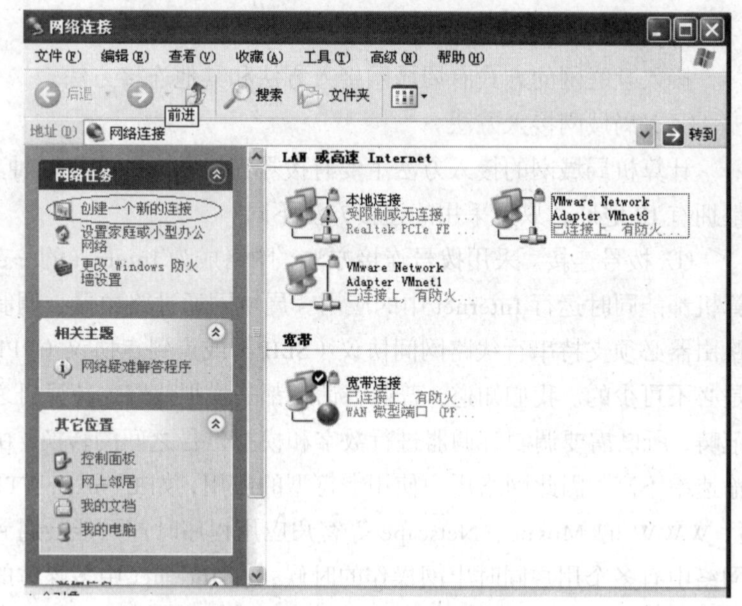

图 6-2 “网上邻居”邮件菜单　　　图 6-3 “网络属性”窗口

步骤 3　设置网络连接向导。单击窗口左上角的“创建一个网络连接”后就会弹出图 6-4 所示窗口，单击“下一步”按钮进入图 6-5 所示的网络类型选择窗口。在该窗口中主要是设置网络连接的类型，一般选择连接到 Internet，与万维网建立连接。

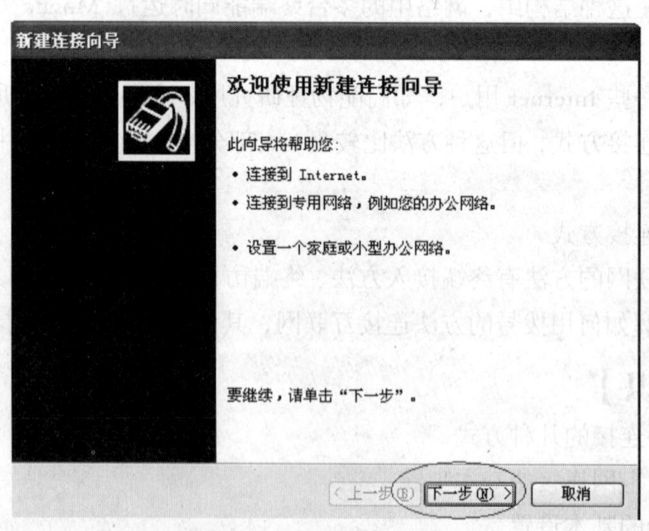

图 6-4　创建网络连接窗口

步骤 4　从图 6-5 所示窗口，单击“下一步”按钮，进入图 6-6 所示的连接方式设置窗口，该窗口一共提供了 3 种连接方式，拨号上网一般选择中间的“手动设置我的连接”，从该选择中可以设置用户的账号和密码进行验证。单击“下一步”进入图 6-7 所示窗口。

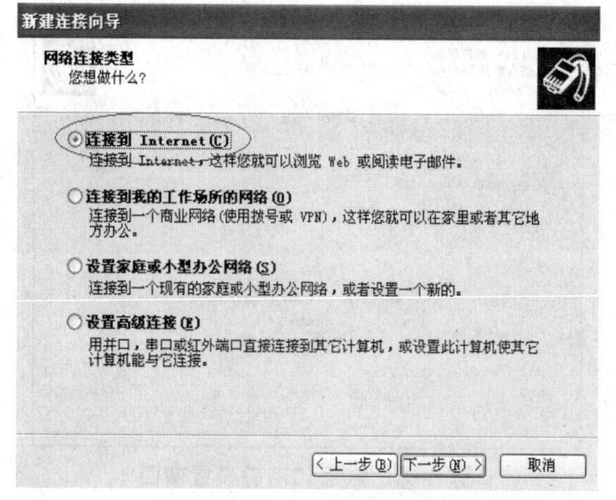

图 6-5　网络类型选择

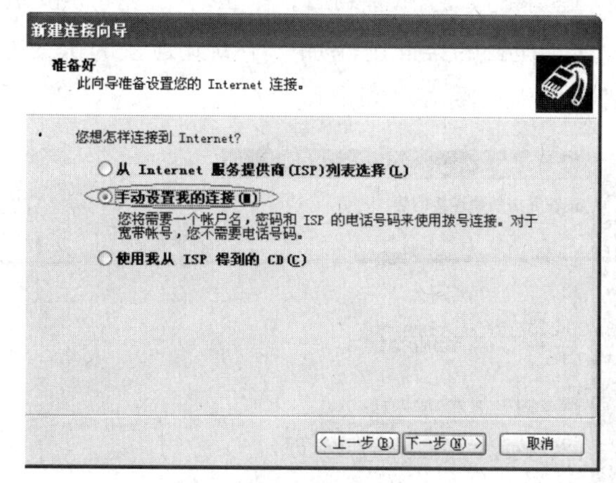

图 6-6　网络连接方式设置

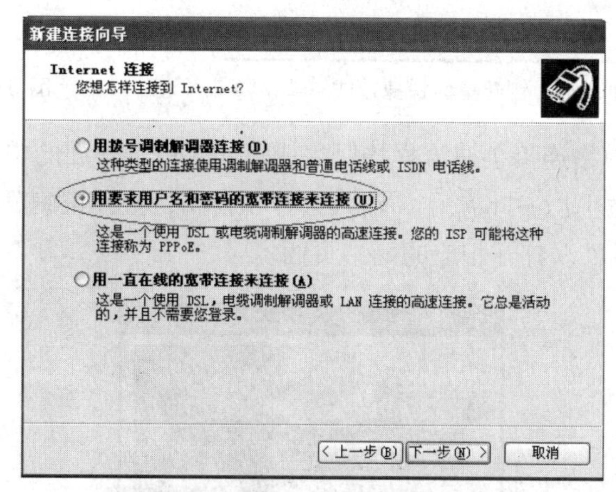

图 6-7　设置用户名和密码登录方式

步骤 5　在图 6-7 中选择“用要求用户名和密码的宽带连接来连接”，单击“下一步”按钮，进行网络 ISP 名称设置，在 ISP 名称设置窗口可以随便输入一个自己喜欢的名称，这个便于网络用户名称识别，也可以选择不输入任何文字，这样采用默认用户名称。单击“下一步”按钮，进入图 6-8 所示的账号和密码设置窗口。

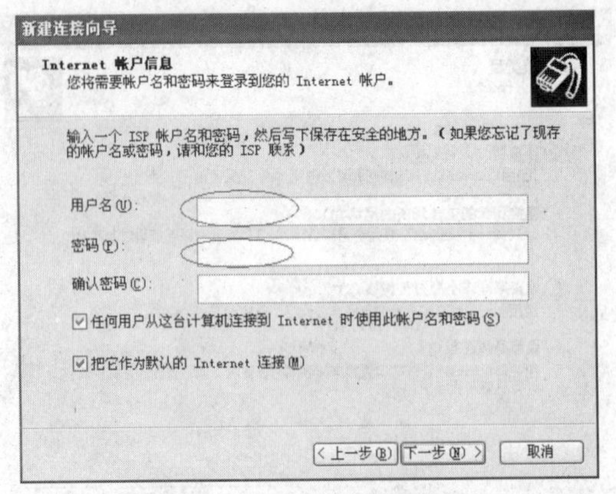

图 6-8 账号和密码设置窗口

步骤 6 设置完用户登录的账号和密码后，单击“下一步”按钮进入图 6-9 所示的完成窗口，在该窗口中设置“在我的桌面上添加一个到此连接的快捷方式”，这样就能在桌面上创建一个快捷方式图标，如图 6-10 所示。

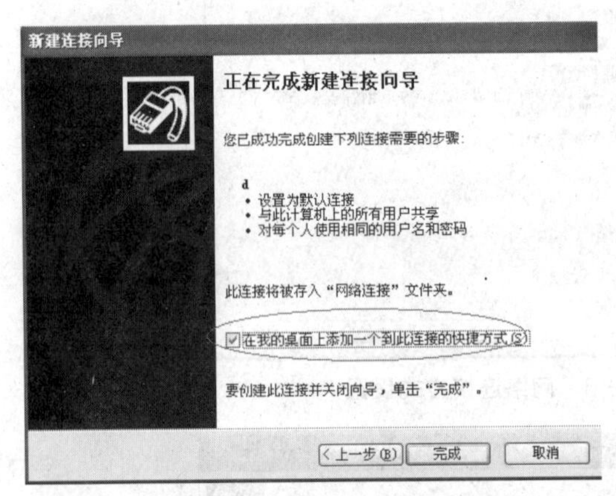

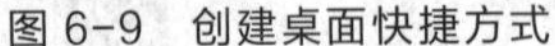

图 6-9 创建桌面快捷方式

图 6-10 桌面快捷方式

步骤 7 整个的网络连接创建流程均已完成，如果单击桌面的“宽带连接”快捷方式即可进入连接窗口，如图 6-11 所示，输入账号和密码，验证正确后即可与 Internet 建立连接，通过 IE 浏览器可以打开相应的网站页面。

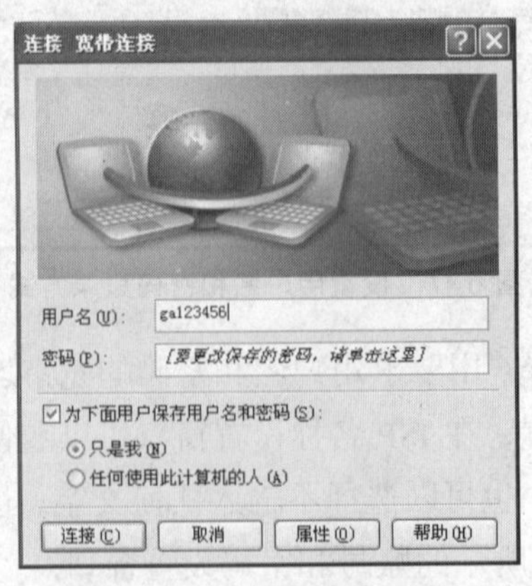

图 6-11 宽带连接验证窗口

6.3 情境案例2——我的IE浏览器设置安全吗

【情境描述】

上网成了人们现代生活中必不可少的事情，如何保证网络设置安全，优化上网速度，IE主页的设置等问题，成了一个摆在用户面前的一个拦路虎。本任务从网络安全、首页地址、历史记录、网络连接等方面讲解了IE浏览器的基本设置。

【案例分析】

如何设置IE浏览器才安全呢，IE浏览器安全是每个人在用它连接互联网时很关心的问题，浏览器的安全设置就如同家里的门锁，想让家里的门锁相对安全，那么每次进出家门时用起来就不太方便；想让门和锁用起来方便，那安全就稍差点；同理，如何设置IE浏览器才能使其安全性适合大家的需要呢，这就要结合自己的需求了，因为安全是相对的。下面我们就来看看IE浏览器安全设置的方法步骤，主要内容包括IE浏览器的常规设置、安全设置、连接设置等基本操作，以及了解一些网络安全的基本常识。

【相关知识】

1. IE选项窗口的打开
2. 网络安全的基本常识
3. 主页地址的设置
4. 历史记录的清除
5. 网络连接的设置

【案例实施】

浏览器的设置包含诸多关于IE浏览器的设置操作，如安全、隐私、连接等，也能解决很多实际的问题，如很多人都会遇到这种情况，打开某一网页时提示“找不到服务器或DNS错误”，要求检查浏览器设置，而打开其他网页是正常的。或者是网页打开了，一些视频或Flash文件打不开，另外还有打开一些网页发现部分控件无法使用，如网银登录时只出现账号录入，却没看到密码输入的地方等，这些可能和浏览器密切相关。这里以IE为例，讲解如何更改浏览器设置。

更改浏览器设置总共分为5步，具体如下。

步骤1 打开IE浏览器，从“工具”菜单栏下单击“Internet选项”，弹出Internet选项窗口。如图6-12所示。

步骤2 在弹出的Internet选项窗口中进行设置，该窗口共有常规、安全、连接等7个标签，如图6-13所示。

步骤3 设置“常规”选项。在“常规”标签中可以设置网页的主页，即打开IE浏览器显示的第一个页面地址，用户一般将平时比较关注的网址设为主页，便于用户在第一时间查看相关页面内容。如设置为网页地址：http://www.163.com，如图6-13所示。当然也可以选择使用默认页和空白页作为主页。

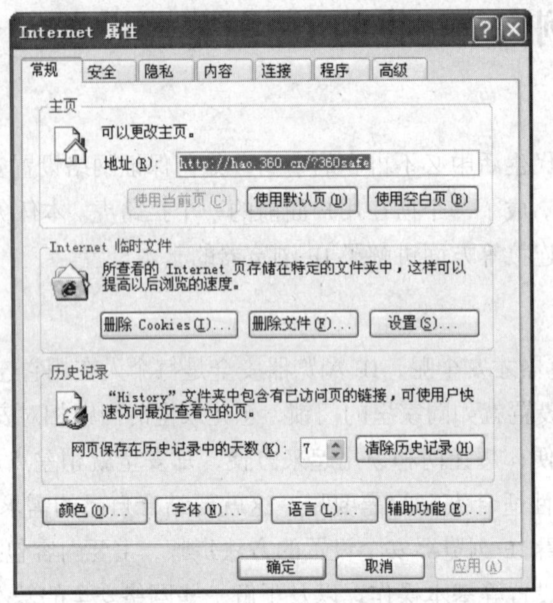

图 6-12　Internet 选项窗口

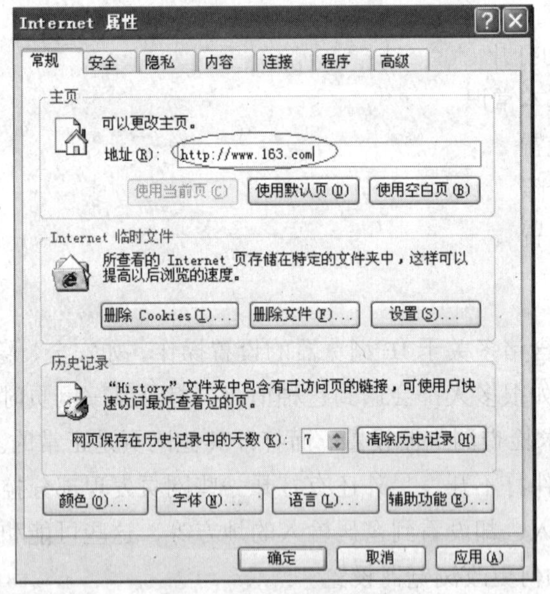

图 6-13　设置主页地址

浏览网页的过程中，经常会出现临时文件，单击页面中间的“设置”，可以设置临时文件的处理方式及临时文件的存储空间大小。

浏览过的网址往往会被记录下来，在第二次输入网址时会自动显示，为了节约空间、隐藏用户的访问“轨迹”，可以采用清除历史记录的方式，消除页面的访问记录。

步骤 4　设置“安全”标签。安全选项是管理浏览器安全的核心设置，这里可以针对浏览器浏览不同网页时设置不同的安全等级。当然，一般是不会做这些限制的。首先，Internet 表示访问互联网上的所有网页，本地 Intranet 是指本地的一些页面浏览，受信任的站点指的是自己定义的白名单站点，受限制的站点同样也是自己定义的，针对不同的网点可以设置出不同的安全等级，具体做法是单击“站点”，弹出图 6-14 所示对话框，然后添加信任的站点。如某个网站打不开，此时最简单的操作是把级别定低一个级别，从中-高级调到中级，然后单击“重置”按钮，再单击“确定”按钮，完成级别定义。当然，如果已经知道打不开网页的原因，可以对相应选项进行设置。图 6-15 设置本地 Internet 的自定义级别。

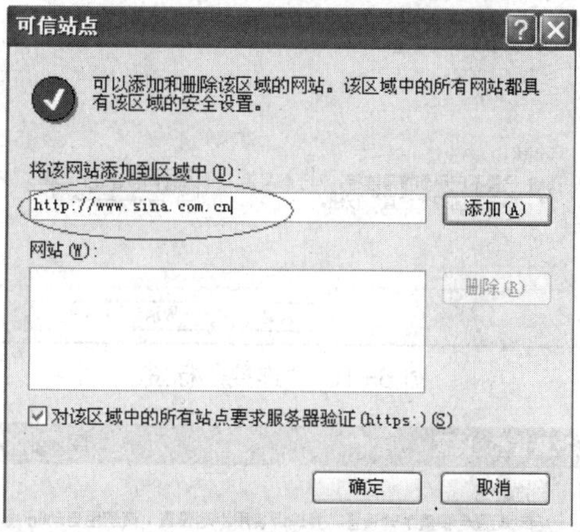

图 6-14　设置受信任的站点

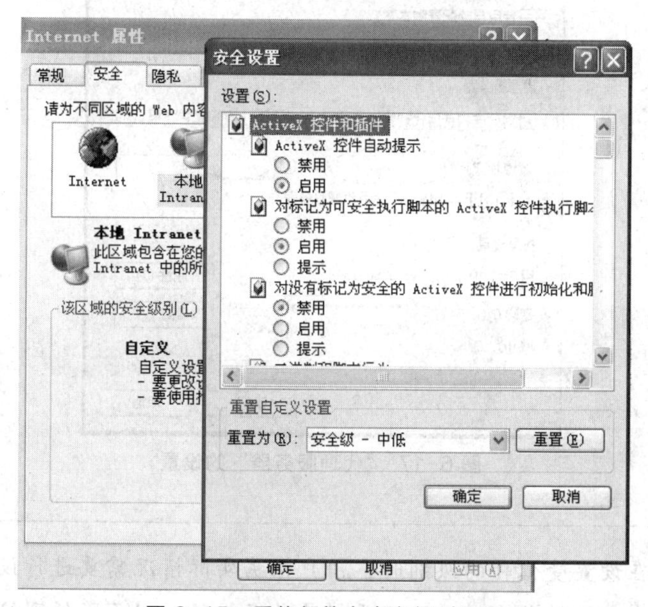

图 6-15　受信任的自定义级别设置

步骤 5　设置“连接”标签。“连接”标签下主要完成主机连接外网的设置，从弹出的窗口（见图 6-16）中单击“建立连接”可以重新设置 Internet 的连接方式。图中的“设置”按钮主要完成代理服务器（代理服务器，实现一个上网端口，多台电脑上网）的设置，单击“设置”，弹出图 6-17 所示窗口，单击“对此连接设置代理服务器（这些设置不会应用到其他设置）”，然后设置好 IP 地址和端口即可实现此功能。

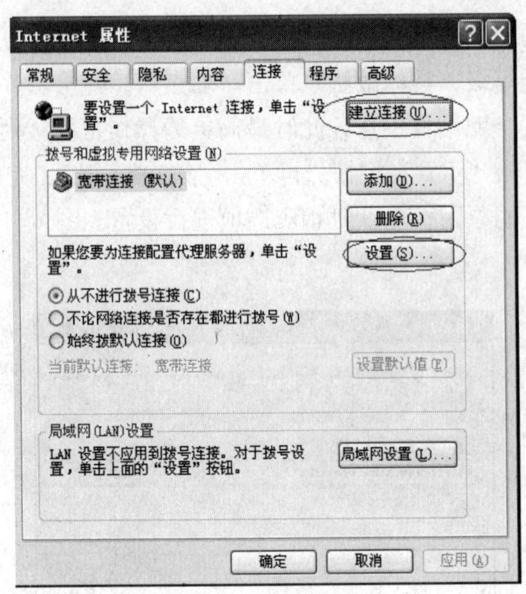

图 6-16 “连接”标签

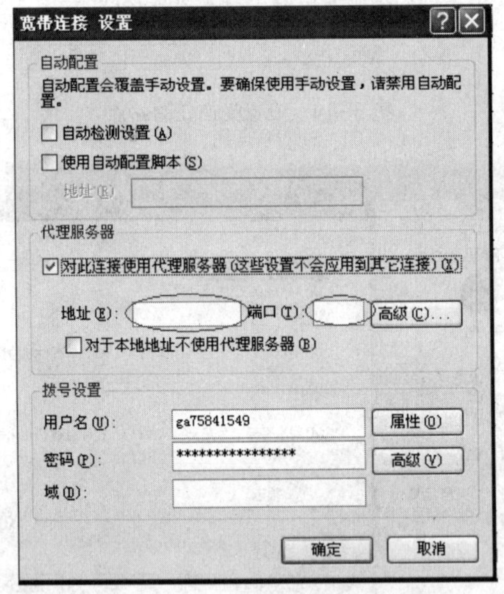

图 6-17 “代理服务器”的设置

注　意　在设置受信任的级别时，用户根据实际情况需要进行设置，如果用户对各项内容不够熟悉，建议不要轻易放开权限，以免降低网络安全级别。

补充知识点

“程序”标签主要用于编辑器类型选择、电子邮件发送的软件、设置系统中安装或禁用的浏览器时加载的相关选项。在“高级”标签中可以完成 HTTP 的解释器类型、安全级别、弹出式窗口的设置等。

6.4 情境案例3——我想去外边“看看”，如何利用网络查询信息

【情境描述】

某公司计划组织员工去张家界自驾游，请根据需要，查找张家界景点资料，规划旅游线路，制作宣传册，告知全体员工。如图6-18所示。

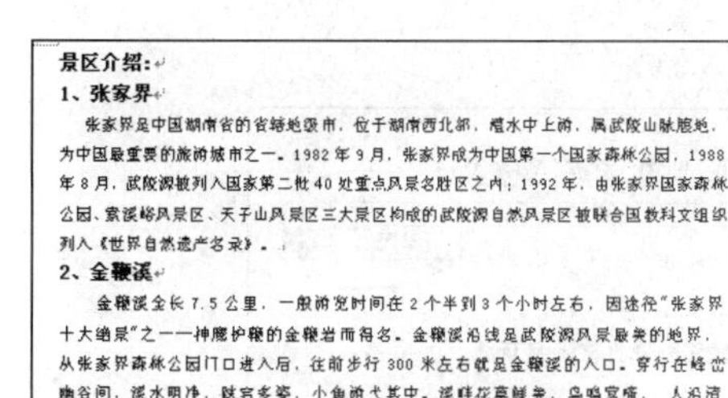

景区介绍：

1、张家界

张家界是中国湖南省的省辖地级市，位于湖南西北部，澧水中上游，属武陵山脉腹地，为中国最重要的旅游城市之一。1982年9月，张家界成为中国第一个国家森林公园，1988年8月，武陵源被列入国家第二批40处重点风景名胜区之内；1992年，由张家界国家森林公园、索溪峪风景区、天子山风景区三大景区构成的武陵源自然风景区被联合国教科文组织列入《世界自然遗产名录》。

2、金鞭溪

金鞭溪全长7.5公里，一般游览时间在2个半到3个小时左右，因途径"张家界十大绝景"之一——神鹰护鞭的金鞭岩而得名。金鞭溪沿线是武陵源风景最美的地界，从张家界森林公园门口进入后，往前步行300米左右就是金鞭溪的入口。穿行在峰峦幽谷间，溪水明净，跌宕多姿，小鱼游弋其中。溪畔花草鲜美，鸟鸣莺啼，人沿溪行，胜似画中游。被誉为“世界上最美丽的峡谷之一”。

金鞭溪是张家界国家森林公园最早开发的景区之一，它发源于张家界的土地垭，由南向北，蜿蜒曲折，随山转移，迂回穿行在峰峦山谷之间，最后在水绕四门与龙尾溪、鸳鸯溪、矿洞溪汇聚。“奇峰三千、秀水八百”，金鞭溪把张家界的山水发挥到了淋漓尽致，有着“千年长旱不断流，万年连雨水碧青”这样的美誉；著名文学家沈从文先生赞誉它是“张家界的少女”，当年张家界的宣传者——著名画家吴冠中先生在此曾赞叹它是“一片童话般的世界”。

金鞭溪主要的游览景点有：闺门岩、观音送子、猪八戒背媳妇、醉罗汉、神鹰护鞭、金鞭岩、花果山、水帘洞、劈山救母、蟠烛峰、长寿泉、文星岩、紫草潭、千里相会、楠木坪、骆驼峰、水绕四门。

3、天子山

天子山位于“金三角”的最高处，素有“扩大的盆景，缩小的仙境”的美誉。天子山海拔最高1262.5米（昆仑峰），最低534米（狮兰峪）。景区总面积67平方公里，环山游览线有45公里。年平均气温12℃，年降雨量1800毫升，年无霜期240天，年冰冻期60到80天左右。从天子山的地质地貌来看，除山顶上海拔几百米以上有一层石灰岩和极少量的龟纹石以外，大部分景区景点都是石英石构成，属砂岩峰林地貌，基本上与索溪峪、张家界相同，是三亿八千万年前由一片汪洋大海逐步沉下来的沉积岩（水成岩），后来，又由于复杂而漫长的成岩过程，才形成我们今天所见到的总厚度达五六百米的石英砂岩，形成了各种造型奇异的景观。天子山的风光，用一名话来概括，就是“原始风光自然美”。她的景观、景点都是天造地设，全无人工雕琢，空中田园痕迹。

这里不但有奇山秀水，还有淳朴的民情，奇特的民俗、独具风味的民族食品正等待着各位游客光临。难怪有人评价说：“谁人识得天子面，归来不看天下山”，“不游天子山，枉到武陵源”。现代肖草《天子山奇松》诗：“擎天绝壁突老松，舒展长臂挡劲风；凌空豪情俯天下，笑傲杜鹃落花中”也给予真实诠释。

天子山一带，风光旖旎，景色秀美，景点众多。该游览线风景相对集中，有“凭栏览尽天上景”之称。

旅游线路：黄石寨、金鞭溪、袁家界、杨家界、大观台、天子山、十里画廊、九天洞、宝峰湖、黄龙洞等三日游。

图6-18 张家界景点介绍

【案例分析】

人类已步入信息时代，网络越来越强烈地介入我们的生活。这是一个知识经济的时代，信息正在以前所未有的速度膨胀和爆炸，未来的世界是网络的世界，网络的最大好处是实现资源共享，真正实现远在天涯，近在咫尺。网络上的资源固然存在，但如何快速查找目标资源成了摆在用户面前的一道门槛。搜索资源离不开搜索引擎，目前常用的搜索引擎有百度（http://www.baidu.com）、搜狗（http://www.sogou.com）、谷歌（http://www.google.com.cn）等。

【相关知识】

1. 搜索引擎介绍
2. 网络搜索步骤
3. 目标搜索及页面保存
4. 信息整理

【案例实施】

步骤1 打开IE浏览器，输入http://www.baidu.com，进入如图6-19所示百度首页。

图 6-19　百度首页

步骤 2　在编辑栏中输入“张家界旅游简介”，单击右边的“百度一下”按钮，查看搜索后的连接情况，如图 6-20 所示。

图 6-20　“张家界旅游简介”查找

步骤 3　查看页面内容，保存信息。从搜索出来的结果中选择最符合目标的链接，单击图 6-20 中红色标签的链接，弹出页面后，依次查找符合目标的网页，针对符合要求的页面进行保存。单击文件菜单下的“另存为”，在弹出的保存窗口中，设置文件存储的路径、文件名和文件类型。如图 6-21、图 6-22 所示。

步骤 4　信息整理。网络搜索的信息一般比较广泛，内容比较杂乱，要制作一个漂亮、标准且符合公司实际的旅游路线，还需要对搜索的信息进行加工、处理。为了准确把握旅游信息，了解旅游景点，要尽可能多查看页面，保存信息，然后对信息进行整理，形成旅游线路文档。

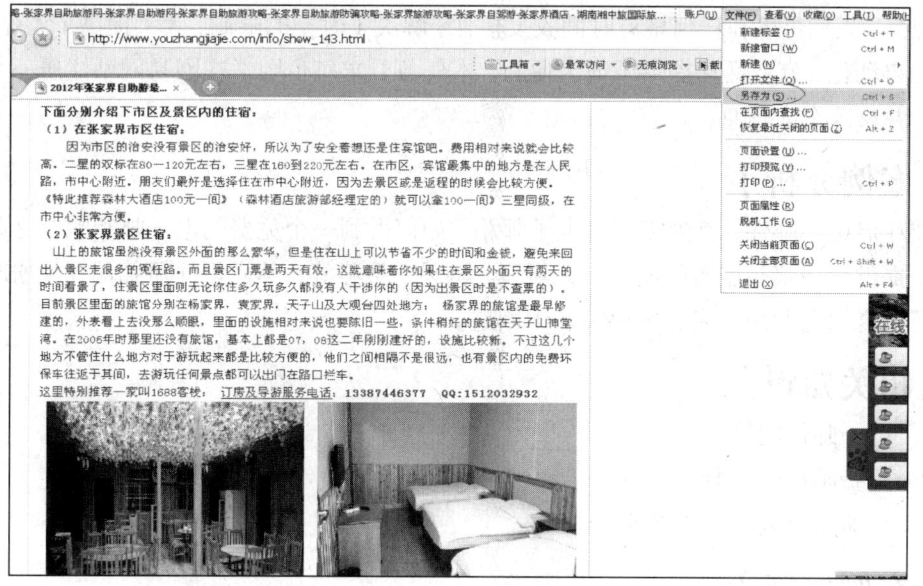

图 6-21 保存页面

图 6-22 页面保存窗口

注 意

查询相关地点的图片，可以输入地点名，然后按空格键，再输入图片或者输入"*.jpg"等后缀名，如"张家界*.jpg"即可快速找到想要的内容。

6.5 情境案例 4——如何利用浏览器注册和收发电子邮件

【情境描述】

现代是信息交流的时代，电子邮件传递成了一个不可缺少的交流方式。电子邮件最大的特点是，人们可以在任何地方时间收发信件，解决了时空的限制，大大提高了工作效率，为办公自动化、商业活动提供了很大便利。本任务要求每位同学在网易网站注册一个免费邮箱，并修改个人信息。

【案例分析】

要注册电子邮件，首先需要有电子邮箱，如何得到一个免费的电子邮箱呢？必须先找到一个提供免费邮箱服务的网站，如新浪、网易、搜狐等，然后再注册邮箱；注册时要注意选择适合自己的用户名、密码等若干问题。

【相关知识】

1. 电子邮件的特征
2. 免费邮箱的注册
3. 注册后个人信息的修改

【案例实施】

步骤 1 打开 IE 浏览器，输入网址“http://www.163.com”，进入网易网站。

步骤 2 单击网页上方的“注册免费邮箱”按钮，如图 6-23 所示，进入注册页面，如图 6-24 所示。

图 6-23 网易页面

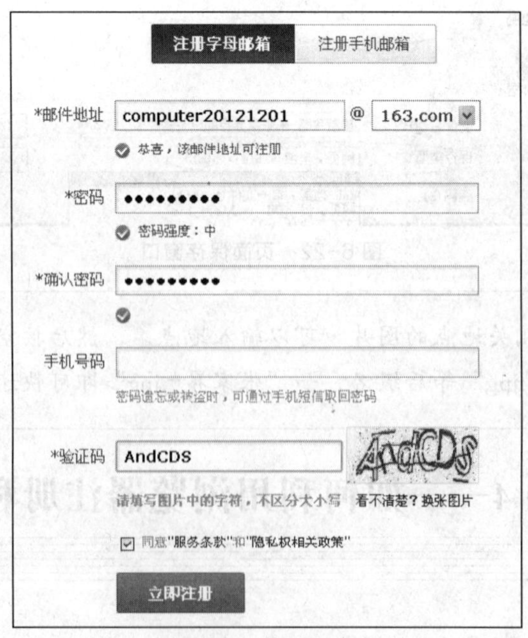

图 6-24 注册页面

步骤 3　在图 6-24 中，输入注册的邮箱地址、密码及验证码，单击“立即注册”即可完成注册流程。注册成功即可弹出图 6-25 所示的提示窗口。

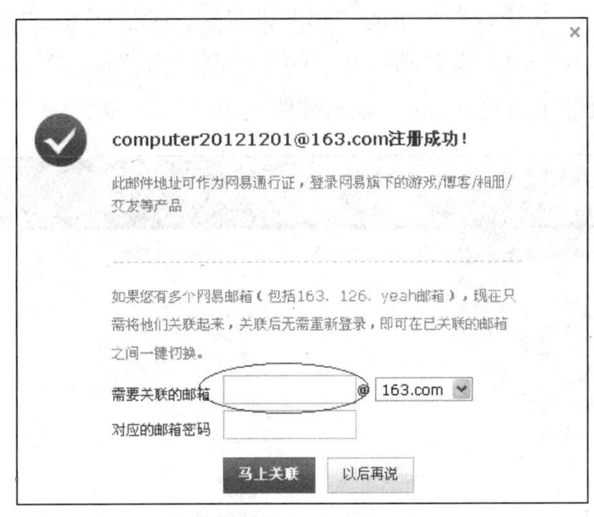

图 6-25　注册成功提示窗口

步骤 4　如果该邮箱与其他邮箱相关联（关联：将现有的邮箱与其他邮箱建立关联，则无需重复登录即可查看相应的收件信息）。

步骤 5　登录邮箱，进入邮件的收发页面，单击“设置”按钮，如图 6-26 所示。进入设置界面。

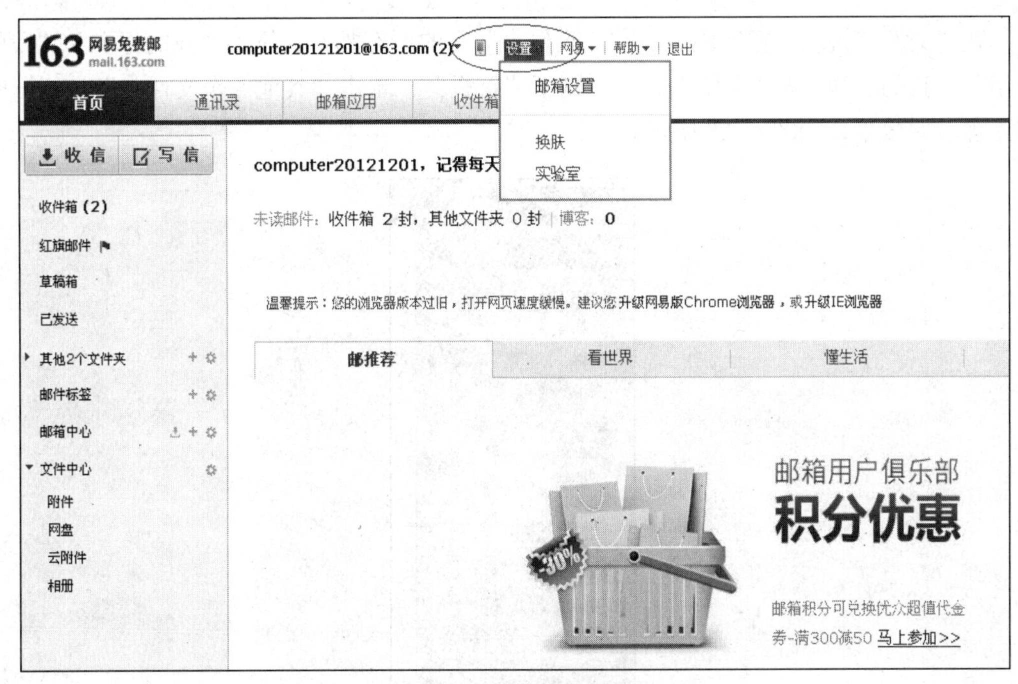

图 6-26　邮件的收发界面

在“设置”菜单下有 3 个子菜单。“邮箱设置”包括该邮箱收发邮件的常规设置、文件夹管理、标签管理、自动回复、自动转发等，这些设置可提高邮箱的人性化管理。“换肤”菜单是对邮件背景颜色的管理，用户可根据个人爱好，选择设置不同风格的背景颜色，如单击“竹林”模式，背景风格瞬间即可转换。

步骤 6 单击图 6-26“设置”下的“邮件设置”，弹出图 6-27 所示的窗口界面。

在“常规设置”标签中，设置邮件文字的“行高”为“宽松”，文字的大小（字号）为“大字号”，每页显示邮件 30 封，显示邮件大小。

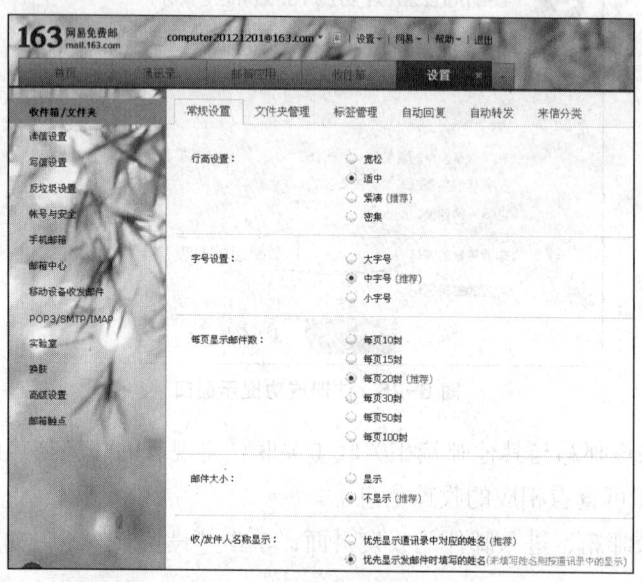

图 6-27 “邮件设置”窗口

在“文件夹管理”标签中，清空“收件夹”中的所有邮件，添加“我的好友”“我的同学”“我的老师”3 个文件夹，然后刷新“首页”，单击“其他 5 个文件夹”按钮，查看添加后的效果，如图 6-28 所示。

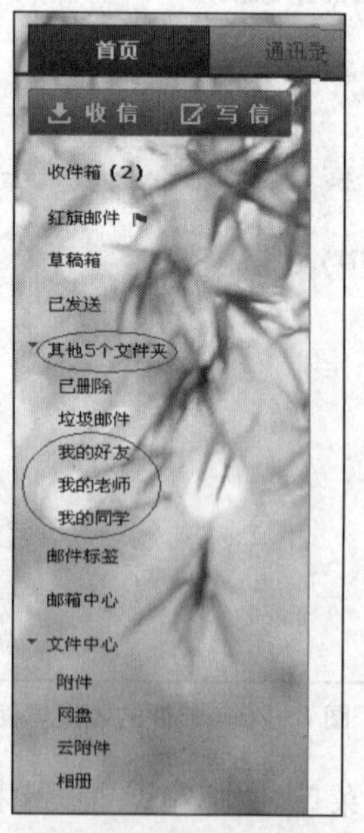

图 6-28 “首页”菜单

设置“自动回复”标签，自动回复的内容为“感谢您对我的关注，您的邮件已收到，晚点回复您”。

【拓展训练】

打开各自的QQ邮箱，各位同学自行设置自己的QQ邮箱及QQ消息窗口，使得更加美观、漂亮。

邮件的收发是邮箱的主要功能，是信息交流的常用方式。学会邮件的收发是现代生活的必须技能，下面详细介绍收发邮件的基本操作。

步骤1 单击图6-26中的“写信”按钮，进入写信界面，如图6-29所示。

图6-29 写邮件界面

步骤2 在图6-29窗口中输入收信人地址，一般邮件地址均能体现网址信息，如新浪、搜狐、qq等。如果同一封邮件需要发送多个接收方，则在收件人中用分号隔开收件人地址，如squirrel2012@163.com、123456@qq.com、……

注　意

发送邮件中的“密送”与“抄送”的区别。抄送和发送的地位是等同的，“密送”就是秘密发送，密送可以把这个邮件同时发给他，但是你的收件人看不到你发给了密送的人；“抄送”就是把此邮件也发送给他，但是你的收件人知道你发给了抄送的人。例如：

发送 a@163.com

抄送 e@163.com;f@163.com

密送 g@163.com

那么a收到的邮件中可以显示你这封信除了发给他，你还发送给了e和f，但是，a不知道你还发送给g了。

步骤3 添加“主题”。每份邮件均应有对应的主题，也就是写这封邮件的主要目的，没有“主题”的邮件是不能发送的。

步骤4 添加附件。附件是邮件传送的常见形式，如果一封邮件除了需要进行文字内容的沟通外，还有相关文件的传输，则一般需要借助“附件”的功能才可完成。单击“主题”下的“添加附件”即可弹出添加附件的窗口，如图6-30所示。选择附件的存储路径，并选中附件，单击图6-30中的“打开”，附件上传完成后，可显示上传的结果，如图6-31所示。

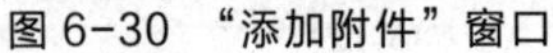

图 6-30 “添加附件”窗口

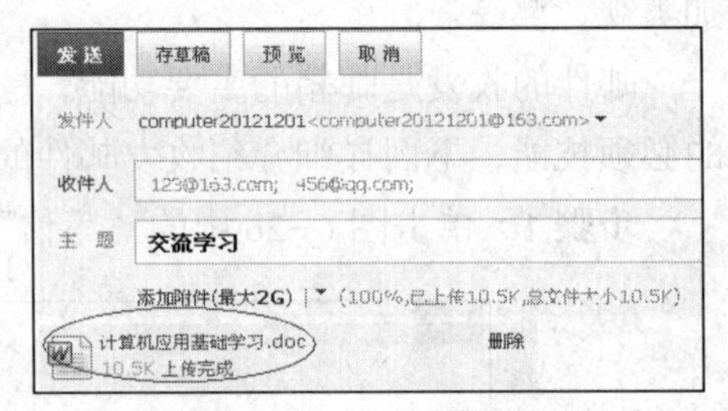

图 6-31 附件上传结果

注 意

上传附件一般有大小限制，不同的网站对附件的大小限制不一样。网易邮箱附件的大小限制是 2GB，QQ 邮箱的附件分为普通附件和超大附件，一般文件在 20MB 以内选择普通附件传送，而超过 20MB 的附件可以选择超大附件。

步骤 5 发送邮件。在图 6-29 中的空白区域，填写邮件的内容，最后署名，填写日期，然后单击图 6-32 中的“发送”按钮即可将此邮件发出至收件人。

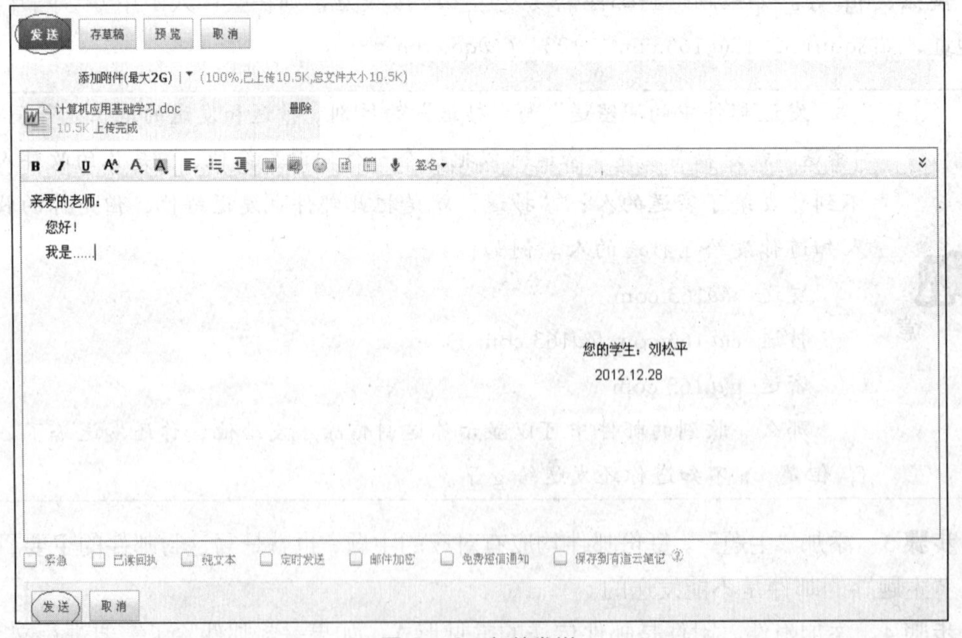

图 6-32 邮件发送

注 意

发送电子邮件有时存在已经发送出去，但对方接收不到邮件的现象。这个和网络通信有一定关系，由于电子邮件传递的过程中，出现数据包丢失，导致对方接收不到信件，一般这种现象出现得比较少。

6.6 情境案例5——如何利用邮件客户端 Outlook Express 收发电子邮件（NCRE 一级的学生必修）

常见的邮件客户端有如图 6-33 所示的几种类型，下面我们具体以 Outlook Express 6 收发为例，介绍其具体设置。

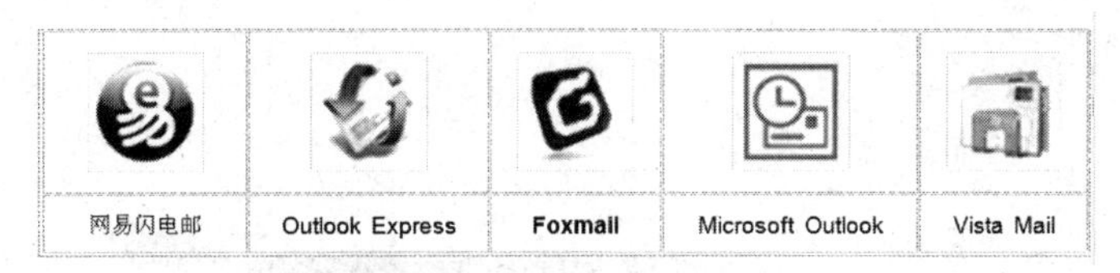

图 6-33 常见邮件客户端

【情境描述】

有时候我们需要每天多次登录自己的邮箱收发电子邮件，每次都需要登录邮箱服务器的网页进行收发比较麻烦，能否用一个客户端软件来代替登录呢？不需要登入网站就能接收和发送邮件，不需要每次输入账号和密码呢？回答是肯定的。常见的邮件客户端有如图 6-33 所示的几种类型，下面我们以 Outlook Express 6 为例介绍如何使用邮件客户端收发邮件，其他客户端的设置基本相同。

【案例分析】

（1）邮件客户端通常指使用 IMAP/APOP/POP3/SMTP/ESMTP 协议收发电子邮件的软件。用户不需要登入邮箱就可以收发邮件。

（2）常用客户端。目前常用的著名邮件客户端有：Windows 自带的 Outlook，Mozilla Thunderbird，Becky!，还有微软 Outlook 的升级版 Windows Live Mail，国内客户端三剑客 Fox Mail、Dream mail 和 Koo Mail 等。

（3）常用协议。接收电子邮件的常用协议是 POP3 和 IMAP，发送电子邮件的常用协议是 SMTP。另一个大部分邮箱客户端支持的重要标准是 MIME，它是用来发送电子邮件附件的。

（4）使用限制。很多邮箱提供商开始限制邮件客户端的使用，如微软的 MSN 和 Hotmail，雅虎的雅虎电邮（非雅虎中国），开始限制客户端的使用并且使其成为收费项目。随着竞争的加剧，为了拥有更多的客户，邮箱提供商基本上都取消了客户端限制，如 163，126，Hotmail 等。

本例我们以 Windows 自带的 Outlook 为例进行设置，其他客户端设置方法基本相同。

【相关知识】

1. 什么是 POP3?
2. 什么是 SMTP?
3. 你所用的邮箱 POP3 和 SMTP 服务器地址设置是什么？

【案例实施】

操作步骤如下。

步骤 1 首先设置邮件账号：打开 Outlook Express 后，单击菜单栏中的“工具”，然后选择“账户”，具体如图 6-34 所示。

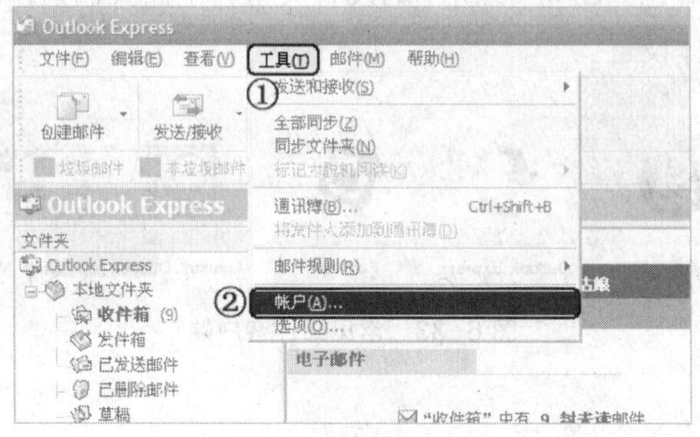

图 6-34 添加账户

步骤 2 单击“邮件”标签，单击右侧的“添加”按钮，在弹出的菜单中选择“邮件”，如图 6-35 添加邮件所示。

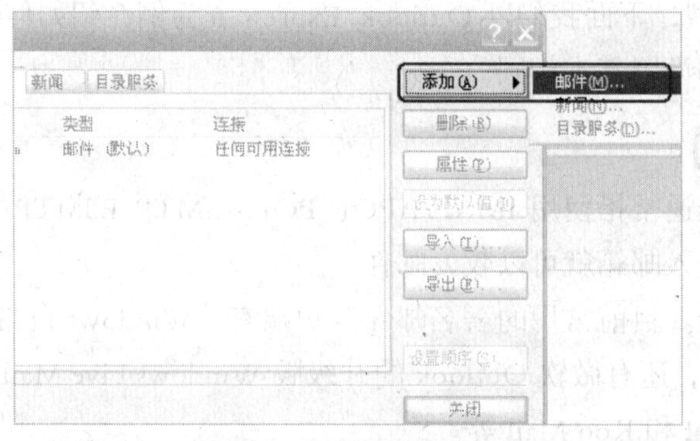

图 6-35 添加邮件

步骤 3 在弹出的对话框中，根据提示，输入“显示名”，然后单击“下一步”按钮，如图 6-36 所示添加显示名所示。

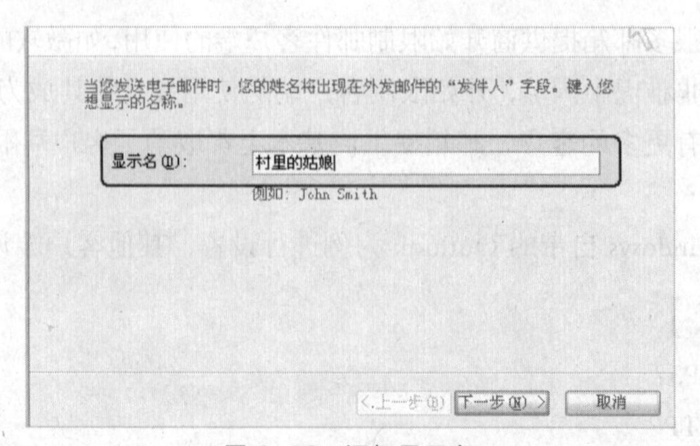

图 6-36 添加显示名

步骤 4 输入之前已经申请过的电子邮件地址，如***@163.com，然后单击“下一步”按钮，如图 6-37 所示填写电子邮件地址。

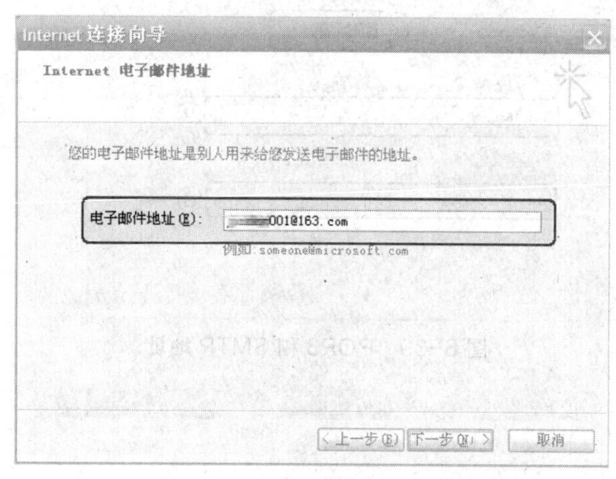

图 6-37 填写电子邮件地址

步骤 5 邮件接收服务器可以选择 POP3 或 IMAP 服务器，如图 6-38 所示的接收邮件的服务器。

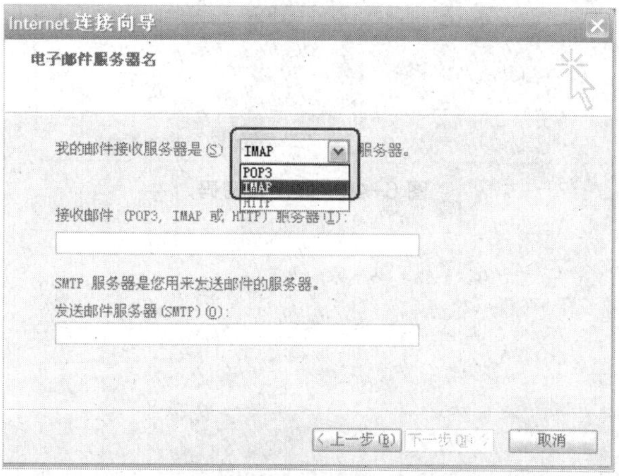

图 6-38 接收邮件服务器

如果选择 POP3 服务器：在输入邮箱的 POP3 和 SMTP 服务器地址后，再单击“下一步”按钮。例如，设置 POP3 服务器是：pop.163.com 和 SMTP 服务器是：smtp.163.com（端口号使用默认值），如图 6-39 所示 POP3 和 SMTP 地址。

如果选择 IMAP 服务器：在输入邮箱的 IMAP 和 SMTP 服务器地址后，再单击“下一步”按钮，类似上面 POP3 和 SMTP 地址设置，如 IMAP 服务器：imap.163.com 和 SMTP 服务器：smtp.163.com。

步骤 6 输入邮箱的账户名及密码（账户名只输入@前面的部分），再单击“下一步”按钮，如图 6-40 所示账户和密码。

步骤 7 单击“完成”按钮保存设置，如图 6-41 所示设置完成。

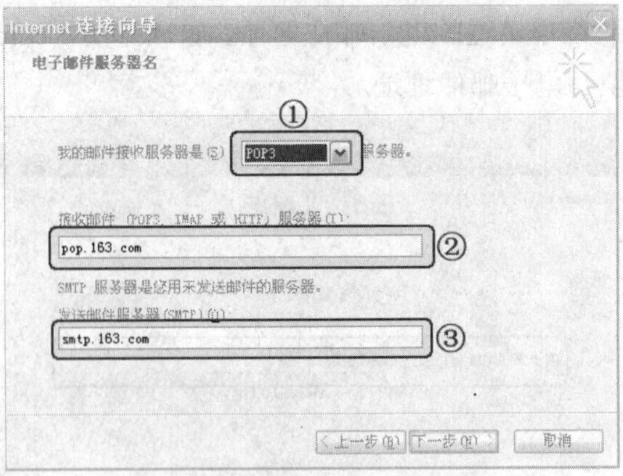

图 6-39 POP3 和 SMTP 地址

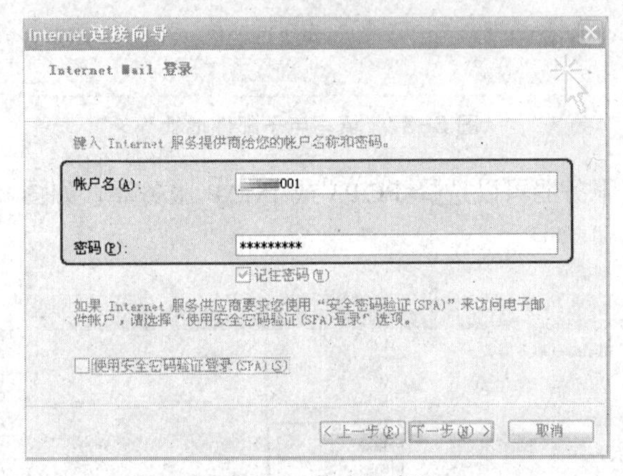

图 6-40 账户和密码

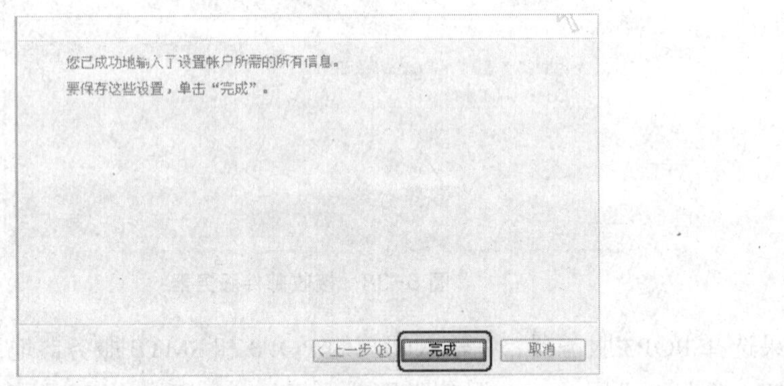

图 6-41 设置完成

步骤 8 别忘记设置 SMTP 服务器身份验证：在"邮件"标签中，双击刚才添加的账户，弹出此账户的属性框，如图 6-42 所示账户属性。

步骤 9 单击"服务器"标签，然后在下端"发送邮件服务器"处，选中"我的服务器要求身份验证"选项，并单击右边"设置"标签，选中"使用与接收邮件服务器相同的设置"，如图 6-43 所示服务器设置。

步骤 10 如需在邮箱中保留邮件备份，单击"高级"，如图 6-44 高级设置所示，勾选"在服务器上保留邮件副本"（这里勾选的作用是：客户端上收到的邮件会同时备份在邮箱中）。

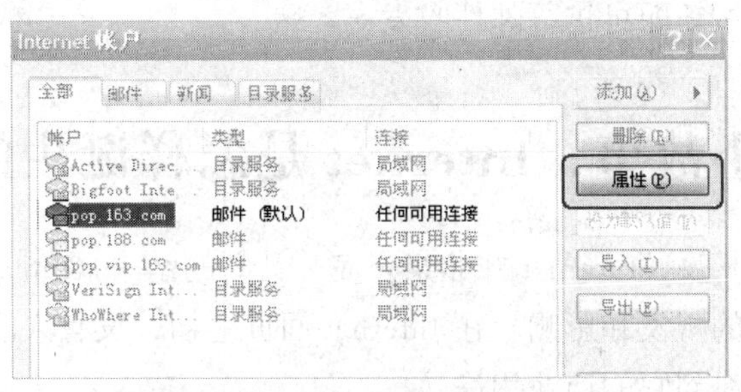

图 6-42 账户属性

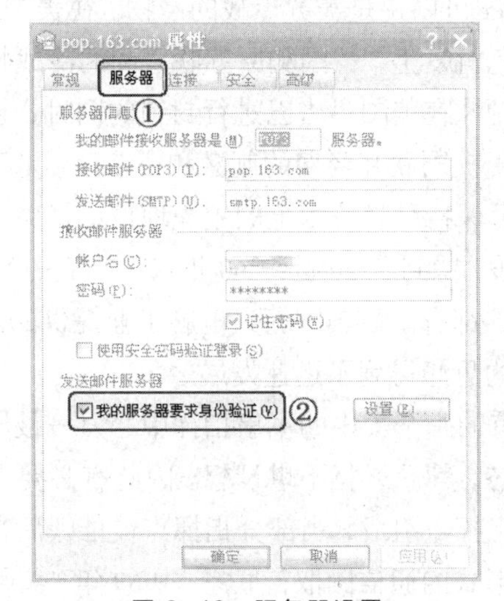

图 6-43 服务器设置

注　意　如选用了“IMAP”服务器，可选择“此服务器要求安全链接（SSL）”，这样所有通过IMAP传输的数据都会被加密，从而保证通信的安全性。

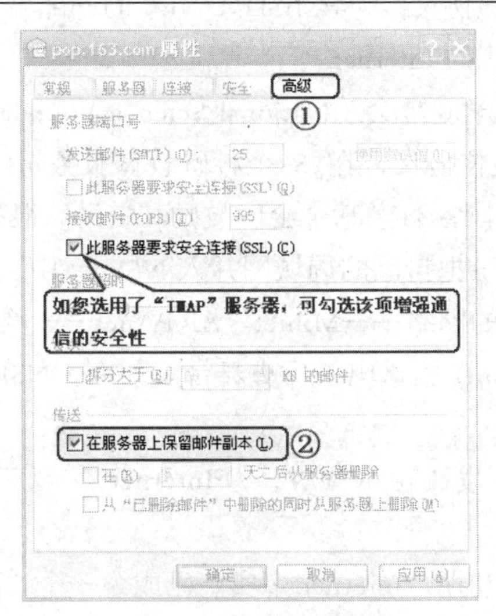

图 6-44 高级设置

步骤 11 单击“确定”按钮，然后“关闭”账户对话框，设置就成功了。单击主窗口中的“发送接收”按钮即可进行邮件收发。

6.7 计算机小故事：Internet 是怎样诞生的

与很多人的想象相反，Internet 并非某一完美计划的结果，Internet 的创始人也绝不会想到它能发展成目前的规模和影响。在 Internet 面世之初，没有人能预料到它会进入千家万户，也没有人能预料到它的商业用途。

从某种意义上，Internet 可以说是美苏冷战的产物。在美国，20 世纪 60 年代是一个很特殊的时代，古巴核导弹危机发生，美国和原苏联之间的冷战状态随之升温，核毁灭的威胁成了人们日常生活的话题。在美国对古巴进行封锁的同时，越南战争爆发，许多第三世界国家发生政治危机。由于美国联邦经费的刺激和公众恐惧心理的影响，“实验室冷战”也开始了。人们认为，能否保持科学技术上的领先地位，将决定战争的胜负。而科学技术的进步依赖于电脑领域的发展。到了 20 世纪 60 年代末，每一个主要的联邦基金研究中心，包括纯商业性组织、大学，都有了由美国新兴电脑工业提供的最新技术装备的电脑设备。电脑中心互联以共享数据的思想得到了迅速发展。

美国国防部认为，仅有的一个集中的军事指挥中心万一被原苏联的核武器摧毁，全国的军事指挥将处于瘫痪状态，其后果将不堪设想。因此有必要设计这样一个分散的指挥系统——它由一个个分散的指挥点组成，当部分指挥点被摧毁后其他点仍能正常工作，而这些分散的点又能通过某种形式的通信网取得联系。1969 年，美国国防部高级研究计划管理局（Advanced Research Projects Agency，ARPA）开始建立一个命名为 ARPAnet 的网络，把美国的几个军事及研究用电脑主机联接起来。当初，ARPAnet 只联结 4 台主机，从军事要求上是置于美国国防部高级机密的保护之下，从技术上它还不具备向外推广的条件。

1983 年，ARPA 和美国国防部通信局研制成功了用于异构网络的 TCP/IP 协议，美国加利福尼亚伯克莱分校把该协议作为其 BSD UNIX 的一部分，使得该协议得以在社会上流行起来，从而诞生了真正的 Internet。

1986 年，美国国家科学基金会（National Science Foundation，NSF）利用 ARPAnet 发展出来的 TCP/IP 的通信协议，在 5 个科研教育服务超级电脑中心的基础上建立了 NSFnet 广域网。由于美国国家科学基金会的鼓励和资助，很多大学、政府资助的研究机构甚至私营的研究机构纷纷把自己的局域网并入 NSFnet 中。那时，ARPAnet 的军用部分已脱离母网，建立自己的网络——Milnet。ARPAnet——网络之父，逐步被 NSFnet 所替代。到 1990 年，ARPAnet 已退出了历史舞台。如今，NSFnet 已成为 Internet 的重要骨干网之一。

1989 年，由 CERN 开发成功 WWW，为 Internet 实现广域超媒体信息截取/检索奠定了基础。

到了 20 世纪 90 年代初期，Internet 事实上已成为一个“网中网”——各个子网分别负责自己的架设和运作费用，而这些子网又通过 NSFnet 互联起来。由于 NSFnet 是由政府出资，因此，当时 Internet 最大的老板还是美国政府，只不过在一定程度上加入了一些私人小老板。 Internet 在 80 年代的扩张不仅带来量的改变，同时也带来质的某些改变。由于多种学术团体、企业研究机构，甚至个人用户的进入，Internet 的使用者不再限于电脑专业人员。新的使用者发觉，加入 Internet 除了可共享 NSFnet 的巨型机外，还能进行相互间的通信，而这种相互间的通信对他们来讲更有吸引力。于是，他们逐步把 Internet 当作一种交流与通信的工具，而不仅仅是共享 NSFnet 巨型机的运算能力。

在 20 世纪 90 年代以前，Internet 的使用一直仅限于研究与学术领域。商业性机构进入 Internet 一直受到这样或那样的法规或传统问题的困扰。事实上，像美国国家科学基金会等曾经出资建造 Internet 的政府机构对 Internet 上的商业活动并不感兴趣。

1991 年，美国的 3 家公司分别经营着自己的 CERFnet、PSInet 及 Alternet 网络，可以在一定程度上向客户提供 Internet 联网服务。他们组成了“商用 Internet 协会”（CIEA），宣布用户可以把它们的 Internet 子网用于任何的商业用途。Internet 商业化服务提供商的出现，使工商企业终于可以堂堂正正地进入 Internet。商业机构一踏入 Internet 这一陌生的世界就发现了它在通信、资料检索、客户服务等方面的巨大潜力。于是，其势一发不可收拾。世界各地无数的企业及个人纷纷涌入 Internet，带来 Internet 发展史上一个新的飞跃。

Internet 已经联系着超过 160 个国家和地区、4 万多个子网、500 多万台电脑主机，直接的用户超过 4 000 万，成为世界上信息资源最丰富的电脑公共网络。Internet 被认为是未来全球信息高速公路的雏形。

中国互联网诞生：第一封电子邮件拉开中国互联网时代大幕。

1987 年 9 月 20 日，中国的第一封电子邮件从当时的兵器工业部下属单位——计算机应用技术研究所（简称 ICA）成功发出，从此拉开了中国互联网时代的大幕。

20 世纪 80 年代，中国和海外的沟通，还停留在写信、打电话上。ICA 原所长李澄炯和技术顾问王运丰，得到当时的联邦德国卡尔斯鲁厄大学“德国互联网之父”佐恩教授的帮助，解决了电子邮件交换涉及的一切软件问题。

1987 年 9 月 14 日，ICA 的研究所里，工作组又忙到晚上 9 点多。和往常不一样的是，今天他们将尝试一次历史性的突破。邮件传输的调试已全部完毕，只剩下写邮件内容了。该写点什么呢？佐恩教授坐在电脑前，回头望着李澄炯和王运丰。

李澄炯问王运丰：“国内正在改革开放，我们应该传达中国人要走出去，向世界问好，你觉得如何？”王运丰接连点头赞许，并俯身向佐恩说了一句话。佐恩用英语输入了这样一句话：“Across the Great Wall，we can reach every corner in the world”（“飞跃长城，走向世界！”）。

随后，佐恩将邮件发送给包括自己在内的 10 位科学家。谁知，即将大功告成之时，意外再次发生。卡尔斯鲁厄大学的德方工作组迟迟未收到邮件。检查后发现，邮件传输环节有了漏洞，信号出现死循环、无法传输出去。修补工作立即展开。1987 年 9 月 20 日欧洲中部时间 17 时左右，中国的第一封电子邮件终于被德国人收到了。中国互联网络信息中心信息服务部主任王恩海对这段历史很熟悉。

“当时我们在北京举办了一个叫 WASCO 的一个学术交流会，这个学术交流会应该是算第一次和王运丰见面了，见面了以后发现他们都对计算机网络系统挺感兴趣的，所以后来一直保持着联系，而且每次会议上，基本上他们都见面聊。这个就是我们北京ICA所的第一封电子邮件，我们看很多人都是既兴奋又有期待的心情，而且很有意思，在他敲完邮寄发送以后，他坐那不动了，他一直想等着信号，一直等信号，但是没等回来。当时我们的机器是很古老的，键盘也很硬的，而且我们看这是两种文字，上面是德文下面是英文，那么他们的内容就是跨越长城，走向世界。”

中国互联网诞生的历史如下。

1987年：中国发送首封电子邮件。

1990年：中国顶级域名CN注册成功，中国的网络有了自己的身份标志。

1994年：中国实现Internet的全功能连接。从此，我国被国际上正式承认为有Internet的国家。

1995年8月8日，建在中国教育和科研计算机网上的水木清华BBS正式开通，成为中国大陆第一个Internet上的BBS。

1996年：中国第一个互联网接入服务商瀛海威公司横空出世，它是对人们上网意识的最初启蒙。

1999年：中华网在纳斯达克上市，是首个在美上市的中国概念股。2000年，新浪、网易、搜狐分别在纳斯达克挂牌上市。同年，网络泡沫破裂，中国互联网进入寒冬。

2002年：电子商务网站开始崛起。

2008年7月：中国网民数量以2.53亿的规模跃居世界第一。

截至2012年6月，中国网民已达5.38亿。

2013年9月18日，工业和信息化部表示，中国已基本全面进入移动互联网时代。近年来全球的移动智能终端的出货量、用户量都在爆炸性的增长，移动互联网的发展，特别是智能终端的使用，正在改变我们的产业形态和广大人民群众的消费习惯。

本章小结

本章通过讲解计算机网络基础知识，结合案例分析形式，让大家了解计算机网络的发展和诞生过程，同时让大家掌握Internet的连接方法，掌握网络设置安全方法，学会通过互联网查询自己需要的信息，同时能借助互联网收发邮件，利用互联网这个平台自由、安全、开放式的交流。

附录　全国计算机等级考试一级操作类模拟题

第一套题

一、选择题

1. 在标准 ASCII 编码表中，数字码、小写英文字母和大写英文字母的前后次序是______。

   A. 数字、小写英文字母、大写英文字母
   B. 小写英文字母、大写英文字母、数字
   C. 数字、大写英文字母、小写英文字母
   D. 大写英文字母、小写英文字母、数字

2. 显示器是一种______。

   A. 输入设备　　B. 输出设备
   C. 既可做输入又可做输出的设备　　D. 控制设备

3. 正确的 IP 地址是______。

   A. 202.202.1　　B. 202.2.2.2.2
   C. 202.112.111.1　　D. 202.257.14.13

4. 能把汇编语言源程序翻译成目标程序的程序，称为______。

   A. 编译程序　　B. 解释程序　　C. 编辑程序　　D. 汇编程序

5. 二进制数 111001 转换成十进制数是______。

   A. 58　　B. 57　　C. 56　　D. 41

6. 在以下不同进制的四个数中，最小的一个数是______。

   A. 11011001（二进制）　　B. 75（十进制）
   C. 37（八进制）　　D. 2A（十六进制）

7. 微机中，西文字符所采用的编码是______。

   A. EBCDIC 码　　B. ASCII 码　　C. 原码　　D. 反码

8. 第二代电子计算机的主要元件是______。

   A. 继电器　　B. 晶体管　　C. 电子管　　D. 集成电路

9. 拥有计算机并以拔号方式接入网络的用户需要使用______。

A. CD-ROM　　B. 鼠标　　C. 软盘　　D. Modem

10. 根据 Internet 的域名代码规定，域名中的______表示商业组织的网站。

A. .net　　B. .com　　C. .gov　　D. .org

11. 十进制数 64 转换为二进制数为_____。

A. 1100000　　B. 1000000　　C. 1000001　　D. 1000010

12. 操作系统的主要功能是______。

A. 对用户的数据文件进行管理，为用户管理文件提供方便

B. 对计算机的所有资源进行控制和管理，为用户使用计算机提供方便

C. 对源程序进行编译和运行

D. 对汇编语言程序进行翻译

13. 微型计算机中内存储器比外存储器______。

A. 读写速度快　　B. 存储容量大

C. 运算速度慢　　D. 以上三项都对

14. 计算机的内存储器由______组成。

A. RAM　　B. ROM

C. RAM 和硬盘　　D. RAM 和 ROM

15. 为解决某一特定问题而设计的指令序列称为______。

A. 文档　　B. 语言　　C. 程序　　D. 系统

16. 微型计算机存储器系统中的 Cache 是______。

A. 只读存储器　　B. 高速缓冲存储器

C. 可编程只读存储器　　D. 可擦除可再编程只读存储器

17. 以下关于高级语言的描述中，正确的是______。

A. 高级语言诞生于 20 世纪 60 年代中期

B. 高级语言的“高级”是指所设计的程序非常高级

C. C++语言采用的是“编译”的方法

D. 高级语言可以直接被计算机执行

18. 计算机感染病毒的可能途径之一是______。

A. 从键盘上输入数据

B. 随意运行外来的、未经杀毒软件严格审查的软盘上的软件

C. 所使用的软盘表面不清洁

D. 电源不稳定

19. 运行在微机上的 MS-DOS 是一个______磁盘操作系统。

A. 单用户单任务　　B. 多用户多任务

C. 实时　　D. 多用户单任务

20. 汉字国标码（GB 2312—80）把汉字分成______等级。

A. 简化字和繁体字两个

B. 一级汉字，二级汉字，三级汉字，共三个

C. 一级汉字，二级汉字，共两个

D. 常用字，次常用字，罕见字，共三个

二、Windows 操作题

1. 在考生文件夹下创建名为 TAK.docx 的文件。

2. 将考生文件夹下 XING\RUI 文件夹中的文件 SHU.exe 撤销只读属性。

3. 搜索考生文件夹下的 GE.xlsx 文件，然后将其复制到考生文件夹下的 WEN 文件夹中。

4. 删除考生文件夹下 ISO 文件夹中的 MEN 文件夹。

5. 为考生文件夹下 PLUS 文件夹中的 GUN.exe 文件建立名为 GUN 的快捷方式，存放在考生文件夹下。

三、Word 操作题

在考生文件夹下，打开文档 WORD.docx，按照下列要求完成操作并保存。

（1）将文中所有错词“气车”替换为“汽车”。将标题段（“2011 年中国汽车销售总结”）文字设置为 20 磅红色仿宋-GB2312. 加粗、居中，并添加蓝色双波浪下画线。

（2）设置正文各段落为 1. 2 倍行距、段前间距 0.5 行；设置正文第一段（“随着购置税……万辆。”）首字下沉 2 行（距正文 0.2 厘米），其余各段落首行缩进 2 字符。

（3）设置左、右页边距各为 2.8 厘米。

（4）将文中统计表转换成一个 9 行 4 列的表格，在表格末尾添加一行，并在其第一列（“标题”列）单元格内输入“合计”二字，在第二列（“六月销量”列）、第三列（“上半年总销量”列）内填入相应的合计值。

（5）设置表格居中、表格列宽为 3 厘米、行高为 0.7 厘米，表格中所有文字中部居中；设置表格外框线和第一行与第二行间的内框线为 1.5 磅绿色双窄线，其余内框线为 0.5 磅红色单实线。

四、Excel 操作题

在考生文件夹下，打开工作簿 Excel.xlsx，按照下列要求完成操作并保存。

将 Sheet1 工作表的 A1：D1 单元格合并为一个单元格，内容水平居中；计算学生的平均身高，置于 C23 单元格内，如果该学生身高在 160 厘米及以上，在备注行给出“继续锻炼”信息，如果该学生身高在 160 厘米以下，给出“加强锻炼”信息（利用 IF 函数完成）；将 A2：D23 区域格式设置为自动套用格式“表格样式浅色 10”，将工作表命名为“身高对比表”。保存 Excel.xlsx 文件。

在考生文件夹下，打开工作簿 Exc.xlsx，按照下列要求完成操作并保存。

对工作表“图书销售情况表”内数据清单的内容按主要关键字“经销部门”的递增次序和次要关键字“图书名称”的递减次序进行排序，对排序后的数据进行自动筛选，条件为“销售数量大于或等于 200 并且销售额大于或等于 7000”，工作表名不变。保存

为 Exc.xlsx 文件。

五、PPT 操作题

在考生文件夹下，打开演示文稿 yswg.pptx，按照下列要求完成操作并保存。

（1）第一张幻灯片的主标题文字的字体设置为“黑体”，字号设置为 44 磅，加粗，加下画线。第二张幻灯片标题的动画设置为“进入效果→基本型→飞入”“自底部”，文本动画设置为“进入效果→基本型→劈裂”“中央向左右展开”，图片的动画设置为“进入效果→华丽型→螺旋飞入”。第三张幻灯片的背景填充预设为“雨后初晴”，底纹式样为“线性对角→左上到右下”。

（2）第二张幻灯片的动画出现顺序为先标题，后图片，最后文本。使用“复合”模板修饰全文。放映方式为“观众自行浏览”。

六、上网题

（1）给同学王海发邮件，Email 地址是：wanghai_1993@sohu.com，主题为：“古诗”，正文为：“王海，你好，你要的古诗两首在邮件附件中，请查收”。

将考生文件夹下文件“libail.txt”和“libai2.txt”粘贴至邮件附件中并发送邮件。

（2）打开 http://www.web.clm.htm 页面，浏览对“端午龙舟”栏目的介绍，找到其中介绍端午的内容，在考生文件夹中新建文本文件 search.txt，复制链接地址到 search.txt 中，并保存。

第二套题

一、选择题

1. 无符号二进制整数 01011010 转换成十进制整数是________。

A. 80　　B. 82　　C. 90　　D. 92

2. 在标准 ASCII 码表中，已知英文字母 A 的 ASCII 码是 01000001，那么英文字母 F 的 ASCII 码是________。

A. 01000011　　B. 01000100　　C. 01000101　　D. 01000110

3. 根据域名代码规定，表示政府部门网站的域名代码是________。

A. net　　B. com　　C. gov　　D. org

4. 如果删除一个非零无符号二进制偶整数后的 2 个 0，则此数的值为原数的________。

A. 4 倍　　B. 2 倍　　C. 1/2　　D. 1/4

5. 在标准 ASCII 编码表中，数字码、小写英文字母和大写英文字母的前后次序是________。

A. 数字、小写英文字母、大写英文字母

B. 小写英文字母、大写英文字母、数字

C. 数字、大写英文字母、小写英文字母

D. 大写英文字母、小写英文字母、数字

6. 计算机系统软件中，最基本、最核心的软件是________。

A. 操作系统　　B. 数据库系统

C. 程序语言处理系统　　D. 系统维护工具

7. 十进制整数 95 转换成无符号二进制整数是________。

A. 01011111　　B. 01100001　　C. 01011011　　D. 01100111

8. 在微机中，1GB 等于________。

A. 1 024×1 024Byte　　B. 1 024KB

C. 1 024MB　　D. 1 000MB

9. 数据在计算机内部传送、处理和存储时，采用的数制是________。

A. 十进制　　B. 二进制　　C. 八进制　　D. 十六进制

10. 下列度量单位中，用来度量 CPU 时钟主频的是________。

A. Mbit/s　　B. MIPS　　C. GHz　　D. MB

11. 设已知一汉字的国标码是 5E48H，则其内码应该是________。

A. DE48H　　B. DEC8H　　C. 5EC8H　　D. 7E68H

12. 调制解调器（Modem）的功能是________。

A. 将计算机的数字信号转换成模拟信号

B. 将模拟信号转换成计算机的数字信号

C. 将数字信号与模拟信号互相转换

D. 为了上网与接电话两不误

13. 当前流行的移动硬盘或优盘在进行读/写时利用的计算机接口是________。

A. 串行接口　　B. 平行接口　　C. USB　　D. UBS

14. 英文缩写ROM的中文名译名是________。

A. 高速缓冲存储器　　B. 只读存储器

C. 随机存取存储器　　D. 优盘

15. 控制器（CU）的功能是________。

A. 指挥计算机各部件自动、协调一致地工作

B. 对数据进行算术运算或逻辑运算

C. 控制对指令的读取和译码

D. 控制数据的输入和输出

16. 计算机硬件系统主要包括：中央处理器、存储器、________。

A. 显示器和键盘　　B. 打印机和键盘

C. 显示器和鼠标器　　D. 输入/输出设备

17. 在微型计算机内部，对汉字进行传输、处理和存储时使用汉字的________。

A. 国标码　　B. 字形码　　C. 输入码　　D. 机内码

18. 下列叙述中，正确的是________。

A. 用高级程序语言编写的程序称为源程序

B. 计算机能直接识别并执行用汇编语言编写的程序

C. 机器语言编写的程序执行效率最低

D. 高级语言编写的程序的可移植性最差

19. 世界上第一台电子数字计算机ENIAC是1946年研制成功的，其研制的国家是________。

A. 美国　　B. 英国　　C. 法国　　D. 瑞士

20. 计算机软件系统包括________。

A. 系统软件和应用软件

B. 编译系统和应用软件

C. 数据库管理系统和数据库

D. 程序和文档

二、Windows 操作题

1. 在考生文件夹中新建一个PAN文件夹。

2. 将考生文件夹下ACESS\HONG文件夹中的文件XUE. bmp设置成隐藏和只读属性。

3. 将考生文件夹下GEL\RED文件夹中的文件AWAY.sbf移动到考生文件夹下GONG文件夹中，并将该文件重命名为FIRST.dbf。

4. 将考生文件夹下QIU\HEX文件夹中的文件APPE.bas复制到考生文件夹下TALK

文件夹中。

5. 为考生文件夹下 FOLLOW 文件夹建立名为 FFF 的快捷方式，存放在考生文件夹下的 QIN 文件夹中。

三、Word 操作题

在考生文件夹下，打开文档 WORD.docx，按照下列要求完成操作并保存。

（1）将文中所有错词“残阳”替换为“采样”。

（2）将标题段（“欠采样技术”）文字设置为 18 磅蓝色仿宋、倾斜、居中，并添加黄色底纹。

（3）设置正文各段落（“数据采集技术……已达到 50GHz。”）右缩进 1 字符，行距为 1.2 倍；设置正文第一段（“数据采集技术……采样要求。”）首字下沉 2 行，距正文 0.1 厘米。

（4）将文中后 8 行文字转换成一个 8 行 3 列的表格。设置表格居中、表格列宽为 3.5 厘米、行高为 0.6 厘米、表格中所有文字全部居中。

（5）将“生产厂家”列（主要关键字）以“拼音”类型、“分辨率（bit）”列（次要关键字）以“数字”类型升序排序表格内容；设置表格外框线为 3 磅红色单实线、内框线为 1 磅红色单实线。

四、Excel 操作题

在考生文件夹下，打开工作簿 EXC.xlsx，按照下列要求完成操作并保存。

（1）将 Sheet1 工作表的 A1：C1 单元格合并为一个单元格，水平对齐方式设置为居中；计算各类人员的合计和各类人员所占比例（所占比例=人数/合计），保留小数点后 2 位，将工作表命名为“人员情况表”。

（2）选取“人员情况表”的“学历”和“所占比例”两列的内容（合计行内容除外）建立“三维饼图”，标题为“人员情况图”，图例位置靠上，数据标志为显示百分比，将图插入到工作表的 A9：D20 单元格区域内。

五、PPT 操作题

在考生文件夹下，打开演示文稿 yswg.pptx，按照下列要求完成操作并保存。

（1）将第 1 张幻灯片的主标题文字字号设置成 54 磅，并将其动画设置为“飞入”“自右侧”；将第 2 张幻灯片的标题设置字体为“楷体”、字号为 51 磅，图片动画设置为“飞入”“自右侧”。

（2）第一张幻灯片背景填充预设为“雨后初晴”。全部幻灯片切换效果为“形状”。

六、上网题

某模拟网站的主页地址是 HTTP://LOCALHOST:65531/EXAMWEB/INDEX.HTM，打开此主页，浏览“科技小知识”页面，查找“平面几何的三大问题是什么？”的页面内容，并将它以文本文件的格式保存到考生目录下，命名为“pmjh.txt”。

第三套题

一、选择题

1. 世界上第一台计算机名叫______。

A. EDVAC　　B. ENIAC　　C. EDSAC　　D. MARK－II

2. 个人计算机属于______。

A. 小型计算机　　B. 巨型机算机　　C. 大型主机　　D. 微型计算机

3. 计算机辅助教育的英文缩写是______。

A. CAD　　B. CAE　　C. CAM　　D. CAI

4. 在计算机术语中，bit 的中文含义是______。

A. 位　　B. 字节　　C. 字　　D. 字长

5. 二进制数 00111101 转换成十进制数是______。

A. 58　　B. 59　　C. 61　　D. 65

6. 微型计算机普遍采用的字符编码是______。

A. 原码　　B. 补码　　C. ASCII 码　　D. 汉字编码

7. 标准 ASCII 码字符集共有______个编码。

A. 128　　B. 256　　C. 34　　D. 94

8. 微型计算机主机的主要组成部分有______。

A. 运算器和控制器　　B. CPU 和硬盘

C. CPU 和显示器　　D. CPU 和内存储器

9. 通常用 MIPS 为单位来衡量计算机的性能，它指的是计算机的______。

A. 传输速率　　B. 存储容量　　C. 字长　　D. 运算速度

10. DRAM 存储器的中文含义是______。

A. 静态随机存储器　　B. 动态随机存储器

C. 动态只读存储器　　D. 静态只读存储器

11. SRAM 存储器的中文含义是______。

A. 静态只读存储器　　B. 静态随机存储器

C. 动态只读存储器　　D. 动态随机存储器

12. 下列关于存储的叙述中，正确的是______。

A. CPU 能直接访问存储在内存中的数据，也能直接访问存储在外存中的数据

B. CPU 不能直接访问存储在内存中的数据，能直接访问存储在外存中的数据

C. CPU 只能直接访问存储在内存中的数据，不能直接访问存储在外存中的数据

D. CPU 既不能直接访问存储在内存中的数据，也不能直接访问存储在外存中的数据

13. 通常所说的 I/O 设备是指______。

A. 输入/输出设备　　B. 通信设备
C. 网络设备　　D. 控制设备

14. 下列各组设备中，全部属于输入设备的一组是______。
A. 键盘、磁盘和打印机　　B. 键盘、扫描仪和鼠标
C. 键盘、鼠标和显示器　　D. 硬盘、打印机和键盘

15. 操作系统的功能是______。
A. 将源程序编译成目标程序
B. 负责诊断计算机的故障
C. 控制和管理计算机系统的各种硬件和软件资源的使用
D. 负责外设与主机之间的信息交换

16. 将高级语言编写的程序翻译成机器语言程序，采用的两种翻译方法是______。
A. 编译和解释　B. 编译和汇编　C. 编译和连接　D. 解释和汇编

17. 下列选项中，不属于计算机病毒特征的是______。
A. 破坏性　B. 潜伏性　C. 传染性　D. 免疫性

18. 下列不属于网络拓扑结构形式的是______。
A. 星型　B. 环型　C. 总线型　D. 分支型

19. 调制解调器的功能是______。
A. 将数字信号转换成模拟信号
B. 将模拟信号转换成数字信号
C. 将数字信号转换成其他信号
D. 在数字信号与模拟信号之间进行转换

20. 下列关于使用 FTP 下载文件的说法中错误的是______。
A. FTP 即文件传输协议
B. 使用 FTP 协议在因特网上传输文件，这两台计算必须使用同样的操作系统
C. 可以使用专用的 FTP 客户端下载文件
D. FTP 使用客户/服务器模式工作

二、Windows 操作题

1. 在考生文件夹下 HUOW 文件夹中创建名为 DBP8.txt 的文件，并设置为只读属性。

2. 将考生文件夹下 JPNEQ 文件夹中的 AEPH.bak 文件复制到考生文件夹下的 MAXD 文件夹中，文件名为 MAHF.bak。

3. 为考生文件夹下 MPEG 文件夹中的 DEVAL.exe 文件建立名为 KDEV 的快捷方式，并存放在考生文件夹下。

4. 将考生文件夹下 ERPO 文件夹中 SGACYL.dat 文件移动到考生文件夹下，并改名为 ADMICR.dat。

5. 搜索考生文件夹下的 ANEMP.for 文件，然后将其删除。

三、Word 操作题

在考生文件夹下，打开文档 WORD.docx，按照下列要求完成操作并保存。

（1）将标题段（“音调、音强与音色”）文字设置为二号楷体、倾斜，并添加绿色底纹。

（2）设置正文各段落（“声音是模拟信号的一种……加以辨认。”）为 1.25 倍行距，段后间距 0.5 行；设置正文第一段（“声音是模拟信号的一种……三个方面。”）悬挂缩进 2 字符；为正文其余各段落（“音调与声音……三个方面。”）添加项目符号■。

（3）设置页面“纸张大小”为“16 开（18.4 厘米×26 厘米）”。

（4）将文中后 7 行文字转换为一个 7 行 2 列的表格，设置表格居中、表格列宽为 4.5 厘米、行高为 0.6 厘米，设置表格中所有文字“中部居中”。

（5）设置表格所有框线为 1 磅蓝色单实线；为表格第一行添加“底纹样式 30%”，其余各行添加“底纹样式 10%”；按“声音类型”列（依据“拼音”类型）升序排列表格内容。

四、Excel 操作题

在考生文件夹下，打开工作簿 EXCEL.xlsx 文件，按照下列要求进行操作并保存。

（1）将 Sheet1 工作表的 A1：J1 单元格合并为一个单元格，内容水平居中；计算销售量总计（置于 J3 单元格内），计算“所占比例”行（百分比型，保留小数点后两位）和“地区排名”行的内容（利用 RANK 函数，升序）；利用条件格式将 B5：I5 区域内排名前五位的字体颜色设置为蓝色。

（2）选取“地区”行（A2：I2）和“所占比例”行（A4：I4）数据区域的内容，建立“分离型三维饼图”（系列产生在“行”），标题为“销售情况统计图”，图例位置靠左；将图插入到表 A7：F17 单元格区域，将工作表命名为“销售情况统计表”。保存 Excel.xlsx 文件。

在考生文件夹下，打开工作簿 Exc.xlsx 文件，按照下列要求进行操作并保存。

对工作表“图书销售情况表”内数据清单的内容按主要关键字“经销部门”的升序次序和次要关键字“季度”的升序次序进行排序，完成对各分店销售额总计的分类汇总，汇总结果显示在数据下方；工作表名不变。保存 Exc.xlsx 工作簿。

五、PPT 操作题

在考生文件夹下，打开演示文稿 yswg.pptx，按照下列要求进行操作并保存。

（1）第 2 张幻灯片的版式改为“内容与标题”，将第 4 张幻灯片的右图移到剪贴画区域，图片的动画设置为“飞入”“缩放”“幻灯片中心”。将第 1 张幻灯片文本的“当圣火盆点燃不久……如同一个漫舞的飞天。”移到第 2 张幻灯片的文本区域。第 1 张幻灯片的版式改为“两栏内容”，将第 4 张幻灯片的左图复制到第 1 张幻灯片的内容区域。将第 3 张幻灯片的版式改为“空白”，插入形状为“填充-深蓝，文本 2，轮廓-背景 2”的艺术字“奥运圣火在甘肃敦煌传递”，并定位（水平：4.9 厘米，度量依据：左上角，垂直：6.13 厘米，度量依据：左上角）。使第 3 张幻灯片成为第 1 张幻灯片，删除第 4 张幻灯片。

（2）使用“主管人员”模板修饰全文，设置放映方式为“观众自行浏览”。

六、上网题

（1）用 IE 浏览器打开如下地址 HTTP://LOCALHOST:65531/EXAM WEB/INDEX.HTM，浏览有关“OSPF 路由协议”的网页，将该页面中第 4 部分 OSPF 路由协议的基本特征的内容以文本文件的格式保存到考生目录下，文件名为“TestIe.txt”。

（2）用 Outlook Express 编辑电子邮件。

【收信人】mail4test@163.com

【主题】OSPF 路由协议的基本特征

将 TestIe.txt 作为附件粘贴到信件中。

信件正文如下。

您好！

信件附件是有关 OSPF 路由协议的基本特征的资料，请查阅，收到请回信。

此致

敬礼！

第四套题

一、选择题

1. 下列不属于第二代计算机特点的一项是______。

A. 采用电子管作为逻辑元件

B. 运算速度为每秒几万至几十万条指令

C. 内存主要采用磁芯

D. 外存储器主要采用磁盘和磁带

2. 下列有关计算机的新技术的说法中，错误的是______。

A. 嵌入式技术是将计算机作为一个信息处理部件，嵌入到应用系统中的一种技术，也就是说，它将软件固化集成到硬件系统中，将硬件系统与软件系统一体化

B. 网格计算利用互联网把分散在不同地理位置的电脑组织成一个“虚拟的超级计算机”

C. 网格计算技术能够提供资源共享，实现应用程序的互连互通，网格计算与计算机网络是一回事

D. 中间件是介于应用软件和操作系统之间的系统软件

3. 计算机辅助设计的简称是______。

A. CAT　　B. CAM　　C. CAI　　D. CAD

4. 下列有关信息和数据的说法中，错误的是______。

A. 数据是信息的载体

B. 数值、文字、语言、图形、图像等都是不同形式的数据

C. 数据处理之后产生的结果为信息，信息有意义，数据没有

D. 数据具有针对性、时效性

5. 十进制数 100 转换成二进制数是______。

A. 01100100　　B. 01100101　　C. 01100110　　D. 01101000

6. 在下列各种编码中，每个字节最高位均是“1”的是______。

A. 外码　　B. 汉字机内码　　C. 汉字国标码　　D. ASCII 码

7. 一般计算机硬件系统的主要组成部件有 5 大部分，下列选项中不属于这 5 部分的是______。

A. 输入设备和输出设备　　B. 软件

C. 运算器　　D. 控制器

8. 下列选项中不属于计算机的主要技术指标的是______。

A. 字长　　B. 存储容量　　C. 重量　　D. 时钟主频

9. RAM 具有的特点是______。

A. 海量存储

B. 存储在其中的信息可以永久保存

C. 一旦断电，存储在其上的信息将全部消失且无法恢复

D. 存储在其中的数据不能改写

10. 下面 4 种存储器中，属于数据易失性的存储器是______。

A. RAM　　B. ROM　　C. PROM　　D. CD-ROM

11. 下列有关计算机结构的叙述中，错误的是______。

A. 最早的计算机基本上采用直接连接的方式，冯•诺依曼研制的计算机 IAS，基本上就采用了直接连接的结构

B. 直接连接方式连接速度快，而且易于扩展

C. 数据总线的位数，通常与 CPU 的位数相对应

D. 现代计算机普遍采用总线结构

12. 下列有关总线和主板的叙述中，错误的是______。

A. 外设可以直接挂在总线上

B. 总线体现在硬件上就是计算机主板

C. 主板上配有插 CPU、内存条、显示卡等的各类扩展槽或接口，而光盘驱动器和硬盘驱动器则通过扁缆与主板相连

D. 在电脑维修中，把 CPU、主板、内存、显卡加上电源所组成的系统叫最小化系统

13. 有关计算机软件，下列说法错误的是______。

A. 操作系统的种类繁多，按照其功能和特性可分为批处理操作系统、分时操作系统和实时操作系统等；按照同时管理用户数的多少分为单用户操作系统和多用户操作系统

B. 操作系统提供了一个软件运行的环境，是最重要的系统软件

C. Microsoft Office 软件是 Windows 环境下的办公软件，但它并不能用于其他操作系统环境

D. 操作系统的功能主要是管理，即管理计算机的所有软件资源，硬件资源不归操作系统管理

14. ______是一种符号化的机器语言。

A. C 语言　　B. 汇编语言　　C. 机器语言　　D. 计算机语言

15. 相对而言，下列类型的文件中，不易感染病毒的是______。

A. *.txt　　B. *.doc　　C. *.com　　D. *.exe

16. 计算机网络按地理范围可分为______。

A. 广域网、城域网和局域网　　B. 因特网、城域网和局域网

C. 广域网、因特网和局域网　　D. 因特网、广域网和对等网

17. HTML 的正式名称是______。

A. Internet 编程语言　　B. 超文本标记语言

C. 主页制作语言　　D. WWW 编程语言

18. 对于众多个人用户来说，接入因特网最经济、最简单、采用最多的方式是______。

A. 局域网连接　B. 专线连接　C. 电话拨号　D. 无线连接

19. 在 Internet 中完成从域名到 IP 地址或者从 IP 到域名转换的是______服务。

A. DNS　B. FTP　C. WWW　D. ADSL

20. 下列关于电子邮件的说法中错误的是______。

A. 发件人必须有自己的 E-mail 账户

B. 必须知道收件人的 E-mail 地址

C. 收件人必须有自己的邮政编码

D. 可使用 Outlook Express 管理联系人信息

二、Windows 操作题

1. 将考生文件夹下 HUI\MAP 文件夹中的文件夹 MAS 设置成隐藏属性。

2. 在考生文件夹中新建一个 XAN.TXT 文件。

3. 将考生文件夹下 HAO1 文件夹中的文件 XUE.c 移动到考生文件夹中，并将该文件重命名为 THREE.c。

4. 将考生文件夹下 JIN 文件夹中的文件 LUN.txt 复制到考生文件夹下 TIAN 文件夹中。

5. 为考生文件夹下 GOOD 文件夹中的 MAN.exe 文件建立名为 RMAN 的快捷方式，存放在考生文件夹下。

三、Word 操作题

在考生文件夹下，打开文档 WORD.docx，按照下列要求完成操作并且保存。

（1）将标题段文字（“蛙泳”）设置为二号红色黑体、加粗、字符间距加宽 20 磅、段后间距 0.5 行。

（2）设置正文各段落（“蛙泳是一种……蛙泳配合技术。”）左右各缩进 1.5 字符，行距为 18 磅。

（3）在页面底端（页脚）居中位置插入大写罗马数字页码，起始页码设置为“IV”。

（4）将文中后 7 行文字转换成一个 7 行 4 列的表格，设置表格居中，并以“根据内容自动调整表格”选项自动调整表格，设置表格所有文字水平居中。

（5）设置表格外框线为 3 磅蓝色单实线、内框线为 1 磅蓝色单实线；设置表格第一行为黄色底纹；设置表格所有单元格上、下边距各为 0.1 厘米。

四、Excel 操作题

在考生文件夹下，打开工作簿 EXCEL.xlsx，按照下列要求完成操作并保存。

（1）将 sheet1 工作表的 A1：F1 单元格合并为一个单元格，内容水平居中；用公式计算“总计”列的内容和总计列的合计，用公式计算所占百分比列的内容（所占百分比＝总计/合计），单元格格式的数字分类为百分比，小数位数为 2；将工作表命名为“植树情况统计表”。保存 EXCEL.xlsx 文件。

（2）选取“植树情况统计表”的“树种”列和“所占百分比”列的内容（不含合计行），建立“三维饼图”，标题为“植树情况统计图”，数据标志为显示百分比及类别名称，不显示图例，将图插入到表的 A8：D18 单元格区域内。保存 EXCEL.xlsx 文件。

五、PPT 操作题

在考生文件夹下，打开演示文稿 yswg.pptx，按照下列要求进行操作并保存。

（1）第 1 张幻灯片的主标题文字的字体设置为“黑体”，字号设置为 57 磅，加粗，字下加线。第 2 张幻灯片图片的动画设置为“切入”“自底部”，文本动画设置为“擦除”“自顶部”。第 3 张幻灯片的背景为预设“茵茵绿原”，底纹样式为“线性对角-左上到右下”。

（2）第 2 张幻灯片的动画出现顺序为先文本后图片。使用“复合”模板修饰全文。放映方式为“观众自行浏览”。

六、上网题

打开主页 HTTP://LOCALHOST:65531/EXAMWEB/ZNDEX.HTM，浏览“广播电视研究中心”页面，查看“中心概况”页面内容，并将它以文本文件的格式保存在考生文件夹下，命名为“survey.txt”。

第五套题

一、选择题

1. 计算机采用的主机电子器件的发展顺序是______。

   A. 晶体管、电子管、中小规模集成电路、大规模和超大规模集成电路

   B. 电子管、晶体管、中小规模集成电路、大规模和超大规模集成电路

   C. 晶体管、电子管、集成电路、芯片

   D. 电子管、晶体管、集成电路、芯片

2. 专门为某种用途而设计的计算机，称为______计算机。

   A. 专用　　B. 通用　　C. 特殊　　D. 模拟

3. CAM 的含义是______。

   A. 计算机辅助设计　　B. 计算机辅助教学

   C. 计算机辅助制造　　D. 计算机辅助测试

4. 下列描述中不正确的是______。

   A. 多媒体技术最主要的两个特点是集成性和交互性

   B. 所有计算机的字长都是固定不变的，都是 8 位

   C. 计算机的存储容量是计算机的性能指标之一

   D. 各种高级语言的编译系统都属于系统软件

5. 将十进制 257 转换成十六进制数是______。

   A. 11　　B. 101　　C. F1　　D. FF

6. 下面不是汉字输入码的是______。

   A. 五笔字形码　　B. 全拼编码　　C. 双拼编码　　D. ASCII 码

7. 计算机系统由______组成。

   A. 主机和显示器

   B. 微处理器和软件

   C. 硬件系统和应用软件

   D. 硬件系统和软件系统

8. 计算机运算部件一次能同时处理的二进制数据的位数称为______。

   A. 位　　B. 字节　　C. 字长　　D. 波特

9. 下列关于硬盘的说法错误的是______。

   A. 硬盘中的数据断电后不会丢失

   B. 每个计算机主机有且只能有一块硬盘

   C. 硬盘可以进行格式化处理

   D. CPU 不能够直接访问硬盘中的数据

10. 半导体只读存储器（ROM）与半导体随机存取存储器（RAM）的主要区别在

于______。

A. ROM 可以永久保存信息，RAM 在断电后信息会丢失

B. ROM 断电后信息会丢失，RAM 则不会

C. ROM 是内存储器，RAM 是外存储器

D. RAM 是内存储器，ROM 是外存储器

11. ______是系统部件之间传送信息的公共通道，各部件由总线连接并通过它传递数据和控制信号。

A. 总线　　B. I/O 接口　　C. 电缆　　D. 扁缆

12. 计算机系统采用总线结构对存储器和外设进行协调。总线主要由______3 部分组成。

A. 数据总线、地址总线和控制总线　　B. 输入总线、输出总线和控制总线

C. 外部总线、内部总线和中枢总线　　D. 通信总线、接收总线和发送总线

13. 计算机软件系统包括______。

A. 系统软件和应用软件　　B. 程序及其相关数据

C. 数据库及其管理软件　　D. 编译系统和应用软件

14. 计算机硬件能够直接识别和执行的语言是______。

A. C 语言　　B. 汇编语言　　C. 机器语言　　D. 符号语言

15. 计算机病毒破坏的主要对象是______。

A. 优盘　　B. 磁盘驱动器　　C. CPU　　D. 程序和数据

16. 下列有关计算机网络的说法错误的是______。

A. 组成计算机网络的计算机设备是分布在不同地理位置的多台独立的“自治计算机”

B. 共享资源包括硬件资源和软件资源以及数据信息

C. 计算机网络提供资源共享的功能

D. 计算机网络中，每台计算机核心的基本部件，如 CPU、系统总线、网络接口等都要求存在，但不一定独立

17. 下列有关 Internet 的叙述中，错误的是______。

A. 万维网就是因特网　　B. 因特网上提供了多种信息

C. 因特网是计算机网络的网络　　D. 因特网是国际计算机互联网

18. Internet 是覆盖全球的大型互联网络，用于连接多个远程网和局域网的互联设备主要是______。

A. 路由器　　B. 主机　　C. 网桥　　D. 防火墙

19. 因特网上的服务都是基于某一种协议的，其中 Web 服务是基于______。

A. SMTP 协议　　B. SNMP 协议

C. HTTP 协议　　D. TELNET 协议

20. IE 浏览器收藏夹的作用是______。

A. 收集感兴趣的页面地址　　B. 收集感兴趣的页面的内容

C. 收集感兴趣的文件内容　　　　　　　　D. 收集感兴趣的文件名

二、Windows 操作题

1. 在考生文件夹下新建 YU 和 YU2 文件夹。

2. 将考生文件夹下 EXCEL 文件夹中的文件夹 DA 移动到考生文件夹下的 KANG 文件夹中，并将该文件夹重命名为 ZUO。

3. 搜索考生文件夹下的 HAP.txt 文件，然后将其删除。

4. 将考生文件夹下的 MEI 文件夹复制到考生文件夹下的 COM\GUE 文件夹中。

5. 为考生文件夹下 JPG 文件夹中的 DUBA.txt 文件建立名为 RDUBA 的快捷方式，存放在考生文件夹下。

三、Word 操作题

在考生文件夹下，打开文档 WORD.docx，按照下列要求完成操作并保存。

（1）将标题段（"《数据结构》教学实施意见"）文字设置为二号红色黑体、居中。

（2）将正文第 2 行开始（"《数据结构》"）到第 5 行结束（"数据结构和设计算法。"）中的文字设置为小四号楷体、段落首行缩进 2 字符、行距 1.25 倍。

（3）将正文中第 1 行（"一、课程的目的与要求"）和第 6 行（"二、课时安排"）设置成楷体、红色小三号，并加黄色底纹，段后间距 0.5 行。

（4）将文中后 12 行文字转换为一个 12 行 4 列的表格。设置表格居中，表格第 2 列列宽为 5 厘米，其余列列宽为 2 厘米，行高为 0.5 厘米；设置表格中所有文字中部居中。

（5）分别用公式计算表格中"授课学时"合计和"实验学时"合计；设置表格外框线为 3 磅蓝色单实线、内框线为 1 磅蓝色单实线。

四、Excel 操作题

在考生文件夹下，打开工作簿 EXCEL.xlsx，按照下列要求完成操作并保存。

（1）将 sheet1 工作表的 A1：D1 单元格合并为一个单元格，内容水平居中；用公式计算 2002 年和 2003 年数量的合计，用公式计算增长比例列的内容（增长比例 =（2003 年数量 - 2002 年数量）/2002 年数量），单元格格式的数字分类为百分比，小数位数为 2，将工作表命名为"产品销售对比表"。保存 EXCEL.xlsx 文件。

（2）选取"产品销售对比表"的 A2：C6 单元格区域，建立"簇状柱形图"，图表标题为"产品销售对比图"，图例位置靠上，将图插入到表的 A9：D19 单元格区域内。保存 EXCEL.xlsx 文件。

五、PPT 操作题

在考生文件夹下，打开演示文稿 yswg.pptx，按照下列要求完成操作并保存。

（1）对第 1 张幻灯片，主标题文字输入"发现号航天飞机发射推迟"，其字体为"黑体"，字号为 53 磅，加粗，红色（请用自定义标签的红色 250、绿色 0、蓝色 0）；副标题输入"燃料传感器存在故障"，其字体为"楷体"，字号为 33 磅。第 2 张幻灯片版式改为"内容与标题"，并将第 1 张幻灯片的图片移到第 2 张幻灯片的剪贴画区域，替换原有剪贴画。第2张幻灯片的文本动画设置为“百叶窗”“水平”。第1张幻灯片背景填充设置为“水滴”纹理。

（2）使用“华丽”模板修饰全文。放映方式为“演讲者放映”。

六、上网题

向部门经理发一个E-mail，并将考生文件夹下的一个Word文档Sell.doc作为附件一起发送，同时抄送给总经理。具体如下：

【收件人】zhangdeli@126.com

【抄送】wenjiangzhou@126.com

【主题】销售计划演示

【内容】“发去全年季度销售计划文档，在附件中，请审阅。”

第六套题

一、选择题

1. 世界上第一台计算机诞生于______年。

A. 1952　B. 1946　C. 1939　D. 1958

2. 计算机的发展趋势是______、微型化、网络化和智能化。

A. 大型化　B. 小型化　C. 精巧化　D. 巨型化

3. 核爆炸和地震灾害之类的仿真模拟，其应用领域是______。

A. 计算机辅助　B. 科学计算　C. 数据处理　D. 实时控制

4. 下列关于计算机的主要特性，叙述错误的是______。

A. 处理速度快，计算精度高　B. 存储容量大

C. 逻辑判断能力一般　D. 网络和通信功能强

5. 二进制数 110000 转换成十六进制数是______。

A. 77　B. D7　C. 70　D. 30

6. 在计算机内部对汉字进行存储、处理和传输的汉字编码是______。

A. 汉字信息交换码　B. 汉字输入码

C. 汉字内码　D. 汉字字形码

7. 奔腾（Pentium）是______公司生产的一种 CPU 的型号。

A. IBM　B. Microsoft　C. Intel　D. AMD

8. 下列不属于微型计算机的技术指标的一项是______。

A. 字节　B. 时钟主频　C. 运算速度　D. 存取周期

9. 微机中访问速度最快的存储器是______。

A. CD-ROM　B. 硬盘　C. U 盘　D. 内存

10. 在微型计算机技术中，通过系统______把 CPU、存储器、输入设备和输出设备连接起来，实现信息交换。

A. 总线　B. I/O 接口　C. 电缆　D. 通道

11. 计算机最主要的工作特点是______。

A. 有记忆能力　B. 高精度与高速度

C. 可靠性与可用性　D. 存储程序与自动控制

12. Word 文字处理软件属于______。

A. 管理软件　B. 网络软件　C. 应用软件　D. 系统软件

13. 在下列叙述中，正确的选项是______。

A. 用高级语言编写的程序称为源程序

B. 计算机直接识别并执行的是汇编语言编写的程序

C. 用机器语言编写的程序需编译和连接后才能执行

D. 用机器语言编写的程序具有良好的可移植性

14. 以下关于流媒体技术的说法中，错误的是______。

A. 实现流媒体需要合适的缓存　　B. 媒体文件全部下载完成才可以播放

C. 流媒体可用于在线直播等方面　　D. 流媒体格式包括 asf、rm、ra 等

15. 计算机病毒实质上是______。

A. 一些微生物　　B. 一类化学物质

C. 操作者的幻觉　　D. 一段程序

16. 计算机网络最突出的优点是______。

A. 运算速度快　　B. 存储容量大

C. 运算容量大　　D. 可以实现资源共享

17. 因特网属于______。

A. 万维网　　B. 广域网　　C. 城域网　　D. 局域网

18. 在一间办公室内要实现所有计算机联网，一般应选择______网。

A. GAN　　B. MAN　　C. LAN　　D. WAN

19. 所有与 Internet 相连接的计算机必须遵守的一个共同协议是______。

A. http　　B. IEEE 802.11　　C. TCP/IP　　D. IPX

20. 下列 URL 的表示方法中，正确的是______。

A. http://www.microsoft.com/index.html

B. http:\www.microsoft.com/index.html

C. http://www.microsoft.com\index.html

D. http:www.microsoft.com/index.htmp

二、Windows 操作题

1. 在考生文件夹下分别建立 KANG1 和 KANG2 两个文件夹。
2. 将考生文件夹下的 MING.for 文件复制到 KANG1 文件夹中。
3. 将考生文件夹下 HWAST 文件夹中的文件 XIAN.txt 重命名为 YANG.txt。
4. 搜索考生文件夹中的 FUNC.wri 文件，然后将其设置为“只读”属性。
5. 为考生文件夹下 SDTA 文件夹中的 LOU 文件夹建立名为 KLOU 的快捷方式，并存放在考生文件夹下。

三、Word 操作题

在考生文件夹下，打开文档 WORD.docx，按照下列要求完成操作并保存。

（1）将标题段（“黄河将进行第 7 次调水调沙”）文字设置为小二号蓝色黑体，并添加红色双波浪线。

（2）将正文各段落（“新华网济南……3500 立方米以上。”）文字设置为五号宋体，行距设置为 18 磅；设置正文第一段（“新华网济南……第 7 次调水调沙。”）首字下沉 2 行（距正文 0.2 厘米），其余各段落首行缩进 2 字符。

（3）在页面底端（页脚）居中位置插入页码，并设置起始页码为“Ⅲ”。

（4）将文中后 7 行文字转换为一个 7 行 2 列的表格；设置表格居中，表格列宽为 4 厘米，行高为 0.6 厘米，表格中所有文字中部居中。

（5）设置表格所有框线为 1 磅蓝色单实线；在表格最后添加一行，并在“年份”列键入“总计”，在“泥沙入海量（万吨）”列计算各年份的泥沙入海量总和。

四、Excel 操作题

在考生文件夹下，打开工作簿 EXCEL.xlsx，按照下列要求完成操作并保存。

（1）将 sheet1 工作表的 A1：E1 单元格合并为一个单元格，内容水平居中；计算“同比增长”列的内容（同比增长 =（2007 年销售量 − 2006 年销售量）/2006 年销售量，百分比型，保留小数点后两位）；如果“同比增长”列内容高于或等于 20%，在“备注”列内给出信息“较快”，否则内容为“ ”（一个空格）（利用 IF 函数）。

（2）选取“月份”列（A2：A14）和“同比增长”列（D2：D14）数据区域的内容建立“带数据标记的折线图”，标题为“销售同比增长统计图”，清除图例；将图插入到表的 A16：F30 单元格区域内，将工作表命名为“销售情况统计表”。保存 EXCEL.xlsx 文件。

在考生文件夹下，打开工作簿 EXC.xlsx，按照下列要求完成操作并保存。

对工作表“图书销售情况表”内数据清单的内容按主要关键字“经销部门”的降序次序和次要关键字“季度”的升序次序进行排序，对排序后的数据进行高级筛选（在数据表格前插入三行，条件区域设在 A1：F2 单元格区域），条件为社科类图书且销售量排名在前 20 名。工作表名不变，保存 EXC.xlsx 工作簿。

五、PPT 操作题

在考生文件夹下，打开演示文稿 yswg.pptx，按照下列要求完成操作并保存。

（1）使用“透视”模板修饰全文，全部幻灯片切换效果为“百叶窗”。

（2）第 1 张幻灯片的版式改为“两栏内容”，文本设置字体为“黑体”，字号为 35 磅；将第 4 张幻灯片的右上角图片移到第 1 张幻灯片的内容区域。第 2 张幻灯片的版式改为“标题和竖排文字”，原标题文字设置为艺术字，形状为“渐变填充-黑色，轮廓-白色，外部阴影”，艺术字位置为水平：6.9 厘米，度量依据：左上角，垂直：1.5 厘米，度量依据：左上角。第 3 张幻灯片的版式改为“比较”，将第 3 张幻灯片左端文本的两段内容分别复制到标题下的左右两个文本去，将第 4 张幻灯片的左上角和右下角图片依次复制到第 3 张幻灯片的左右两个内容区域。删除第 4 张幻灯片，移动第 3 张幻灯片，使之成为第 2 张幻灯片。

六、上网题

向课题组成员小赵和小李分别发 E-mail，主题为“紧急通知”，具体内容为“本周二下午 1 时，在学院会议室进行课题讨论，请勿迟到缺席！”。

发送地址分别是：zhaoguoli@cuc.edu.cn 和 lijianguo@cuc.edu.cn。